河南黄河水利工程维修养护实用手册

河南黄河河务局 编

黄 河 水 利 出 版 社

内 容 提 要

本书是河南黄河河务局依据水利部、黄河水利委员会的水利工程维修养护标准、规范和文件，参考与其相关的其他资料，结合黄河下游水利工程管理实践经验，经过整理、提炼、补充、统一体例，编制而成的一本比较系统、全面、实用的水利工程维修养护工具书。

本书除了供河南黄河工程管理单位和维修养护参建单位使用外，还可供其他江河湖海水利工程管理单位和水利大专院校有关师生参考。

图书在版编目(CIP)数据

河南黄河水利工程维修养护实用手册 / 河南黄河河务局编. —郑州：黄河水利出版社，2008.1

ISBN 978-7-80734-390-5

Ⅰ.河… Ⅱ.河… Ⅲ.①黄河—水利工程—维修—河南省—技术手册②黄河—水利工程—养护—河南省—技术手册 Ⅳ.TV882.1-62

中国版本图书馆 CIP 数据核字(2008)第 006753 号

出 版 社:黄河水利出版社

地址:河南省郑州市金水路 11 号　　邮政编码:450003

发行单位：黄河水利出版社

发行部电话：0371-66026940　传真：0371-66022620

E-mail:hhslcbs@126.com

承印单位:河南省瑞光印务股份有限公司

开本:850 mm × 1 168 mm　1 / 32

印张：14.75

字数：367 千字　　　　印数：1—4 000

版次：2008 年 1 月第 1 版　　　　印次：2008 年 1 月第 1 次印刷

书号：ISBN 978-7-80734-390-5　　　　定价:38.00 元

《河南黄河水利工程维修养护实用手册》编委会

目 录

第一编 工程维修养护标准

第二编　工程维修养护程序

第三编　工程维修养护施工

第四编　工程质量评定平验收

第一编　工程维修养护标准

第一章　水利工程管理单位定岗标准

第一节　河道堤防工程管理单位岗位设置

一、岗位类别及名称

河道堤防工程管理单位的岗位类别及名称如下所述。

(1)单位负责类：①单位负责岗位；②技术总负责岗位。

(2)行政管理类：①行政事务负责与管理岗位；②文秘与档案管理岗位；③人事劳动教育管理岗位；④安全生产管理岗位。

(3)技术管理类：①工程技术管理负责岗位；②堤防工程技术管理岗位；③穿堤闸涵工程技术管理岗位；④堤岸防护工程技术管理岗位；⑤水土资源管理岗位；⑥信息和自动化管理岗位；⑦计划与统计岗位；⑧河道水量与水环境管理岗位；⑨河道管理岗位；⑩防汛调度岗位；⑪汛情分析岗位。

(4)财务与资产管理类：①财务与资产管理负责岗位；②财务与资产管理岗位；③会计岗位；④出纳岗位。

(5)水政监察类：①水政监察岗位；②规费征收岗位。

(6)运行类：①运行负责岗位；②堤防及堤岸防护工程巡查岗位；③穿堤闸涵工程运行岗位；④通信设备运行岗位；⑤防汛物资保管岗位。

(7)观测类：①堤防及穿堤闸涵工程监测岗位；②堤岸防护工程探测岗位；③河势与水位观测岗位；④水质监测岗位。

(8)辅助类。

二、各岗位主要职责及其任职条件

(一)单位负责类

1. 单位负责岗位

1)主要职责

(1)贯彻执行国家的有关法律、法规、方针政策及上级主管部门的决定、指令。

(2)全面负责行政、业务工作，保障工程安全，充分发挥工程效益。

(3)组织制定和实施单位的发展规划及年度工作计划，建立健全各项规章制度，不断提高管理水平。

(4)推动科技进步和管理创新，加强职工教育，提高职工队伍素质。

(5)协调处理各种关系，完成上级交办的工作。

2)任职条件

(1)水利类或相关专业大专毕业及以上学历。

(2)取得相当于助理工程师及以上专业技术职称任职资格，并经相应岗位培训合格并具有较强的组织协调、决策和语言表达能力。

2. 技术总负责岗位

1)主要职责

(1)贯彻执行国家的有关法律、法规和相关技术标准。

(2)全面负责技术管理工作，掌握工程运行状况，保障工程安全和效益发挥。

(3)组织制定、实施科技发展规划与年度计划。

(4)组织制订工程调度运用方案、工程的除险加固、更新改造和扩建建议方案；组织制定工程养护修理计划，组织或参与工程验收工作；指导防洪抢险技术工作。

(5)组织工程设施的一般事故调查处理，提出或审查有关技术报告；参与工程设施重大事故的调查处理。

(6)组织开展水利科技开发和成果的推广应用，指导职工技术培训、考核及科技档案工作。

2)任职条件

(1)水利、土木类本科毕业及以上学历。

(2)取得工程师及以上专业技术职称任职资格，并经相应岗位培训合格。

(3)熟悉《中华人民共和国水法》、《中华人民共和国防洪法》、《中华人民共和国河道管理条例》等法律、法规；掌握水利规划及工程设计、施工、管理等专业知识和相关的技术标准；了解国内外现代化管理的科技动态；具有较强的组织协调、技术决策和语言文字表达能力。

(二)行政管理类

1. 行政事务负责与管理岗位

1)主要职责

(1)贯彻执行国家的有关法律、法规及上级部门的有关规定。

(2)组织制定各项行政管理规章制度并监督实施。

(3)负责管理行政事务、文秘、档案等工作。

(4)负责并承办行政事务、公共事务及后勤服务等工作。

(5)承办接待、会议、车辆管理、办公设施管理等工作。

(6)协调处理各种关系，完成领导交办的其他工作。

2)任职条件

(1)高中毕业及以上学历，并经相应岗位培训合格。

(2)熟悉行政管理专业知识；了解河道堤防工程管理的基本知识；具有较强的组织协调及较好的语言文字表达能力。

2. 文秘与档案管理岗位

1)主要职责

(1)遵守国家文秘、档案的有关法律、法规及上级主管部门的有关规定。

(2)承担公文起草、文件运转等文秘工作。

(3)承担档案管理工作。

(4)承担收集信息、宣传报道，协助办理有关行政事务管理等工作。

2)任职条件

(1)水利、文秘、档案类专业中专或高中毕业及以上学历，并经相应岗位培训合格。

(2)熟悉国家的有关法律、法规和上级部门的有关规定；掌握文秘、档案管理等专业知识；具有一定政策水平和较强的语言文字表达能力。

3. 人事劳动教育管理岗位

1)主要职责

(1)遵守劳动、人事、社会保障等有关的法律、法规及上级主管部门的有关规定。

(2)承办人事、劳动、教育和社会保险等管理工作。

(3)承担职工岗位培训工作，承办专业技术职称和工人技术等级的申报、评聘等具体工作。

(4)承办离退休人员管理工作。

2)任职条件

(1)中专毕业及以上学历。

(2)取得初级及以上专业技术职称任职资格，并经相应岗位培训合格。

(3)掌握有关人事、劳动及教育管理基本知识；能处理人事、劳动、教育有关业务问题；具有一定的政策水平和组织协调能力。

4. 安全生产管理岗位

1)主要职责

(1)遵守国家有关安全生产的法律、法规和相关技术标准。

(2)承担安全生产管理与监督工作。

(3)承担安全生产宣传教育工作。

(4)参与制定、落实安全管理制度及技术措施。

(5)参与安全事故的调查处理及监督整改工作。

2)任职条件

(1)水利类中专毕业及以上学历。

(2)取得初级及以上专业技术职称任职资格，并经相应岗位培训合格。

(3)掌握有关安全生产的法律、法规和规章制度；有一定安全生产管理经验；具有分析和协助处理安全生产问题的能力。

(三)技术管理类

1. 工程技术管理负责岗位

1)主要职责

(1)贯彻执行国家有关的法律、法规和相关技术标准。

(2)负责工程技术管理，掌握工程运行状况，及时处理主要技术问题。

(3)组织编制并落实工程管理规划、年度计划及工程度汛方(预)案。

(4)负责组织工程的养护修理及质量监管等工作并参与工程验收。

(5)负责工程除险加固、更新改造及扩建项目立项申报的相关工作，参与工程实施中的有关管理工作。

(6)组织技术资料收集、整编及归档工作。

(7)组织开展有关工程管理的科研开发和新技术的应用工作。

(8)负责防汛指挥办事机构的日常工作。

(9)组织编制和执行防汛方(预)案。

2)任职条件

(1)水利类大专毕业及以上学历。

(2)取得工程师及以上专业技术职称任职资格，经相应的岗位培训合格。

(3)熟悉河道堤防工程的规划、设计、施工、管理的基本知识；了解河道堤防管理现代化知识；能解决工程中出现的技术问题；具有较强的组织协调能力。

2. 堤防工程技术管理岗位

1)主要职责

(1)遵守国家有关河道堤防工程管理的法律、法规和相关技术标准。

(2)承担堤防工程技术管理工作。

(3)参与编制工程管理规划、年度计划及养护修理计划。

(4)掌握堤防工程运行状况，承担堤防工程观测等技术工作。

2)任职条件

(1)水利类中专毕业及以上学历。

(2)取得初级及以上专业技术职称任职资格，并经相应岗位培训合格。

(3)熟悉河道堤防工程的规划、设计、施工及管理的基本知识；具有解决堤防工程一般技术问题的能力。

3. 穿堤闸涵工程技术管理岗位

1)主要职责

(1)遵守国家有关法律、法规和相关技术标准。

(2)承担穿堤闸涵工程技术管理工作。

(3)参与编制工程管理规划、年度计划及养护修理计划。

(4)掌握穿堤闸涵工程运行状况，保障穿堤闸涵工程正常运行。

2)任职条件

(1)水利类中专毕业及以上学历。

(2)取得初级及以上专业技术职称任职资格，并经相应岗位培训合格。

(3)熟悉堤防、涵闸方面的基本知识；具有解决闸涵工程一般技术问题的能力。

4．堤岸防护工程技术管理岗位

1)主要职责

(1)遵守国家有关法律、法规及和相关技术标准。

(2)承担堤岸防护工程技术管理工作。

(3)参与编制工程管理规划、年度养护修理计划。

(4)掌握堤岸防护工程运行状况和河势变化情况，负责堤岸防护工程观测的技术工作。

2)任职条件

(1)水利类中专毕业及以上学历。

(2)取得初级及以上专业技术职称任职资格，并经相应岗位培训合格。

(3)熟悉河道整治的专业基本知识；具有解决堤岸防护工程的一般技术问题的能力。

5．水土资源管理岗位

1)主要职责

(1)遵守国家有关法律、法规及上级主管部门的规定。

(2)承担河道堤防生物防护工程及水土资源管理技术工作。

(3)制订和实施工程管理范围内的水土资源开发规划与计划。

(4)制订和实施河道堤防生物防护工程的规划与计划。

2)任职条件

(1)水利或农林类相关专业中专毕业及以上学历。

(2)取得初级及以上专业技术职称任职资格，并经相应岗位培训合格。

(3)掌握水土资源管理相关知识和林、草病虫害防治的基本知识；了解河道堤防工程管理的基本知识；具有一定的组织协调能力及资源开发管理能力。

6. 信息和自动化管理岗位

1)主要职责

(1)遵守国家有关信息和自动化方面的法律、法规和相关技术标准。

(2)承担通信(预警)系统、闸门启闭机集中控制系统、自动化观测系统、防汛决策支持系统及办公自动化系统等管理工作。

(3)处理设备运行、维护中的技术问题。

(4)参与工程信息和自动化系统的技术改造工作。

2)任职条件

(1)通信或计算机类大专毕业及以上学历。

(2)取得助理工程师及以上专业技术职称任职资格，并经相应岗位培训合格。

(3)熟悉通信、网络、信息技术等基本知识；了解水利工程管理、运行等方面的有关知识；了解国内外信息和自动化技术的发展动态；具有处理信息和自动化方面一般技术问题的能力。

7. 计划与统计岗位

1)主要职责

(1)遵守国家有关计划与统计方面的法律、法规及上级主管部门的有关规定。

(2)承担计划与统计的具体业务工作。

(3)参与编制工程管理的中长期规划及年度计划。

(4)承担相关的合同管理工作。

(5)参与工程预(决)算及竣工验收工作。

2)任职条件

(1)水利类大专毕业及以上学历。

(2)取得助理工程师及以上专业技术职称任职资格，并经相应岗位培训合格。

(3)掌握国家有关的法律、法规和规定；熟悉工程规划、设计、施工、运行和管理的基本知识；具有工程计划、统计、合同等管理方面的工作能力。

8. 河道水量与水环境管理岗位

1)主要职责

(1)遵守国家有关的法律、法规和上级主管部门的规定。

(2)调查、分析用水区需水情况，申报水量指标；调查、监督排污状况，提出处理建议。

(3)受理取水许可申请，承担水量调度、计量工作。

(4)承担河道水环境管理工作。

2)任职条件

(1)水利类中专毕业及以上学历。

(2)取得初级及以上专业技术职称任职资格，并经相应岗位培训合格。

(3)掌握河道引水、供水的基本知识；掌握水环境保护的法律法规和相关技术标准；熟悉河道水工程、水文量测、水资源及水环境的基本知识；具有一定的政策水平和较强的组织协调能力。

9. 河道管理岗位

1)主要职责

(1)贯彻执行国家有关河道管理方面的法律、法规和上级主管部门的有关规定。

(2)负责河道管理，保障河道行洪顺畅。

(3)负责河道的水量、水环境、岸线的管理工作。

(4)负责并承担河道清淤管理和清障调查，参与制订清淤方案并监督实施。

(5)参与制订河道采砂和岸线保护规划并监督实施，协助主管部门管理采砂作业。

(6)参与河道管理范围内建设项目的审查、管理和相关监督、检查工作。

2)任职条件

(1)水利、土木类中专毕业及以上学历。

(2)取得初级及以上专业技术职称任职资格，并经相应岗位培训合格。

(3)掌握国家有关河道管理方面的法律、法规和技术标准；熟悉河道整治、防洪、水文水资源、水环境等方面的专业知识；具有较高的政策水平和较强的组织协调能力及语言文字表达能力。

10. 防汛调度岗位

1)主要职责

(1)贯彻执行国家有关防汛方面的法律、法规和上级主管部门的决定、指令。

(2)承担防汛调度工作。

(3)承担防汛技术工作，编制防汛方(预)案和抢险方案。

(4)及时掌握水情、工情、险情和灾情等防汛动态。

(5)检查、督促、落实各项防汛准备工作。

(6)负责并承办防汛宣传和防汛抢险技术培训工作。

2)任职条件

(1)水利类大专毕业及以上学历。

(2)取得助理工程师及以上专业技术职称任职资格，具有3年以上防汛或工程管理工作经历。

(3)掌握《中华人民共和国水法》、《中华人民共和国防洪法》、《中华人民共和国河道管理条例》等法律、法规；熟悉水利工程和水文方面的基本知识；能根据水情、工情提出防汛抢险的建议。

11. 汛情分析岗位

1)主要职责

(1)遵守国家有关防汛方面的法律、法规和上级主管部门的决定、指令。

(2)收集水情、雨情，承担汛情分析及所辖河段的水情预报工作。

(3)承担汛情资料的分析、整理与归档工作。

2)任职条件

(1)水利类中专毕业及以上学历。

(2)取得初级及以上专业技术职称任职资格，并经相应岗位培训合格。

(3)掌握《中华人民共和国水法》、《中华人民共和国防洪法》、《中华人民共和国河道管理条例》等法律、法规；熟悉水文、气象等专业基本知识；了解水利工程的基本知识；具有一定的综合分析能力。

(四)财务与资产管理类

1. 财务与资产管理负责岗位

1)主要职责

(1)贯彻执行国家有关财务、会计、经济和资产管理方面的法律、法规和有关规定。

(2)负责财务和资产管理工作。

(3)建立健全财务和资产管理的规章制度，并负责组织实施、检查和监督。

(4)组织编制财务收支计划和年度预算并组织实施；负责编制年度决算报告。

(5)负责有关投资和资产运营管理工作。

2)任职条件

(1)财经类大专毕业及以上学历。

(2)取得经济师或会计师及以上专业技术职称任职资格，并经相应岗位培训合格。

(3)掌握财会、金融、工商、税务和投资等方面的基本知识；了解河道堤防工程管理和现代化管理的基本知识；有较高的政策水平和较强的组织协调能力。

2. 财务与资产管理岗位

1)主要职责

(1)遵守国家有关财务、会计、经济和资产管理方面的法律、法规和有关规定。

(2)承办财务和资产管理的具体工作。

(3)参与编制财务收支计划和年度预算与决算报告。

(4)承担防汛物资的管理工作。

(5)参与有关投资和资产运营管理工作。

2)任职条件

(1)经济类中专毕业及以上学历。

(2)取得初级及以上专业技术职称任职资格，并经相应岗位培训合格。

(3)掌握财会和资产管理的基本知识；了解工商、税务、物价等方面的规定；具有一定的组织协调能力。

3. 会计岗位

1)主要职责

(1)遵守《中华人民共和国会计法》、《水利工程管理单位财务制度》和《水利工程管理单位会计制度》等法律与法规制度。

(2)承担会计业务工作，进行会计核算和会计监督，保证会计凭证、账簿、报表及其他会计资料的真实、准确、完整。

(3)建立健全会计核算和相关管理制度，保证会计工作依法进行。

(4)参与编制财务收支计划和年度预算与决算报告，承担会计档案保管及归档工作。

(5)编制会计报表。

2)任职条件

(1)财会类中专毕业及以上学历。

(2)取得助理会计师及以上专业技术职称任职资格，并经相应岗位培训合格，持证上岗。

(3)熟悉财务、会计、金融、工商、税务、物价等方面的基本知识；了解河道堤防工程管理的基本知识；能解决会计工作中的实际问题。

4. 出纳岗位

1)主要职责

(1)遵守《中华人民共和国会计法》、《水利工程管理单位财务制度》和《水利工程管理单位会计制度》等法律与法规制度。

(2)根据审核签章的记帐凭证办理现金、银行存款的收付结算业务。

(3)及时登记现金、银行日记账，做到日清月结，账实相符。

(4)管理支票、库存现金及有价证券。

(5)参与编制财务收支计划和年度预算与决算报告。

2)任职条件

(1)财会类中专毕业及以上学历。

(2)取得会计员及以上专业技术职称任职资格，并经相应岗位培训合格，持证上岗。

(3)了解财务、会计、金融、工商、税务、物价等方面的基本知识；了解河道堤防工程管理的基本情况；坚持原则，工作认真细致。

(五)水政监察类

1. 水政监察岗位

1)主要职责

(1)宣传贯彻《中华人民共和国水法》、《中华人民共和国水土保持法》、《中华人民共和国防洪法》、《中华人民共和国水污染防治法》等法律、法规。

(2)负责并承担管理范围内水资源、水域、生态环境及水利工程或设施等的保护工作。

(3)负责对水事活动进行监督检查，维护正常的水事秩序，对公民、法人或其他组织违反法律法规的行为实施行政处罚或采取其他行政措施。

(4)配合公安和司法部门查处水事治安和刑事案件。

(5)受水行政主管部门委托，负责办理行政许可和征收行政事业性规费等有关事宜。

2)任职条件

(1)高中毕业及以上学历，并经相应岗位培训合格。

(2)掌握国家有关法律、法规；了解水利专业知识；具有协调、处理水事纠纷的能力。

2. 规费征收岗位

1)主要职责

(1)遵守国家有关法律、法规、规定。

(2)依法征收有关规费。

(3)承担水费等计收工作。

2)任职条件

(1)高中毕业及以上学历，并经相应岗位培训合格。

(2)熟悉有关规费方面的基本知识；了解国家有关规费方面的法律、法规和规定；有一定的政策水平和较强的协调能力。

(六)运行类

1. 运行负责岗位

1)主要职责

(1)遵守规章制度和安全操作规程。

(2)组织实施运行作业。

(3)负责指导、检查、监督运行作业，保证工作质量和操作安全，发现问题及时处理。

(4)负责运行工作原始记录的检查、复核工作。

2)任职条件

(1)水利、机械、电气类中专或技校毕业及以上学历。

(2)取得初级及以上专业技术职称任职资格或高级工及以上技术等级资格，并经相应岗位培训合格。

(3)熟悉机械、电气、通信及水工建筑物等方面的基本知识；能按操作规程组织运行作业，能处理运行中的常见故障；具有较强的组织协调能力。

2. 堤防及堤岸防护工程巡查岗位

1)主要职责

(1)遵守规章制度和作业规程。

(2)承担堤防及堤岸防护工程的巡视、检查工作，做好记录，发现问题及时报告或处理。

(3)参与害堤动物防治工作。

(4)参与防汛抢险工作。

2)任职条件

(1)高中毕业及以上学历。

(2)取得初级工及以上技术等级资格，并经相应岗位培训合格。

(3)掌握堤防工程巡查工作内容及要求，具有发现并处理常见问题的能力。

3. 穿堤闸涵工程运行岗位

1)主要职责

(1)遵守规章制度和操作规程。

(2)按调度指令进行穿堤闸涵工程的运行，做好运行记录。

(3)承担穿堤闸涵工程附属的机电、金属结构设备的维护工作，及时处理常见故障。

2)任职条件

(1)高中毕业及以上学历。

(2)取得初级工及以上技术等级资格，并经相应岗位培训合格。

(3)掌握闸门启闭机操作的基本技能；了解闸涵的结构性能及运行等基本知识；能及时、安全、准确操作；具有发现并处理常见问题的能力。

4. 通信设备运行岗位

1)主要职责

(1)遵守规章制度和操作规程。

(2)承担通信设备及系统运行工作。

(3)巡查设备运行情况，发现故障及时处理。

(4)填报运行值班记录。

2)任职条件

(1)通信类技校或高中毕业及以上学历。

(2)取得中级工及以上技术等级资格，并经相应岗位培训合格。

(3)掌握通信设备的工作原理和操作技能；具有处理常见故障的能力。

5. 防汛物资保管岗位

1)主要职责

(1)遵守规章制度和有关规定。

(2)承担防汛物资的保管工作。

(3)定期检查所存物料、设备，保证其安全和完好。

(4)及时报告防汛物料及设备的储存和管理情况。

2)任职条件

(1)技校或高中毕业及以上学历。

(2)取得初级工及以上技术等级资格，并经相应岗位培训合格。

(3)熟悉防汛物资和器材的保管、保养方法；能正确使用消防、防盗器材。

(七)观测类

1. 堤防及穿堤闸涵工程监测岗位

1)主要职责

(1)遵守各项规章制度和操作规程。

(2)承担堤防及闸涵工程观测及隐患探测工作；及时记录、整理观测资料。

(3)参与观测资料分析及隐患处理等工作。

(4)维护和保养观测及探测设施、设备、仪器。

2)任职条件

(1)技校或高中毕业及以上学历。

(2)取得中级工及以上技术等级资格，并经相应岗位培训合格。

(3)掌握观测及探测设备、仪器的操作和保养方法；熟悉工程观测及探测基本知识；能熟练操作观测及探测设备、仪器；具有处理一般技术问题的能力。

2. 堤岸防护工程探测岗位

1)主要职责

(1)遵守各项规章制度和操作规程。

(2)承担堤岸防护工程的探测工作，及时记录并整理资料。

(3)参与探测资料分析工作。

(4)维护和保养探测设施、设备、仪器。

2)任职条件

(1)技校或高中毕业及以上学历。

(2)取得中级工及以上技术等级资格，并经相应岗位培训合格。

(3)掌握探测设备、仪器的操作、维护保养方法和工程探测的基本知识；能熟练操作探测设备、仪器；具有处理常见问题的能力。

3. 河势与水(潮)位观测岗位

1)主要职责

(1)遵守各项规章制度和操作规程。

(2)承担河势、水(潮)位观测工作，及时记录并整理资料。

(3)参与观测资料分析工作。

(4)维护和保养观测设施、设备、仪器。

2)任职条件

(1)技校或高中毕业及以上学历。

(2)取得中级工及以上技术等级资格，并经相应岗位培训合格。

(3)掌握观测设备、仪器的操作和维护保养方法；了解河势、水(潮)位观测的基本知识；能熟练操作观测设备、仪器；具有处理常见问题的能力。

4. 水质监测岗位

1)主要职责

(1)遵守规章制度和相关技术标准。

(2)参与水质监测工作，及时发现并报告水污染事件。

(3)参与水污染防治的调查工作。

2)任职条件

(1)相关专业中专毕业及以上学历。

(2)取得初级及以上专业技术职称任职资格，并经相应岗位培训合格。

(3)掌握水质监测的基本知识和方法；熟悉水质监测技术标准；了解水环境、水污染防治的基本知识。

第二节　河道堤防工程管理单位岗位定员

一、定员级别

堤防工程定员级别按表 1-1 的规定确定。

表 1-1　堤防工程定员级别

定员级别	防洪标准 (重现期(年))
1	≥100
2	<100 ≥50
3	<50 ≥30
4	<30 ≥20

二、岗位定员

(1)岗位定员总和 Z，按下式计算：

$$Z=G+S+F$$

式中：Z——岗位定员总和，人；

G——单位负责、.行政管理、技术管理、财务与资产管理及水政监察类岗位定员之和，人；

S——运行、观测类岗位定员之和，人；

F——辅助类岗位定员，人。

(2)单位负责、行政管理、技术管理、财务与资产管理及水政监察类岗位定员 G 按下式计算：

$$G=\alpha\ \beta\ \gamma J_g$$

式中：J_g——定员基数，一般单位为 11 人，不承担水政监察任务、不承担河道管理任务、不承担防汛指挥机构日常工作的单位，基数应分别减去 1.5、1.0、1.0 人；

α——堤防工程级别影响系数，按表 1-2 的规定确定；

β——堤防长度影响系数，按表 1-2 的规定确定；

γ——堤身断面影响系数，按表 1-3 的规定确定。

表 1-2　定员级别影响系数和堤防长度影响系数

定员级别	1		2		3		4	
堤防长度 L(km)	$L<50$	$L\geqslant 50$	$L<60$	$L\geqslant 60$	$L<70$	$L\geqslant 70$	$L<80$	$L\geqslant 80$
α	1.00 ~ 1.20		0.90 ~ 1.10		0.70 ~ 0.90		0.60 ~ 0.80	
β	0.80+ $L/50$	1.68+ $L/400$	0.75+ $L/60$	1.60+ $L/400$	0.65+ $L/70$	1.48+ $L/400$	0.60+ $L/80$	1.40+ $L/400$

注：①管理多种级别堤防的工程管理单位，按主要堤防(占所辖堤防总长度 1/3 以上)的最高级别确定系数，L 为所辖 1、2、3、4 级堤防长度之和；

②有堤岸防护工程的，L 为所辖 1、2、3、4 级堤防长度与堤岸防护工程长度之和。

表 1-3　堤身断面影响系数

堤身建筑轮廓线长度 l(m)	$l<50$	$50\leqslant l<100$	$100\leqslant l<150$	$l\geqslant 150$
γ	$0.80+0.004\,l$	$0.20+0.016\,l$	$0.80+0.010\,l$	$1.70+0.004\,l$

注：①堤身建筑轮廓线长度 l 为临水坡长、堤顶宽度和背水坡长之和，设有戗堤或防渗压重铺盖的堤段，从戗堤或防渗压重铺盖坡脚线开始起算；

②对于管理 2 种及 2 种以上级别堤防的工程管理单位，以确定系数α、β的堤防工程级别作为确定系数 γ的堤防工程级别的依据，即以该级别堤防的堤身建筑轮廓线长度确定 γ；

③同一级别的各段堤防的堤身断面差异较大时，堤身建筑物轮廓线 l 取各段堤身建筑物轮廓线长度的加权平均值，权重为堤段长度。

(3)单位负责、行政管理、技术管理、财务与资产管理和水政监察类岗位定员，根据管理单位各类管理任务的工作量按表 1-4 中规定的比例分配。

表 1-4　岗位人数分配比例

岗位类别	单位负责	行政管理	技术管理及水政监察				资产管理
			工程	河道	防汛	水政监察	
分配比例	$1.3/J_g$	$2.2/J_g$	$2.3/J_g$	$1.0/J_g$	$1.0/J_g$	$1.5/J_g$	$1.7/J_g$

注：按定员分配方案确定的单位负责类定员人数不足 1 人时，按 1 人计；超过 4 人时，按 4 人计。

(4)运行、观测类岗位定员 S 按下式计算：

$$S=\sum_{i=1}^{9}S_i$$

式中：S_i——运行、观测类各个岗位定员，人。

(5)运行负责岗位定员 S_1 按下式计算：

$$S_1=C_1L_dJ_1$$

式中：C_1——运行负责岗位定员影响系数，按表 1-5 的规定确定；

L_d——某级堤防的长度，km；

J_1——运行负责岗位定员基数，1 人。

管理多种级别堤防的，应分别计算各级堤防的运行负责岗位定员并相加。

表 1-5　运行负责岗位定员影响系数

定员级别	1	2	3	4
C_1	1/20	1/40	1/60	1/80

(6)堤防与堤岸防护工程巡查岗位定员 S_2 按下式计算：

$$S_2=A+B$$

式中：A——堤防巡查岗位定员，人；

B——堤岸防护工程岗位定员，人。

①堤防巡查定员 A 按下式计算：

$$A=C_2L_dJ_2$$

式中：J_2——巡查定员基数，1 人；

C_2——堤防巡查定员影响系数，按表 1-6 的规定确定。

管理多种级别堤防的,分别计算各级堤防的巡查定员并相加。

表 1-6　堤防巡查定员影响系数

定员级别	1	2	3	4
C_2	1/5 ~ 1/4	1/10 ~ 1/8	1/20 ~ 1/16	1/24 ~ 1/18

②堤岸防护工程巡查定员 B 按下式计算：

$$B=(e_2L_g+L_h/9)J_2$$

式中：e_2——堤岸防护工程型式影响系数，按表 1-7 的规定确定；

L_e——某处堤岸防护工程的工程长度值，km，丁坝间距大于坝长的 6 倍、坝间无其他工程措施的，以坝长之和作为工程的长度；

L_h——某处堤岸防护工程的护砌长度值，km。

管理多处堤岸防护工程的，应分别计算各处堤岸防护工程巡查定员并相加。

表 1-7　堤岸防护工程型式影响系数

工程型式	丁坝	短坝(矶头、垛)	平顺护岸
e_2	0.16 ~ 0.20	0.08 ~ 0.10	0.01 ~ 0.02

注：①坝长大于 20 m 的以丁坝计；

②丁坝与短坝、平顺护岸联合使用的按丁坝取值，短坝与平顺护岸联合使用的按短坝取值；

③黄河中下游的堤岸防护工程取值时扩大 2.5 倍。

(7)穿堤闸涵工程运行岗位定员 S_3 按下式计算：

$$S_3=C_3NJ_3$$

式中：C_3——穿堤闸涵工程运行岗位定员影响系数，按表 1-8 的规定确定；

N——穿堤闸涵工程的座位；

J_3——穿堤闸涵工程运行岗位定员基数，1 人。

管理多种级别流量穿堤闸涵的，应分别计算各级别流量穿堤闸涵的运行岗位定员并相加。

表 1-8　穿堤闸涵工程运行岗位定员影响系数

流量 Q(m^3/s)	$Q<10$	$10\leqslant Q<50$	$50\leqslant Q<100$
C_3	0.05~0.2	0.2~1.5	1.5~3.0

注：流量大于或等于 100 m^3/s 的穿堤闸涵工程，其运行、观测类岗位定员按大中型水闸工程管理单位岗位定员的有关规定执行。

(8)通信设备运行岗位定员 S_4，按下式计算：

$$S_4=C_4TJ_4$$

式中：C_4——通信设备运行岗位定员影响系数，按表 1-9 的规定确定；

T——某类通信设备台(套)数；

J_4——通信设备运行岗位定员基数，1 人。

有多类通信设备的，应分别计算各类通信设备的运行岗位定员并相加。

表 1-9　通信设备运行岗位定员影响系数

设备类型	程控交换机(含程控配线)	微波站(含电源)	无线接人系统基站	集群调度系统基站	遥测系统	电台
C_4	1.5	1.0	0.5	0.5	0.5	0.2

注：①防汛指挥机构要求程控交换机汛期实施人工转接的，程控交换机的系数取 4.5；
②需要 24 小时值班的干线微波站(含一点多址微波中心站)，其系数取 4.0。

(9)防汛物资保管岗位定员 S_5 按下式计算：

$$S_5=C_5(L_d+L_e)J_5$$

式中：J_5——防汛物资保管岗位定员基数 1，人；

L_e——某级堤防的堤岸防护工程长度，km；

C_5——防汛物资保管岗位定员影响系数，按表 1-10 的规定确定。

管理多种级别堤防的，应分别计算各级堤防的防汛物资保管岗位定员并相加。

表 1-10　防汛物资保管岗位定员影响系数

定员级别	1	2	3	4
C_5	1/20	1/30	1/40	1/50

注：在黄河中下游，取值扩大 2.0 倍。

(10)堤防及穿堤闸涵工程监测岗位定员 S_6 按下式计算：

$$S_6=E+F$$

式中：E——堤防工程监测岗位定员，人；

F——穿堤闸涵工程监测岗位定员，人。

①堤防监测定员 E 按下式计算：

$$E=C_6L_dJ_6$$

式中：C_6——堤防监测定员影响系数，按表 1-11 的规定确定；

J_6——监测定员基数，3 人。

管理多种级别堤防的，应分别计算各级堤防的监测定员并相加。

表 1-11　堤防监测定员影响系数

定员级别	1	2	3	4
C_6	1/30	1/50	1/70	1/90

②穿堤闸涵工程监测定员 F 按下式计算：

$$F=e_6NJ_6$$

式中：e_6——穿堤闸涵工程监测岗位定员影响系数，按表 1-12 的规定确定。

管理多种级别流量穿堤闸涵的，应分别计算各级别流量穿堤闸涵的监测岗位定员并相加。

表 1-12　穿堤闸涵工程监测定员影响系数

流量 $Q(m^3/s)$	$Q<10$	$10\leqslant Q<50$	$50\leqslant Q<100$
e_6	0~0.06	0.06~0.20	0.20~0.40

注：流量大于或等于 100 m^3/s 的穿堤闸涵工程，其运行、观测和养护修理岗位定员按大中型水闸工程管理岗位定员的有关规定执行。

(11)堤岸防护工程探测岗位定员 S_7 按下式计算：

$$S_7=C_7L_qJ_7$$

式中：C_7——堤岸防护工程探测岗位定员影响系数，按表 1-13 的规定确定；

L_q——某级堤防的堤岸防护工程护砌长度，km；

J_7——堤岸防护工程探测岗位定员基数，3 人。

管理多种级别堤防的，应分别计算各级堤防的堤岸防护工程探测岗位定员并相加。

表 1-13　堤岸防护工程探测岗位定员影响系数

定员级别	1	2	3	4
C_7	1.10	0.06	0	0

注：不采用撒抛石护脚的堤岸防护工程，取 0。

(12)河势与水位观测岗位定员 S_8 按下式计算：

$$S_8=(C_8L_1+e_8M)J_8$$

式中：J_8——河势与水位观测岗位定员基数，1 人；

C_8——河势观测影响系数，按表 1-14 的规定确定；

L_1——一线堤防长度值，km；

e_8——水位观测影响系数，按表 1-15 的规定确定；

M——上级主管单位批准设立的某级堤防水位站个数(不包括遥测站)。

管理多级别堤防的，应分别计算各级堤防的河势与水位观测岗位定员并相加。

表 1-14　河势观测影响系数

定员级别	1	2	3	4
C_8	1/30	1/40	1/60	1/80

注：无河势观测任务，取 0。

表 1-15　水位观测影响系数

定员级别	1	2	3	4
e_8	0.6	0.5	0.4	0.4

(13)水质监测岗位定员 S_9 按下式计算：

$$S_9=C_9L_1J_9$$

式中：C_9——水质监测岗位定员影响系数，按表 1-16 的规定确定；

J_9——水质监测岗位定员基数，1 人。

管理多种级别堤防的，应分别计算各级堤防的水质监测岗位定员并相加。

表 1-16　水质监测岗位定员影响系数

定员级别	1	2	3	4
C_9	1/50	1/60	1/80	1/100

注：无水质监测任务的，取 0。

(14)辅助类定员按下式计算：

$$F=q(G+S)$$

式中：q——辅助类定员比例系数，取 0.06~0.08。

第三节　大、中型水闸工程管理单位岗位设置

一、岗位类别及名称

大、中型水闸工程管理单位的岗位类别及名称如下所述。

(1)单位负责类:①单位负责岗位；②技术总负责岗位。

(2)行政管理类：①行政事务负责与管理岗位；②文秘与档案管理岗位；③人事劳动教育管理岗位；④安全生产管理岗位。

(3)技术管理类：①工程技术管理负责岗位；②水工技术管理岗位；③机电和金属结构技术管理岗位；④信息和自动化管理岗位；⑤计划与统计岗位；⑥水土资源管理岗位；⑦调度管理岗位。

(4)财务与资产管理类：①财务与资产管理负责岗位；②财务与资产管理岗位；③会计岗位；④出纳岗位。

(5)水政监察类：水政监察岗位。

(6)运行类：①运行负责岗位；②闸门及启闭机运行岗位；③电气设备运行岗位；④通信设备运行岗位。

(7)观测类：①水工观测岗位；②水文观测与水质监测岗位。

(8)辅助类。

二、各岗位主要职责及任职条件

(一)单位负责类

1. 单位负责岗位

1)主要职责

(1)贯彻执行国家的有关法律、法规、方针、政策及上级主管部门的决定、指令。

(2)全面负责行政、业务工作，保障工程安全，充分发挥工程效益。

(3)组织制定和实施单位的发展规划及年度工作计划，建立健全各项规章制度，不断提高管理水平。

(4)推动科技进步和管理创新，加强职工教育，提高职工队伍素质。

(5)协调处理各种关系，完成上级交办的其他工作。

2)任职条件

(1)水利类或相关专业大专毕业及以上学历。

(2)取得相当于助理工程师及以上专业技术职称任职资格，并经相应岗位培训合格。

(3)掌握《中华人民共和国水法》、《中华人民共和国防洪法》等法律、法规；掌握水利工程管理的基本知识；熟悉有关水闸的技术标准；具有较强的组织协调、决策和语言表达能力。

2. 技术总负责岗位

1)主要职责

(1)贯彻执行国家的法律、法规和相关技术标准。

(2)全面负责技术管理工作并掌握工程运行状况，保障工程安全和效益发挥。

(3)组织制定、实施科技发展规划与年度计划。

(4)组织制定水闸工程调度运用方案，工程的除险加固、更新改造和扩建建议方案；组织制定工程养护修理计划，组织或参与工程验收工作；指导防洪抢险技术工作。

(5)组织工程设施的一般事故调查处理，提出或审查有关技术报告；参与工程设施重大事故的调查处理。

(6)组织开展水利科技开发和成果的推广应用，组织职工技术培训、考核及科技档案工作。

2)任职条件

(1)水利、土木类本科毕业及以上学历。

(2)取得工程师及以上专业技术职称任职资格，并经相应岗位培训合格。

(3)熟悉《中华人民共和国水法》、《中华人民共和国防洪法》等法律、法规；掌握水利规划及工程设计、施工、管理等专业知识和有关水闸的技术标准；了解国内外现代化管理的科技动态；具有较强的组织协调、技术决策和语言文字表达能力。

(二)行政管理类

1. 行政事务负责与管理岗位

1)主要职责

(1)贯彻执行国家的有关法律、法规及上级部门的有关规定。

(2)组织制定各项行政管理规章制度并监督实施。

(3)负责管理行政事务、文秘、档案等工作。

(4)负责并承办行政事务、公共事务及后勤服务等工作。

(5)承办接待、会议、车辆管理、办公设施管理等工作。

(6)协调处理各种关系，完成领导交办的其他工作。

2)任职条件

(1)高中毕业及以上学历，并经相应岗位培训合格。

(2)熟悉行政管理专业知识；了解水闸管理的基本知识；具有较强的组织协调及较好的语言文字表达能力。

2. 文秘与档案管理岗位

1)主要职责

(1)遵守国家有关文秘、档案方面的法律、法规及上级主管部门的有关规定。

(2)承担公文起草、文件运转等文秘工作；承担档案管理工作。

(3)承担收集信息、宣传报道，协助办理有关行政事务管理等具体工作。

2)任职条件

(1)水利或文秘、档案类中专或高中毕业及以上学历，并经相应岗位培训合格。

(2)熟悉国家的有关法律、法规和上级部门的有关规定；掌握文秘、档案管理等专业知识；具有一定政策水平和较强的语言文字表达能力。

3. 人事劳动教育管理岗位

1)主要职责

(1)遵守劳动、人事、社会保障等有关的法律、法规及上级主管部门的有关规定。

(2)承办人事、劳动、教育和社会保险等管理工作。

(3)承办职工岗位培训、专业技术职称和工人技术等级的申报、评聘等具体工作。

(4)承办离退休人员管理工作。

2)任职条件

(1)中专毕业及以上学历。

(2)取得初级及以上专业技术职称任职资格，并经相应岗位培训合格。

(3)掌握有关人事、劳动及教育管理基本知识；能处理人事、劳动、教育有关业务问题；具有一定的政策水平和组织协调能力。

4. 安全生产管理岗位

1)主要职责

(1)遵守国家有关安全生产的法律、法规和相关技术标准。

(2)承担本单位及所属工程的安全生产管理与监督工作。

(3)承担安全生产宣传教育工作。

(4)参与制定、落实安全管理制度及技术措施。

(5)参与安全事故的调查处理及监督整改工作。

2)任职条件

(1)水利类中专毕业及以上学历。

(2)取得初级及以上专业技术职称任职资格，并经相应岗位培训合格。

(3)掌握有关安全生产的法律、法规和规章制度；有一定安全生产管理经验；具有分析和协助处理安全生产问题的能力。

(三)技术管理类

1. 工程技术管理负责岗位

1)主要职责

(1)贯彻执行国家有关法律、法规和相关技术标准。

(2)负责工程技术管理，掌握工程运行状况，及时处理主要技术问题。

(3)组织编制并落实工程管理规划、年度计划及度汛方(预)案。

(4)负责工程的养护修理工作，并参与工程验收。

(5)负责水闸工程的检查、观测、调度、运行技术工作。

(6)负责工程除险加固、更新改造及扩建项目立项申报的相关工作，参与工程实施中的有关管理工作。

(7)组织技术资料收集、整编及归档工作。

(8)组织开展有关工程管理的科研开发和新技术的应用工作。

2)任职条件

(1)水利类大专毕业及以上学历。

(2)取得工程师及以上专业技术职称任职资格，并经相应岗位培训合格。

(3)掌握水闸工程设计、施工、管理等方面的专业知识；熟悉水闸管理的技术标准；了解水闸管理现代化的知识；具有较强的组织协调能力。

2. 水工技术管理岗位

1)主要职责

(1)遵守国家有关工程管理方面的法律、法规和相关技术标准。

(2)承担水工技术管理的具体工作。

(3)承担水工建筑物检查、观测、运行的技术工作及养护修理的质量监管工作。

(4)参与安全鉴定工作。

(5)承担水工、水文观测和水质监测等资料整编、分析及归档工作。

2)任职条件

(1)水利类中专毕业及以上学历。

(2)取得初级及以上专业技术职称任职资格，并经相应岗位培训合格。

(3)熟悉水闸工程设计、施工、管理等方面的专业知识；具有解决一般性技术问题的能力。

3. 机电和金属结构技术管理岗位

1)主要职责

(1)遵守国家有关机械、电气及金属结构方面的法律、法规和相关技术标准。

(2)承担机电、金属结构的技术管理工作，保障设备安全正常运行。

(3)承担机电设备、金属结构的检查、运行、维护等技术工作，承办资料整编和归档工作。

(4)参与机电、金属结构事故调查，提出技术分析意见。

2)任职条件

(1)机械、电气类大专毕业及以上学历。

(2)取得助理工程师及以上专业技术职称任职资格，并经相应岗位培训合格。

(3)掌握机械、电气及金属结构的专业基本知识；熟悉机械、电气设备的性能；具有分析处理机械、电气设备常见故障的能力。

4. 信息和自动化管理岗位

1)主要职责

(1)遵守国家有关信息和自动化管理方面的法律、法规和相关技术标准。

(2)承担通信(预警)系统、闸门启闭机集中控制系统、自动化观测系统、防汛决策支持系统及办公自动化系统等管理工作。

(3)处理设备运行、维护中的技术问题。

(4)参与工程信息及自动化系统的技术改造工作。

2)任职条件

(1)通信或计算机类大专毕业及以上学历。

(2)取得助理工程师及以上专业技术职称任职资格，并经相应岗位培训合格。

(3)熟悉通信、网络、信息技术等基本知识；了解水利工程管理、运行等方面的有关知识；了解国内外信息和自动化技术的发展动态；具有处理信息和自动化方面一般技术问题的能力。

5. 计划与统计岗位

1)主要职责

(1)遵守国家有关计划与统计方面的法律、法规及上级主管部门的有关规定。

(2)承担计划与统计的具体业务工作。

(3)参与编制工程管理的中长期规划。

(4)承担相关的合同管理工作。

(5)参与工程预(决)算及竣工验收工作。

2)任职条件

(1)水利类或统计专业大专毕业及以上学历。

(2)取得助理工程师及以上专业技术职称任职资格，并经相应岗位培训合格。

(3)掌握国家有关的法律、法规和规定；熟悉工程规划、设计、施工及运行管理的基本知识；具有计划、统计及合同管理等方面的工作能力。

6. 水土资源管理岗位

1)主要职责

(1)遵守国家有关法律、法规及上级主管部门的有关规定。

(2)编制工程管理范围内的水、土、林木等资源管理保护、开发利用的规划和计划并组织实施。

(3)参与工程管理范围内水土保持措施的检查、监督工作。

2)任职条件

(1)水利、农林类相关专业中专毕业及以上学历。

(2)取得初级及以上专业技术职称任职资格，并经相应岗位培训合格。

(3)掌握水土资源管理相关知识；熟悉林草种植和病虫害防治的技术知识；具有一定的组织协调能力。

7. 调度管理岗位

1)主要职责

(1)遵守国家有关法律、法规和相关技术标准、上级指令和规定。

(2)按规定实施水闸防汛及供排水调度，传递有关调度信息。

(3)参与编制年度或阶段水闸控制运用计划及防汛调度运用方案。

2)任职条件

(1)水利类大专毕业及以上学历。

(2)取得助理工程师及以上专业技术职称任职资格，并经相应岗位培训合格。

(3)熟悉水闸工程管理的技术标准和水工、水文、机电等方面的基本知识；能够指导运行人员完成调度运用任务。

(四)财务与资产管理类

1. 财务与资产管理负责岗位

1)主要职责

(1)贯彻执行国家有关财务、会计、经济和资产管理方面的法律、法规和有关规定。

(2)负责财务和资产管理工作。

(3)建立健全财务和资产管理的规章制度，并负责组织实施、检查和监督。

(4)组织编制财务收支计划和年度预算并组织实施；负责编制年度决算报告。

(5)负责有关投资和资产运营管理工作。

2)任职条件

(1)财经类大专毕业及以上学历。

(2)掌握财会、金融、工商、税务和投资等方面的基本知识；了解水闸工程管理的基本知识；了解水闸工程管理和现代化管理的基本知识；有较高的政策水平和较强的组织协调能力。

2. 财务与资产管理岗位

1)主要职责

(1)遵守国家有关财务、会计、经济和资产管理方面的法律、法规和有关规定。

(2)承办财务和资产管理的具体工作。

(3)参与编制财务收支计划和年度预算与决算报告。

(4)承担防汛物资的管理工作。

(5)参与有关投资和资产运营管理工作。

2)任职条件

(1)经济类中专毕业及以上学历。

(2)取得初级及以上专业技术职称任职资格，并经相应岗位培训合格。

(3)掌握财会和资产管理的基本知识；了解工商、税务、物价等方面的规定；具有一定的组织协调能力。

3. 会计岗位

1)主要职责

(1)遵守《中华人民共和国会计法》等法律、法规，执行《水利工程管理单位财务制度》和《水利工程管理单位会计制度》。

(2)承担会计业务工作，进行会计核算和会计监督，保证会计凭证、账簿、报表及其他会计资料的真实、准确、完整。

(3)建立健全会计核算和相关管理制度，保证会计工作依法进行。

(4)参与编制财务收支计划和年度预算与决算报告，承担会计档案保管及归档工作。

(5)负责编制会计报表。

2)任职条件

(1)财会类中专毕业及以上学历。

(2)取得助理会计师及以上专业技术职称任职资格，并经相应岗位培训合格，持证上岗。

(3)熟悉财务、会计、金融、工商、税务、物价等方面的基本知识；了解水闸工程管理的基本知识；能解决会计工作中的实际问题。

4. 出纳岗位

1)主要职责

(1)遵守《中华人民共和国会计法》、《水利工程管理单位财务制度》和《水利工程管理单位会计制度》等法律、法规。

(2)根据审核签章的记账凭证，办理现金、银行存款的收付结算业务。

(3)及时登记现金、银行日记账，做到日清月结，账实相符。

(4)管理支票、库存现金及有价证券。

(5)参与编制财务收支计划和年度预算与决算报告。

2)任职条件

(1)财会类中专毕业及以上学历。

(2)取得会计员及以上专业技术职称任职资格，并经相应岗位培训合格，持证上岗。

(3)了解财务、会计、金融、工商、税务、物价等方面的基本知识；了解水闸工程管理的基本情况；坚持原则，工作认真细致。

(五)水政监察类

水政监察岗位

1)主要职责

(1)宣传贯彻《中华人民共和国水法》、《中华人民共和国水土保持法》、《中华人民共和国防洪法》、《中华人民共和国水污染防治法》等法律、法规。

(2)负责并承担管理范围内水资源、水域、生态环境及水利工程或设施的保护工作。

(3)负责对水事活动进行监督检查；维护正常的水事秩序，对公民、法人或其他组织违反法律、法规的行为实施行政处罚或采取其他行政措施。

(4)配合公安和司法部门查处水事治安和刑事案件。

(5)受水行政主管部门委托，负责办理行政许可和征收行政事业性规费等有关事宜。

2)任职条件

(1)高中毕业及以上学历，并经相应岗位培训合格。

(2)掌握国家有关法律、法规；了解水利专业知识，具有协调、处理水事纠纷的能力。

(六)运行类

1. 运行负责岗位

1)主要职责

(1)遵守规章制度和操作规程。

(2)组织实施运行作业。

(3)负责指导、检查、监督运行作业，保证工作质量和操作安全，发现问题及时处理。

(4)负责运行工作原始记录的检查、复核工作。

2)任职条件

(1)水利、机械、电气类中专或技校毕业及以上学历。

(2)取得初级及以上专业技术职称任职资格或高级工以上技术等级资格，并经相应岗位培训合格，持证上岗。

(3)熟悉机械、电气、通信及水工建筑物等方面的基本知识；能按操作规程组织运行作业，处理运行中的常见故障；具有较强的组织协调能力。

2. 闸门及启闭机运行岗位

1)主要职责

(1)遵守规章制度和操作规程。

(2)严格按调度指令进行闸门启闭作业。

(3)承担闸门及启闭机的日常维护工作，及时处理常见故障。

(4)填报运行值班记录。

2)任职条件

(1)技校(机械类专业)毕业及以上学历。

(2)取得中级工及以上技术等级资格，并经相应岗位培训合格，持证上岗。

(3)掌握闸门启闭机的基本性能和操作技能；了解闸门安装、调试的有关知识；具有处理运行中常见故障的能力。

3. 电气设备运行岗位

1)主要职责

(1)遵守规章制度和操作规程。

(2)承担各种电气设备的运行操作。

(3)承担电气设备及其线路日常检查及维护，及时处理常见故障。

(4)填报运行值班记录。

2)任职条件

(1)技校(机械、电气类专业)毕业及以上学历。

(2)取得中级工及以上技术等级资格，并经相应岗位培训合格，持证上岗。

(3)掌握电工基础知识和电气设备操作技能；熟悉电气设备的安装、调试及维护的基本知识；具有处理常见故障的能力。

4. 通信设备运行岗位

1)主要职责

(1)遵守规章制度和操作规程。

(2)承担通信设备及系统运行工作。

(3)巡查设备运行情况，及时处理常见故障。

(4)填报运行值班记录。

2)任职条件

(1)技校(通信类专业)或高中毕业及以上学历。

(2)取得中级工及以上技术等级资格，并经相应岗位培训合格。

(3)掌握通信设备的操作技能；了解通信设备的基本工作原理；具有处理常见故障的能力。

(七)观测类

1. 水工观测岗位

1)主要职责

(1)遵守规章制度和操作规程。

(2)承担水工建筑物的各项观测工作，确保观测数据准确。

(3)承担水工建筑物观测设备及设施的检查与维护工作。

(4)承担观测记录及初步分析工作。

2)任职条件

(1)技校(水利类专业)毕业及以上学历。

(2)取得中级工及以上技术等级资格，并经相应岗位培训合格。

(3)熟悉水工观测的内容和方法；具有处理观测中出现的一般技术问题的能力。

2. 水文观测与水质监测岗位

1)主要职责

(1)遵守规章制度和相关技术标准。

(2)承担工程水文观测与水质监测工作。

(3)填写、保存原始记录；进行资料整理，参与资料整编。

(4)承担水文观测仪器和水文自动化设备的日常检查与维护工作。

(5)参与水污染监测与防治的调查工作。

2)任职条件

(1)中专或高中毕业及以上学历。

(2)取得中级工及以上技术等级资格，并经相应岗位培训合格，持证上岗。

(3)掌握水文观测设备、仪器的性能及其使用和维护方法；了解工程水文观测与水质监测的基本知识;熟悉水质监测技术标准;了解水环境、水污染防治基本知识；具有处理常见故障的能力。

第四节　大、中型水闸工程管理单位岗位定员

一、定员级别

大、中型水闸工程定员级别按表 1-17 的规定确定。

表 1-17　大、中型水闸工程定员级别

定员级别	过闸流量(m^3/s)	孔口面积(m^2)
1	≥10 000	≥2 000
2	<1 000 ≥5 000	<2 000 ≥1 000
3	<5 000 ≥1 000	<1 000 ≥500
4	<1 000 ≥500	<500 ≥250
5	<500 ≥100	<250 ≥50

注：①过闸流量和孔口面积不在同一级别范围时，按其中较高者确定定员级别；
②过闸流量以设计流量计。

二、岗位定员

(1)岗位定员总和(Z)按下式计算：

$$Z=G+S+F$$

式中：Z——岗位定员总和，人；

G——单位负责、行政管理、技术管理、财务与资产管理及水政监察类岗位定员之和，人；

S——运行、观测及养护修理类岗位定员之和，人；

F——辅助类岗位定员，人。

(2)单位负责、行政管理、技术管理、财务与资产管理及水政监察类岗位定员之和(G)按下式计算：

$$G=\sum_{i=1}^{18}G_i$$

式中：G_i——单位负责、行政管理、技术管理、财务与资产管理及水政监察类各岗位定员，人，按表 1-18 规定确定。

(3)运行、观测类岗位定员(S)按下式计算：

$$S=\sum_{i=1}^{4}S_i$$

式中：S_i——运行、观测类各岗位定员，人。

(4)运行负责岗位定员(S_1)：1、2、3 级水闸各取 1 人，4、5 级水闸考虑兼岗，取 0.5 人。

(5)闸门及启闭机运行岗位与电气设备运行岗定员之和(S_2)按下式计算：

$$S_2=C_2J_2$$

式中：C_2——过闸流量、孔口面积影响系数，按表 1-19 的规定确定；

J_2——闸门及启闭机运行岗位与电气设备运行岗位定员基数，取 2 人。

(6)通信设备运行岗位定员(S_3)按表 1-20 的规定确定。

(7)水工观测、水文观测与水质监测两个岗位定员之和(S_4)按表 1-21 的规定确定。

(8)辅助类岗位定员(F)按下式计算：

$$F=q(G+S)$$

式中：q——辅助类岗位定员比例系数，取 0.10～0.12。

表 1-18　单位负责、行政管理、技术管理、财务与资产管理及水政监察类岗位定员

(单位：人)

<table>
<tr><th rowspan="2">岗位类别</th><th rowspan="2">岗位名称</th><th rowspan="2">G_i</th><th colspan="5">定员级别</th></tr>
<tr><th>1</th><th>2</th><th>3</th><th>4</th><th>5</th></tr>
<tr><td rowspan="2">单位负责类</td><td>单位负责人岗位</td><td>G_1</td><td rowspan="2">2 ~ 3</td><td rowspan="2">2</td><td rowspan="2">1.5 ~ 2</td><td rowspan="2">1.5</td><td rowspan="2">1 ~ 1.5</td></tr>
<tr><td>技术总负责岗位</td><td>G_2</td></tr>
<tr><td rowspan="4">行政管理类</td><td>行政事务负责与管理岗位</td><td>G_3</td><td rowspan="4">3 ~ 4</td><td rowspan="4">2.5 ~ 3</td><td rowspan="4">2 ~ 2.5</td><td rowspan="4">1.5 ~ 2</td><td rowspan="4">1 ~ 1.5</td></tr>
<tr><td>文秘与档案管理岗位</td><td>G_4</td></tr>
<tr><td>人事劳动教育管理岗位</td><td>G_5</td></tr>
<tr><td>安全生产管理岗位</td><td>G_6</td></tr>
<tr><td rowspan="7">技术管理类</td><td>工程技术管理负责岗位</td><td>G_7</td><td rowspan="7">5 ~ 8</td><td rowspan="7">4 ~ 5</td><td rowspan="7">3.5 ~ 4</td><td rowspan="7">2 ~ 3.5</td><td rowspan="7">1.5 ~ 2</td></tr>
<tr><td>水工技术管理岗位</td><td>G_8</td></tr>
<tr><td>机电和金属结构技术管理岗位</td><td>G_9</td></tr>
<tr><td>信息和自动化管理岗位</td><td>G_{10}</td></tr>
<tr><td>计划与统计管理岗位</td><td>G_{11}</td></tr>
<tr><td>水土资源管理岗位</td><td>G_{12}</td></tr>
<tr><td>调度管理岗位</td><td>G_{13}</td></tr>
<tr><td rowspan="4">财务与资产管理类</td><td>财务与资产管理负责岗位</td><td>G_{14}</td><td rowspan="4">3 ~ 4</td><td rowspan="4">2.5 ~ 3</td><td rowspan="4">2 ~ 2.5</td><td rowspan="4">2</td><td rowspan="4">1.5 ~ 2</td></tr>
<tr><td>财务与资产管理岗位</td><td>G_{15}</td></tr>
<tr><td>会计岗位</td><td>G_{16}</td></tr>
<tr><td>出纳岗位</td><td>G_{17}</td></tr>
<tr><td>水政监察类</td><td>水政监察岗位</td><td>G_{18}</td><td>3</td><td>2~3</td><td>2</td><td>1 ~ 2</td><td>1</td></tr>
</table>

表 1-19　过闸流量、孔口面积影响系数

过闸流量 (m^3/s)	≥10 000	≥5 000 <10 000	≥1 000 <5 000	≥500 <1 000	≥100 <500
孔口面积 (m^2)	≥2 000	≥1 000 <2 000	≥500 <1 000	≥250 <500	≥50 <250
C_2	3.5	3.0	2.0	1.5	1

注：①两个以上水闸分别按过闸流量、孔口面积之和确定影响系数 C_2；
②若过闸流量及孔口面积不在同一档内，则按其中较高档确定 C_2；
③年平均启闭次数大于 120 次(启、闭各计一次)的水闸，C_2 提高一档，但不得大于 3。

表 1-20　通信设备运行岗位定员

定员级别	1	2	3	4	5
S_3(人)	2 ~ 3	2	2	1 ~ 2	1

表 1-21　水工观测、水文观测与水质监测岗位定员

定员级别	1	2	3	4	5
S_4(人)	3 ~ 4	3	2 ~ 3	1 ~ 2	0.5 ~ 1

注：挡潮闸的观测岗位定员增加 1 人；无水文或水质监测任务的，岗位定员各按 1/3 比例减少。

第二章 水利工程维修养护定额标准

第一节 工程维修养护等级划分

(1)本定额标准对堤防工程、控导工程、水闸工程按照工程级别和规模划分维修养护等级，分别制定维修养护工作(工程)量。

(2)堤防工程维修养护等级分为四级九类，具体划分标准按表2-1执行。

表 2-1 堤防工程维修养护等级划分表

堤防	堤防设计标准	一级堤防			二级堤防			三级堤防		四级堤防
工程类别	堤防维护类别	一类工程	二类工程	三类工程	一类工程	二类工程	三类工程	一类工程	二类工程	
分类指标	背河堤高 H(m)	$H\geqslant8$	$8>H\geqslant6$	$H<6$	$H\geqslant6$	$6>H\geqslant4$	$H<4$	$H\geqslant4$	$H<4$	
	堤身断面建筑轮廓线 L(m)	$L\geqslant100$	$100>L\geqslant50$	$L<50$	$L\geqslant60$	$60>L\geqslant30$	$L<30$	$L\geqslant20$	$L<20$	

注：① 堤防级别按《堤防工程设计规范》(GB50286—98)确定，凡符合分类指标其中之一者即为该类工程。

② 堤身断面建筑轮廓线长度 L 为堤顶宽度加地面以上临、背堤坡长之和，淤区和戗体不计入堤身断面。

(3)控导工程分丁坝、联坝和护岸，具体划分标准按表2-2执行。

表 2-2　控导工程维修养护项目划分表

项目	丁坝		联坝		护岸
	坝	垛	土联坝	护石联坝	
坝长 L(m)	$L \geqslant 30$	$L < 30$			

(4)水闸工程维修养护等级分为三级八等，具体划分标准按表2-3执行。

表 2-3　水闸工程维修养护等级划分表

级别	大型				中型		小型	
等别	一	二	三	四	五	六	七	八
流量 Q (m^3/s)	$Q \geqslant$ 10 000	5 000 $\leqslant Q <$ 10 000	3 000 $\leqslant Q <$ 5 000	1 000 $\leqslant Q <$ 3 000	500 $\leqslant Q <$ 1 000	100 $\leqslant Q <$ 500	10 $\leqslant Q <$ 100	$Q <$ 10
孔口面积 A(m^2)	$A \geqslant$ 2 000	800 $\leqslant A <$ 2 000	600 $\leqslant A <$ 1 100	400 $\leqslant A <$ 900	200 $\leqslant A <$ 400	50 $\leqslant A <$ 200	10 $\leqslant A <$ 50	$A <$ 10

注：同时满足流量及孔口面积两个条件，即为该等级水闸。如只具备其中一个条件的，其等级降低一等。水闸流量按校核过闸流量大小划分，无校核过闸流量以设计过闸流量为准。

第二节　定额标准项目构成

一、定额标准适用情况

本定额标准适用于水利工程年度日常维修养护经费预算的编制和核定，超常洪水和重大险情造成的工程修复及工程抢险费用、水利工程更新改造费用及其他专项费用需另行申报和核定。

二、堤防工程维修养护定额标准项目

(1)堤防工程维修养护定额标准项目包括堤顶维修养护、堤坡

维修养护、附属设施维修养护、堤防隐患探测、防浪林养护、护堤林带养护、淤区维修养护、前(后)戗维修养护、土牛维修养护、备防石整修、管理房维修养护、害堤动物防治、防浪(洪)墙维修养护和消浪结构维修养护。

(2)堤顶维修养护内容包括堤顶养护土方、边埂整修、堤顶洒水、堤顶刮平和堤顶行道林维修养护。

(3)堤坡维修养护内容包括堤坡养护土方、排水沟维修养护、上堤路口维修养护和草皮养护及补植。

(4)附属设施维修养护内容包括标志牌(碑)维护和护堤地边埂整修。

(5)堤防隐患探测内容包括普通探测和详细探测。

三、控导工程维修养护定额标准项目

(1)控导工程维修养护定额标准项目包括坝顶维修养护、坝坡维修养护、根石维修养护、附属设施维修养护、上坝路维修养护和防护林带养护。

(2)坝顶维修养护内容包括坝顶养护土方、坝顶沿子石维修养护、坝顶洒水、坝顶刮平、坝顶边埂整修、备防石整修和坝顶行道林养护。

(3)坝坡维修养护内容包括坝坡养护土方、坝坡养护石方、排水沟维修养护和草皮养护及补植。

(4)根石维修养护内容包括根石探测、根石加固和根石平整。

(5)附属设施维修养护内容包括管理房维修养护、标志牌(碑)维护和护坝地边埂整修。

四、水闸工程维修养护定额标准项目

(1)水闸工程维修养护定额标准项目包括水工建筑物维修养

护、闸门维修养护、启闭机维修养护、机电设备维修养护、附属设施维修养护、物料动力消耗、闸室清淤、白蚁防治、自动控制设施维修养护和自备发电机组维修养护。

(2)水工建筑物维修养护内容包括养护土方、砌石护坡护底维修养护、防冲设施破坏抛石处理、反滤排水设施维修养护、出水底部构件养护、混凝土破损修补、裂缝处理和伸缩缝填料填充。

(3)闸门维修养护内容包括止水更换和闸门维修养护。

(4)启闭机维修养护内容包括机体表面防腐处理、钢丝绳维修养护和传(制)动系统维修养护。

(5)机电设备维修养护内容包括电动机维修养护、操作设备维修养护、配电设备维修养护、输变电系统维修养护和避雷设施维修养护。

(6)附属设施维修养护内容包括机房及管理房维修养护、闸区绿化、护栏维修养护。

(7)物料动力消耗内容包括水闸运行及维修养护消耗的电力、柴油、机油和黄油等。

第三节　维修养护工作(工程)量

一、定额标准

本定额标准由维修养护项目工作(工程)量及调整系数组成。调整系数根据水利工程实际维修养护内容和调整因素采用。

二、堤防工程维修养护工作(工程)量

堤防工程维修养护项目工作(工程)量,以 1 000 m 长度的堤防为计算基准。维修养护项目工作(工程)量按表 2-4 执行。

表 2-4　堤防工程维修养护项目工作(工程)量表

编号	项　　目	单位	1 级堤防			2 级堤防			3 级堤防		4 级堤防
			一类	二类	三类	一类	二类	三类	一类	二类	
一	堤顶维修养护		300	270	240	210	195	180	90	72	54
1	堤顶养护土方	m^3	500	450	400	350	325	300	150	120	90
2	边埂整修	工日	47	47	47	21	21	21			
3	堤顶洒水	台班	4	4	3	2	2	1	1	1	
4	堤顶刮平	台班	9	7	5	5	4	2	3	2	2
5	堤顶行道林养护	株	667	667	667	667	667	667	667	667	667
二	堤坡维修养护										
1	堤坡养护土方	m^3	639	559	479	383	320	256	128	96	96
2	排水沟翻修	m	61	44		38					
3	上堤路口养护土方	m^3	34	12	9	10	9	5	5	2	2
4	草皮养护及补植										
(1)	草皮养护	100 m^2	506	443	380	380	316	253	253	190	190
(2)	草皮补植	100 m^2	25	22	19	19	16	13	13	9	9
三	附属设施维修养护										
1	标志牌(碑)维护	个	22	22	22	17	17	17	7	7	5
2	护堤地边埂整修	工日	21	21	21	21	21	21	21	21	21
四	堤防隐患探测										
1	普通探测	m	100	100	100	70	70	70			
2	详细探测	m	10	10	10	7	7	7			
五	防浪林养护	m^2	按实有数量								
六	护堤林带养护	m^2	按实有数量								
七	淤区维修养护	m^2	按实有数量								
八	前(后)戗维修养护	m^2	按实有数量								
九	土牛维修养护	m^3	按实有数量								
十	备防石整修	工日	按实有数量								
十一	管理房维修	m^2	按实有数量								
十二	害堤动物防治	100 m^2	按实有数量								
十三	硬化堤顶维修养护	km	按实有数量								

堤防工程维修养护项目工作(工程)量调整系数按表 2-5 执行。

表 2-5　堤防工程维修养护项目工作(工程)量调整系数表

编号	影响因素	基　准	调整对象	调整系数
1	堤身高度	各级堤防基准高度分别为：8、7、6、6、5、4、4、3 m 和 3 m	堤坡维修养护	每增减 1 m，系数相应增减分别为 1/8、1/7、1/6、1/6、1/5、1/4、1/4、1/3 和 1/3
2	土质类别	壤性土质	维修养护项目	黏性土质系数调减 0.2
3	无草皮土质护坡	草皮护坡	草皮养护及补植	去除该维修养护项目
4	年降水量变差系数 C_v	0.15 ~ 0.3	维修养护项目	≥0.3 系数增加 0.05；<0.15 系数减少 0.05

三、控导工程维修养护工作(工程)量

控导工程维修养护项目工作(工程)量计算基准为：坝 80 m/道，垛 30 m/个，联坝 100 m/段，护岸 100 m/段，坝、垛、护岸高度为 4 m(从根石台起算，无根石台从多年平均水位起算)。维修养护项目工作(工程)量按表 2-6 执行。

控导工程维修养护项目工作(工程)量调整系数按表 2-7 执行。

四、水闸工程维修养护工作(工程)量

水闸工程维修养护项目工作(工程)量，以各等别水闸工程平

表 2-6　控导工程维修养护项目工作(工程)量表

编号	项　　目	单位	丁　坝		联　坝(段)		护岸(段)
			坝(道)	垛(个)	土联坝	护石联坝	
一	坝顶维修养护						
1	坝顶养护土方	m^3	15	10	30	30	
2	坝顶沿子石翻修	m^3	4.4	2.4		2.2	2.4
3	坝顶洒水	台班	0.7				
4	坝顶刮平	台班	0.6				
5	坝顶边埂整修	工日	3		9	4	
6	备防石整修	工日	14.5	3.5		5.5	9
7	坝顶行道林养护	株	67				
二	坝坡维修养护						
1	坝坡养护土方	m^3	22		50	25	
2	坝坡石方整修	m^3	59	20		38	54
3	排水沟翻修	m	1.34		0.78	0.78	0.1
4	草皮养护及补植						
(1)	草皮养护	m^2	783		1566	682	
(2)	草皮补植	m^2	39		78	39	
三	根石维修养护						
1	根石探测	次	每年 1~2 次			每年 1~2 次	
2	根石加固	m^3	41	10		20	10
3	根石平整	工日	2	1		2	2
四	附属设施维修养护						
1	管理房维修养护	m^2	8	3	10	10	10
2	标志牌(碑)维护	个	10	5	5	10	10
3	护坝地边埂整修	工日			1	1	
五	上坝路	km	按实有数量				
六	护坝林	m^2	按实有数量				

表 2-7　控导工程维修养护项目工作(工程)量调整系数

编号	影响因素	基　准	调整对象	调整系数
1	坝体长度	80 m	坝顶维修养护、坝坡维修养护	每增减 10 m，系数相应增减 0.05
2	联坝长度	100 m		每增减 10 m，系数相应增减 0.05
3	护岸长度	100 m		每增减 10 m，系数相应增减 0.05
4	坝、垛、护岸高度	4 m	坝坡维修	每增减 1 m，系数相应增减 0.2
5	坝体结构	乱石坝	维修养护项目	干砌石坝系数调减 0.4，浆砌石坝系数调减 0.7，混凝土坝系数调减 0.9
6	降水量变差系数	0.15～0.3	维修养护项目	≥0.3 系数增加 0.05； ＜0.15 系数减少 0.05

均流量(下限及上限)、平均孔口面积(下限及上限)、孔口数量为计算基准，计算基准如表 2-8 所示。水闸工程维修养护项目工作(工程)量按表 2-9 执行。

表 2-8　水闸工程计算基准表

级　别	大　型				中　型		小　型	
等　别	一	二	三	四	五	六	七	八
流量 $Q(m^3/s)$	10 000	7 500	4 000	2 000	750	300	55	10
孔口面积 $A(m^2)$	2 400	1 800	910	525	240	150	30	10
孔口数量(孔)	60	45	26	15	8	5	2	1

表 2-9　水闸工程维修养护项目工作(工程)量表

编号	项目	单位	大型				中型		小型	
			一	二	三	四	五	六	七	八
一	水工建筑物维修养护									
1	养护土方	m^3	300	300	250	250	150	150	100	100
2	砌石护坡勾缝修补	m^2	936	792	570	368	224	128	88	49
3	砌石护坡翻修石方	m^3	70	59	43	28	17	10	7	4
4	防冲设施破坏抛石处理	m^3	30	22.5	13	6	3.2	2	1.5	1
5	反滤排水设施维修养护	m	180	135	78	36	16	10	8	5
6	出水底部构件养护	m^2	300	225	130	60	40	25	20	10
7	混凝土破损修补	m^2	432	324	163.8	94.5	43.2	27	5.4	1.8
8	裂缝处理	m^2	720	540	273	157.5	72	45	9	3
9	伸缩缝填料填充	m	15	15	12	12	10	9	4	2
二	闸门维修养护									
1	止水更换	m	653	490	283	163	71	44	12	6
2	闸门防腐处理	m^2	2 400	1 800	910	525	240	150	30	10
三	启闭机维修养护									
1	机体表面防腐处理	m^2	1 800	1 350	676	390	176	100	24	9
2	钢丝绳维修养护	工日	600	450	260	150	80	50	20	10
3	传(制)动系统维修养护	工日	480	360	208	120	64	40	16	8
4	配件更换	更换率	按启闭机资产的 1.5%计算							
四	机电设备维修养护									

续表 2-9

编号	项目	单位	大型				中型		小型	
			一	二	三	四	五	六	七	八
1	电动机维修养护	工日	540	405	234	135	72	45	18	9
2	操作设备维修养护	工日	360	270	156	90	48	30	12	6
3	配电设备维修养护	工日	168	141	76	56	36	23	14	12
4	输变电系统维修养护	工日	288	228	140	96	62	50	20	10
5	避雷设施维修养护	工日	24	22.5	15	13.5	6	6	3	3
6	配件更换	更换率	按机电设备资产的 1.5%计算							
五	附属设施维修养护									
1	机房及管理房维修养护	m^2	612	522	378	330	252	120	66	42
2	闸区绿化	m^2	1 500	1 500	1 350	1 350	900	750	225	150
3	护栏维修养护	m	900	900	800	600	500	500	150	100
六	物料动力消耗									
1	电力消耗	kWh	45 662	39 931	29 679	25 402	19 179	5 371	2 343	483
2	柴油消耗	kg	7 200	5 408	3 360	1 440	800	440	176	60
3	机油消耗	kg	1 080	811.2	504	216	120	66	26.4	9
4	黄油消耗	kg	1 000	800	700	600	400	200	100	50
七	闸室清淤	m^3	按实有工程量计算							
八	白蚁防治	m^2	按实有面积计算							
九	自动控制设施维修养护	维修率	按自动控制设施资产的 5%计算							
十	自备发电机组维修养护	kW	按实有功率计算							

水闸工程维修养护项目工作(工程)量调整系数按表 2-10 执行。

表 2-10 水闸工程维修养护项目工作(工程)量调整系数

编号	影响因素	基准	调整对象	调整系数
1	孔口面积	一至八等水闸计算基准孔口面积分别为 2 400、1 800、910、525、240、150、30 m^2 和 10 m^2	闸门防腐处理	按直线内插法计算，超过范围按直线外延法。
2	孔口数量	一至八等水闸计算基准孔口数量分别为 60、45、26、15、8、5、2 孔和 1 孔	闸门和启闭机机电设备维修养护	一至八等水闸每增减 1 孔，系数分别增减 1/60、1/45、1/26、1/15、1/8、1/5、1/2、1
3	设计流量	一至八等水闸计算基准流量分别为 10 000、7 500、4 000、2 000、750、300、55 m^3/s 和 10 m^3/s	水工建筑物维修养护	按直线内插法计算，超过范围按直线外延法
4	启闭机类型	卷扬式启闭机	启闭机维修养护	螺杆式启闭机系数减少 0.3，油压式启闭机系数减少 0.1
5	闸门类型	钢闸门	闸门维修养护	混凝土闸门系数调减 0.3，弧形钢闸门系数增加 0.1
6	接触水体	淡水	闸门启闭机、机电设备及水工建筑物维修养护	海水系数增加 0.1
7	严寒影响	非高寒地区	闸门启闭机、机电设备及水工建筑物维修养护	高寒地区系数增加 0.05
8	运用时间	标准孔数，闸门年启闭 12 次	物料动力消耗	一至八等水闸单孔闸门启闭次数每增加 1 次，系数分别增加：1/720、1/540、1/312、1/180、1/120、1/60、1/24、1/20
9	流量小于 10 m^3/s 的水闸	10 m^3/s	八等水闸维修养护项目	10 $m^3/s > Q \geq 5$ m^3/s，系数调减 0.59；5 $m^3/s > Q \geq 3$ m^3/s，系数调减 0.71；3 $m^3/s > Q \geq 1$ m^3/s，系数调减 0.84。上述三个流量段计算基准流量分别为 7、4 和 2 m^3/s，同一级别其他值采用内插法或外延法取得

第三章　河南黄河工程管理规划及设计标准

第一节　堤防工程标准

堤防断面如图 3-1 所示。

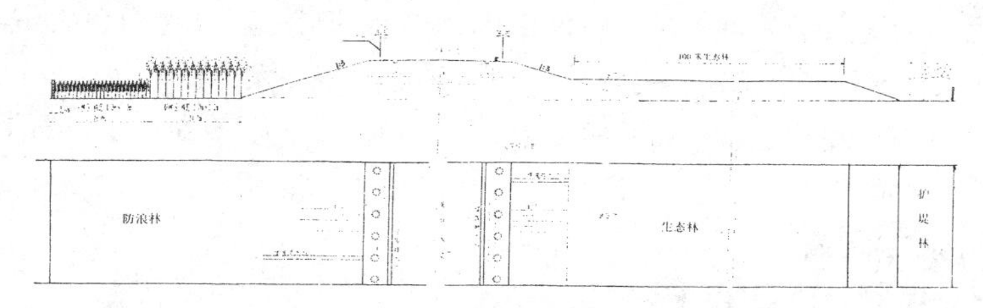

图 3-1　堤防断面示意图

一、堤顶

(一)路面

(1)硬化路面。如图 3-2 所示。堤顶道路为三级柏油路，宽 6 m，

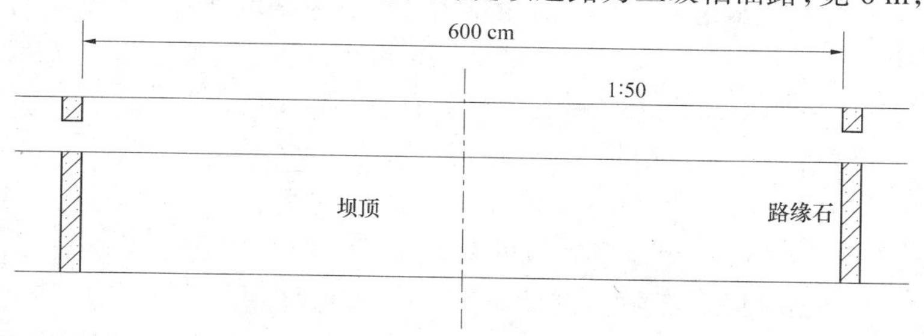

图 3–2　硬化路面示意图

硬化路面中间高、两侧低，其坡比为 1∶50。硬化堤顶应保持无积水、无杂物，整洁，路面无损坏、裂缝、翻浆、脱皮、泛油、龟裂、啃边等现象。

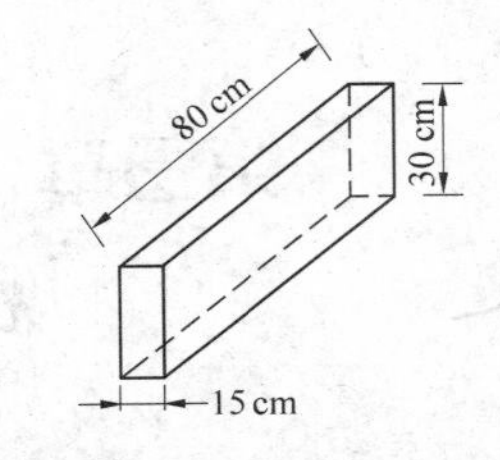

图 3-3 路缘石示意图

(2)路缘石。如图 3-3 所示。硬化路面两侧设路缘石，路缘石顶与柏油路面平，应全线贯通。路缘石尺寸为 15 cm × 30 cm × 80 cm。

(3)交通标志线。硬化路面中间为黄色虚线、两侧为白色实线。标志漆涂刷应归顺、一致。

(4)未硬化路面。未硬化路面采用小粒径(不小于 5 mm)或石屑碎石路面。

(二)堤肩

堤肩应达到无明显坑洼，堤肩线平顺规整，植草防护。

(1)有排水沟堤肩。排水沟与路缘石间距 0.5 m，中间采用 C20 混凝土硬化，厚 0.15 m，每 10 m 设一条伸缩缝，伸缩缝设止水条。混凝土硬化排水沟结合部设现浇混凝土防护墩。防护墩柱体尺寸为 0.20 m × 0.20 m × 0.25 m，内加ϕ8 ~ 12 mm 钢筋，用红白条反光漆涂饰(下同)。排水沟外侧堤肩种植葛芭草和花卉。

(2)无排水沟堤肩。堤身无排水设施，应采取散排方式排放堤顶积水。该类堤顶路缘石外侧 0.5 m 设现浇混凝土防护礅与路缘石之间采用 C20 混凝土硬化，厚 0.15 m，每 10 m 设一条伸缩缝，伸缩缝设止水条。防护墩外堤肩种植葛芭草和花卉。

(3)堤肩花坛。堤顶宽度超过 12 m 的堤段，或堤顶路面硬化靠一侧，另一侧堤肩较宽的堤段，堤顶应设置花坛。花坛长、宽和间隔应根据实际情况确定。花坛边界采用冬青、黄杨等生物品种围砌，内置月季等各种常绿长开花卉，两花坛间堤肩植葛芭草。

(三)排水沟

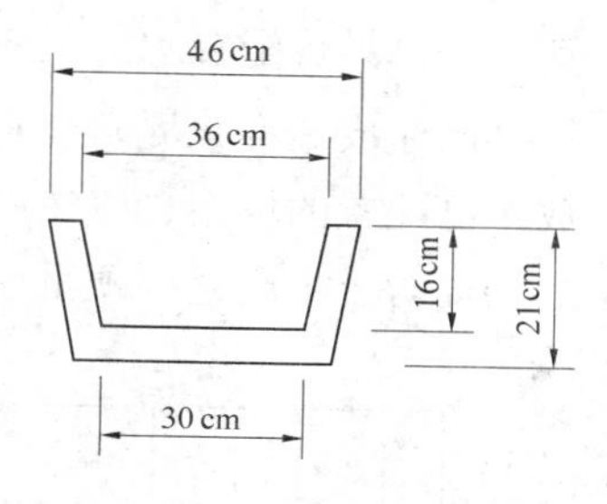

图 3-4　排水沟示意图

堤顶纵向排水沟设置硬化路面两侧各一条，与路缘石的距离保持一致，间距应为 0.5 m。排水沟的结构尺寸为：排水沟底部净宽 30 cm，上口净宽 36 cm，上口外边沿宽 46 cm。底部外边沿宽 40 cm。排水沟深 21 cm，净深 16 cm，如图 3-4 所示。堤顶排水沟采用 C20 混凝土预制，形状为梯形。

堤坡、淤区横向排水沟、险工(控导)排水沟结构尺寸与此相同。

(四)行道林

行道林沿堤线布置在排水沟外侧，与排水沟外边缘的距离应为 0.5 m。行道林种植、更新、补植应达到高低错落有致，多彩搭配，胸径一致。行道林以大叶女贞、栾树等适宜高杆树种为主，间种红叶李、百日红、雪松、刺柏等常绿开花树种。大叶女贞等高杆树木单独种植时，间距为 4 m。大叶女贞与红叶李、百日红间隔种植时，同一品种间距为 8 m。大叶女贞与雪松、刺柏间隔种植时，同一品种间距为 10 m。

黄(沁)河干堤堤顶行道林每侧一排。目前为两排的，“十一五”期间必须更新为一排。

(五)土牛

为便于管理，减少日常维护工作量，土牛应以集中存放为原则。统一放置在淤区内，沿堤线与堤防平行堆放，间距为 500 ~ 1 000 m，如图 3-5 所示。土牛距堤坡与淤区顶面内侧交线不少于 2 m，土牛堆放长度 50 m、宽度 5 ~ 8 m、四周边坡 1 : 1，土牛顶应低于相邻堤顶 1 m。已硬化段堤防原则上堤顶不再存放土牛。花园口、柳园口景区段，可以将淤区超高、超宽部分视为备防土料，不再另行配置。

已建成标准化堤防尚未配置土牛的，配置时要按上述要求存放；已配置的堤线，应在以后补充时，按上述要求逐步调整。

堤防土牛应达到顶平坡顺，边角整齐，规整划一。

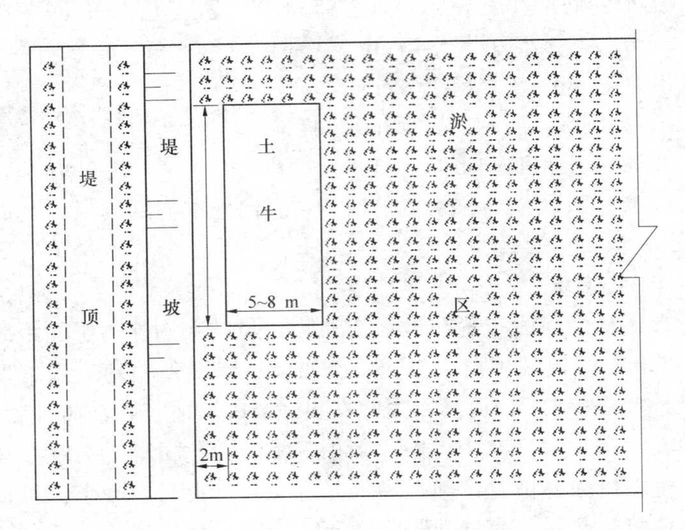

图 3-5　土牛平面布置示意图

(六)路口

路口设置以防汛、抢险为主，以当地群众生产、生活为辅，不得新开上堤路口，对小路口和堤身开挖路口，一律封死。堤防路口不得蚕食堤顶，应保持与堤顶宽度一致。顺坡的上堤道路应在设计断面以外，不能侵占堤身，确保堤身完整。上堤路口应从堤肩外 1 m 开始起坡，路面坡度不小于 1∶15。路口两侧各设 5 个路口警示桩。路口警示桩尺寸为 0.2 m×0.2 m×1.5 m，埋深 0.5 m。外露部分涂红白间隔漆，如图 3-6 所示。

上堤道路路基边坡为 1∶2，路面平坦，路肩平顺、口直。与堤坡交线顺直、整齐、分明，上堤道路应保持完整、平整，无沟坎、凹陷、残缺，无蚕食侵蚀堤身现象。

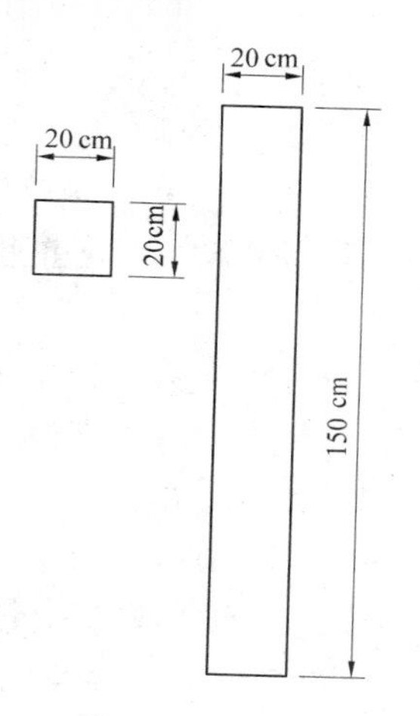

图 3-6　路口警示桩示意图

为控制超载车辆，在主要交通路口两侧的堤顶道路设置堤顶限载设施，控制超载车辆通行。

堤顶限载设施为钢筋混凝土结构，立面设计为斜面，有效防止牵拉碰撞破坏，斜面上刷红白反光漆条及禁、限行标语，如图 3-7 所示。

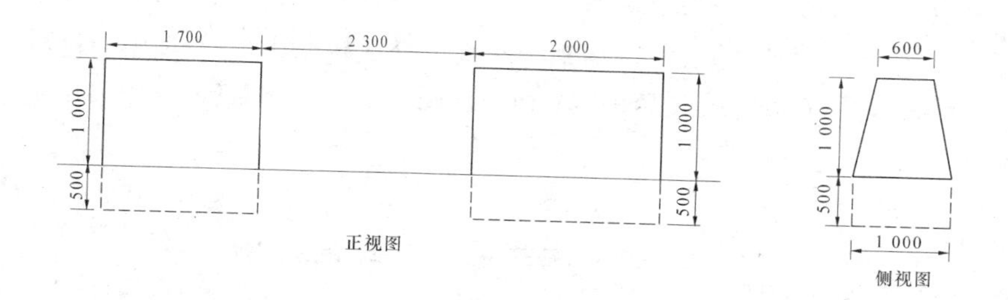

图 3-7　限载设施示意图（单位：cm）

(七)标志(牌)

1. 堤防界牌

分界标志设在行政区划的分界背河堤肩处，界牌与行车方向垂直。分界牌可修建横跨堤顶的门架式，高 5 m，框架采用钢架结构。两行政区划的分界牌合用一个，不允许单设，由两单位合作完成。

2. 标志牌

为便于防汛抢险，指示通往国道、省道、各市、县、乡(镇)及各地(市)、县河务局和黄河工程点的指示标志。

标志牌用悬臂式，以美观醒目为准，杆总长 600 cm、直径 12 ~ 18 cm，牌长 140 cm、宽 100 cm、衬边宽 0.6 cm，标志牌采用铝合金板厚 3 ~ 3.5 mm 或合成树脂板 4 ~ 5 mm，如图 3-8 所示。标志杆与基础采用栓接。基础为现浇筑混凝土，标志牌离地面 500 cm 左右，顶部 100 cm 为固定标牌段。

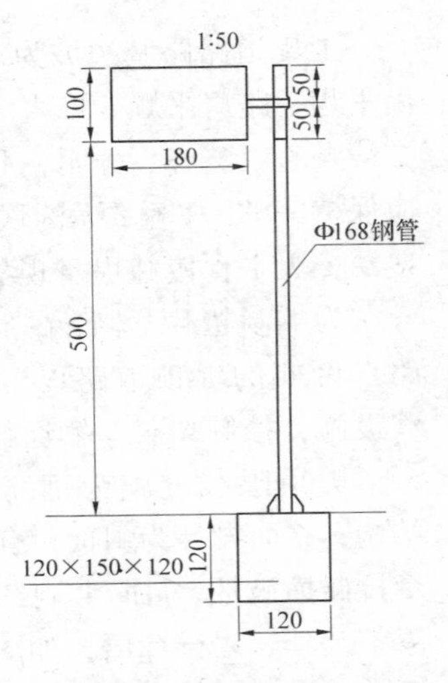

图 3-8　指路标志立面示意图　(单位：cm)

材料：标志牌底板可用铝合金板或合成树脂类板材(如塑料硬质聚氯乙烯板材或玻璃钢等)材料制作，标志牌双面原则上均采用蓝底白字，如图 3-9 所示。

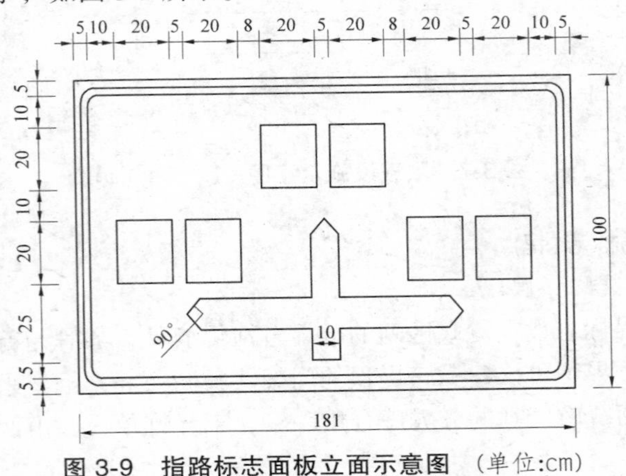

图 3-9　指路标志面板立面示意图　(单位:cm)

3. 里程桩

千米桩：用于指示堤防道路之里程，柱体为黑色，字为白色黑体阿拉伯数字，并涂反光漆。千米桩设计为长方形，具体尺寸为高80 cm，宽 30 cm，厚 15 cm，两面标注千米数，埋深 40 cm，如图 3-10 所示。千米桩垂埋设在堤防背河面排水沟外侧(无排水沟时，设在防护礅外侧)。

百米桩：白色柱体，具体尺寸为高 50 cm，宽 15 cm，厚 15 cm，四面标注百米桩数，埋深 30 cm，如图 3-11 所示。

材料：坚硬青石或预制钢筋混凝土标准构件。

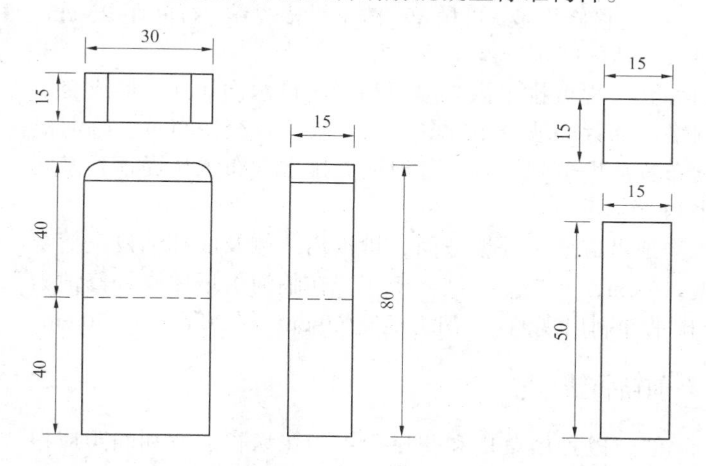

图 3-10 千米桩示意图 （单位:cm） 图 3-11 百米桩示意图 （单位:cm）

4. 其他标志牌

参照公路标准沿堤线设立警告、急转弯、禁行标志牌。警告、急转弯标志牌为三角形，边长 80 cm；禁行标志牌为圆形，直径90 cm，采用工程塑料制作，底面距堤顶 4 m，采用 108 mm 无缝钢管支撑，钢管下部浇混凝土墩固定。

道路各种警告标志可参照“中华人民共和国国家标准——道

路交通标志和标线(GB5768—1999)，标准执行。

二、堤坡

(1)堤坡。堤坡应保持竣工验收时的坡度，坡面平顺，无残缺、水沟浪窝、陡坎、洞穴、陷坑、杂草杂物，无违章垦植及取土现象，堤脚线明晰。堤坡草皮以葛芭草为主，覆盖率达98%以上。可以少量试种其他品种，保持无高杆杂草，达到防冲要求。

(2)植草。堤坡植草以适应性强、成活率高、管理方便、防冲效果好的葛芭草为主。草皮应常剪常修，距地面10 cm为宜。草皮更新时，应先整修堤坡，再植草。植草纵横见线，行间距25 cm，应选择根系发达的旺苗，在雨季栽植。

(3)排水沟。堤坡排水沟与堤顶和淤区排水沟相连，形成交错的排水网络。临背堤坡每100 m一条，临、背交错布置。临河横向排水沟布置从堤顶到堤脚，背河横向排水沟布置从堤顶到淤区纵向排水沟。

排水沟顶沿应低于堤坡坡面，排水槽两侧及底部铺设三七灰土，厚度 15 cm，并与堤坡结合密实。在临河堤坡坡脚处修消力池，防止排水冲刷出现潭坑。消力池宽60 cm、深20 cm、长50 cm。

三、前(后)戗

前(后)戗应以种植草皮和花坛为主。花坛长、宽和间距应根据戗台宽度确定。外边界采用黄杨等生物品种围砌，内置各种常绿常开花卉，配置黄杨、冬青造型等。花坛间种植葛芭草。

前(后)戗外沿设边埂，顶宽0.5 m、高0.3 m，边坡1∶1。每隔20 m设一隔堤，顶宽0.3 m、高0.3 m，边坡1∶1。

四、淤区

(一)排水沟

淤区排水沟与堤顶、堤坡排水沟连接。淤区积水由淤区横向排水沟排放到淤区纵向排水沟内。然后，集中排放到地方渠系，形成网状排水系统。

(1)横向排水沟。淤区横向排水沟承担淤区积水排放任务。垂直堤防每 100 m 设一条，从淤区外边埂修至淤区纵向排水沟。

(2)纵向排水沟。淤区纵向排水沟设置在堤坡坡脚外侧。淤区纵向排水沟承担排放堤顶积水和淤区汇流的任务。然后，选择合适地点将汇流集中排放至地方排水系统。淤区纵向排水沟的尺寸可根据实际排水量确定，材料采用浆砌石或混凝土。纵向排水沟与地方排水系统连接需要跨越道路时，可采用桥涵等方式连接。

(二)边埂

为便于淤区土地的开发、生产、管理；防止淤区积水顺坡排放；在淤区顶面外边缘设置边埂。在上堤道路处与上堤路口相接，开通淤区对外连接道路。其标准为：顶宽 2 m、高 0.5 m，外坡与淤区坡平顺，均为 1∶3，内坡 1∶1。

(三)淤区绿化

淤区绿化以经济林和苗圃开发相结合。经济林选择适宜树种，行距 5 m、株距 3 m。苗圃以大叶女贞、栾树、国槐、白蜡、法桐、香花槐、百日红、红叶李、雪松、河南桧、蜀桧等为主的苗木、花卉。经济林与苗圃间隔种植。淤区内植树以大堤方向为基线进行布局。

(四)淤区边坡

淤区边坡应保持竣工验收时的坡度，坡面平顺，无残缺、水沟浪窝、陡坎、洞穴、陷坑、杂草杂物，无违章垦植及取土现象，堤脚线明晰。为达到防冲固土作用，根据其位置，以栽植杨树为主。

五、防浪林

(一)植树

黄河高村以上堤防临河堤脚外栽植防浪林宽 50 m，其中高柳栽植宽 24 m，丛柳栽植宽 26 m。

高村以下堤防临河堤脚外栽植防浪林宽 30 m，其中高柳栽植宽 14 m，丛柳栽植宽 16 m。

沁河堤防临河堤脚外栽植防浪林宽 15 m，其中高柳栽植宽 6 m，丛柳栽植宽 8 m。

对于已成材的高柳和树干直径在 0.05 m、高 2.5 m 以上的丛柳，按有关规定进行间伐，防浪林更新间距：高柳 4 m × 4 m，丛柳 2 m × 2 m。间伐后，防浪林不得出现断带现象。

防浪林堤段有苗木缺损或断带现象的，第二年应及时进行补植，保证防浪林成活率在 95%以上。

(二)界桩、边埂

沿防浪林边界埋设边界桩，保护工程管护边界不被侵蚀，确保工程完整。护堤地要达到地面平整，边界明确，界沟、界埂规整平顺，无违章取土现象，无杂物的要求。

界桩材料采用预制钢筋混凝土标准构件。边界桩以基层水管为单位从起点到终点依序进行编码，直线段每 200 m 埋设 1 根，弯曲段适当加密。边界桩做成长 1.8 m、边长 15 cm 的四棱柱。界桩四面标注序号，涂红白间隔漆，埋深 80 cm。

边埂顶宽 0.5 m，高 0.5 m，边坡 1∶1。边埂设置在界桩里侧。

六、柳荫地

(1)植树。背河堤脚外柳荫地栽植经济树种，间距 3 m × 3 m。成活率在 95%以上。

(2)界桩、边埂。柳荫地界桩、边埂要求与防浪林界桩、边埂相同。

(3)排水沟(截渗沟)。当地河渠排水系统形成网络时，柳荫地修筑排水沟，集中排放淤区坡、柳荫地因降雨等形成的积水。否则，实行散排，以减少与群众的纠纷。排水沟利用放淤固堤工程截渗沟进行整修、维护、衬砌。

第二节　河道整治工程标准

一、坝面

(一)坦石顶、防冲沿

险工(控导)坦石顶、防冲沿应采用 C20 现浇混凝土或沥青料石，每 1 m 设伸缩缝。坦石顶宽 1 m、厚 15 cm。防冲沿顶宽 10 cm，防冲沿前为斜坡，宽 10 cm、高 10 cm，如图 3-12 所示。新修工程根石薄弱，坦石顶采用浆砌块石。

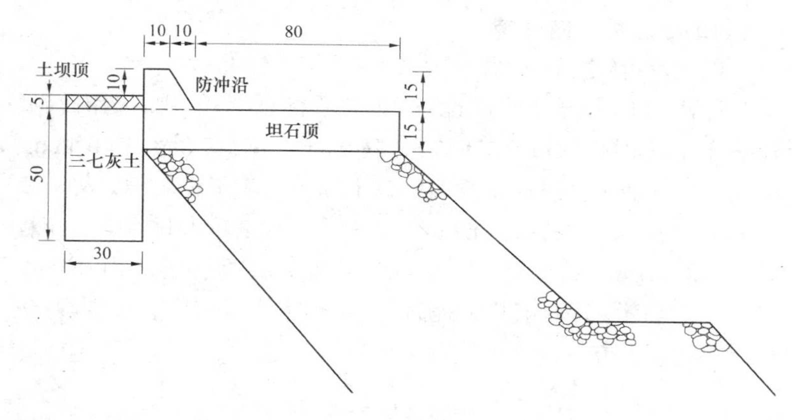

图 3-12　坦石顶、防冲沿示意图 （单位：cm）

(二)土坝顶

坝(垛、护岸)顶高程、宽度等主要技术指标符合竣工验收时的标准。顶面应平顺、饱满、密实，草皮覆盖率达 98%以上。无凸凹、陷坑、洞穴、水沟浪窝，无乱石、杂物及高秆杂草等。与坦石顶结合部应采用淤土或三七灰土，进行防渗处理，宽 30 cm、深 50 cm。土坝顶高于坦石顶 5 cm。

(三)备防石

备防石设置应位置合理，摆放整齐，坝号、垛号、方量标注清晰。每垛备防石个数应以10的整数倍进行存放，高1.2 m、宽7 m、长根据实际确定。垛间距1 m、距坝面背河边口2 m。

备防石码放应根据工程的多年河势、工程基础确定其标准。高标准垛5面平抹，边角混凝土粉边，宽20 cm；一般标准垛不粉边、顶面不平扣。

险工备防石均采用高标准码放，可结合实际存放在坝面或淤区内；控导工程根石深度不足6 m，且常年靠河抢险的坝垛按一般标准码放，其余的采用高标准码放。

(四)标志桩、简介牌

1. 工程标志(简介)牌

每处险工、控导工程应设立1处工程标志(简介)牌，采用砖砌，外镶石材。底座长8 m、厚0.55 m、高0.8 m，牌长7.8 m、厚0.45 m、高 2 m。正面书写所在工程名称，上面一行为工程名称，每个字宽1 m、高1 m，距顶沿0.2 m；下面为工程名称的拼音，与工程名称间距0.1 m，每个字母宽0.3 m、高0.3 m，距底座上沿0.4 m，如图3-13所示。背面书写工程简介，字体大小根据内容多少确定，达到美观、大方、对称、协调的效果。

2. 标志桩

险工、控导工程按标准设立坝号桩、高标桩(查河桩)、根石断面桩、管护范围界桩。坝号桩每道坝1个，设在上坝根坝面，字面垂直堤防或连坝；高标桩每5道坝1根，设置在坝号含“0、5”的坝面圆头处；根石断面每道坝设3～7个，每个断面设断面桩2根；管护范围界桩直线段每200 m埋设1根，弯曲段适当加密。

各种桩尺寸为：坝号桩尺寸为 80 cm × 30 cm × 15 cm，两面标注坝号，埋深40 cm；高标桩采用正三角形，边长1m，双面标注坝号数，采用φ108 mm钢管支撑，高3.5 m，埋深1 m，浇混凝

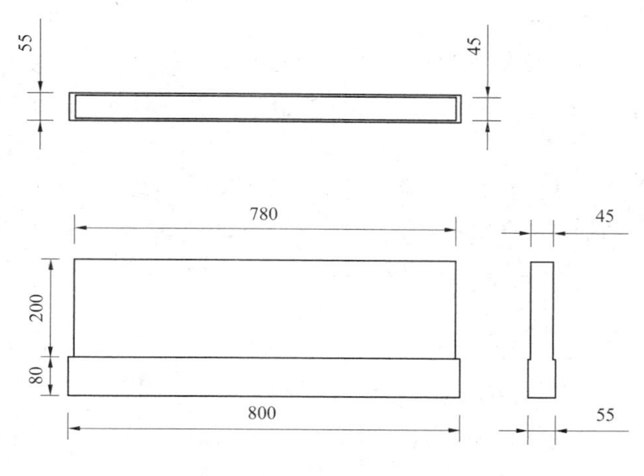

图 3-13　工程简介牌示意图（单位：cm）

土磩固定；根石断面桩尺寸为 30 cm × 15 cm × 15 cm，顶面中心标注十字形，埋深 30 cm；管护范围界桩同防浪林界桩。

材料：坝号桩采用坚硬青料石；高标桩采用铝合金或合成树脂板；其他采用预制钢筋混凝土标准构件。

二、坝坡

(1)裹护段。裹护段坦石顶宽 1 m、坡度 1∶1.5，坦坡采用散抛石、块石平扣、料石丁扣、浆砌石等护面。坦石与沿子石结合部用混凝土抹面，宽 10 cm、厚 1 cm。坡面平顺，无浮石、游石，无明显外凸里凹现象，砌缝紧密，无松动、变形、塌陷、架空，灰缝无脱落，坡面清洁。

(2)非裹护段。坡面平顺，草皮覆盖完好，无高杆杂草、水沟浪窝、裂缝、洞穴、陷坑。非裹护段土坝基边坡 1∶2，坡面植葛芭草，覆盖率 98%以上，无高杆杂草。对坡面不平整、坡度不足、植被杂草丛生的坡段，应按设计坡度进行整修，更新草皮，草皮种植行间距 25 cm。

(3)排水沟。从坝顶修至坡脚，每 50 m 一条。在坝坡坡脚处修消力池，防止排水冲刷出现潭坑。消力池宽 60 cm，长 50 cm、深 20 cm。

(4)踏步。为便于工程维修、管理、养护，在靠近上跨角的迎水面位置设置踏步 1 个。踏步宽 1.5 m，台高 20 cm、宽 30 cm。采用料石或块石抹面。踏步应从坦石顶开始设，最后一台与根石台平。

三、根石台

根石台应平整，宽度一致，无浮石、杂物；根石坡平顺，无明显外凸里凹现象，无游石。根石台顶宽 2 m。

四、联坝

(1)联坝顶。联坝顶宽 10 m，中间铺设 6 m 宽小粒径(不大于 5 mm)或石屑碎石路面，两侧植行道林、草皮。

(2)联坝坡。联坝坡比 1∶2，坡面平顺、口直，坡面植葛芭草，覆盖率 98%以上，无高杆杂草。对坡面不平整、坡度不足、植被杂草丛生的，应按设计坡度进行整修，更新草皮，草皮种植行间距 25 cm。

(3)排水沟。从联坝顶修至坡脚，每 100 m 一条，排放联坝雨水。为防止冲刷出现潭坑，在联坝坡脚设消力池。消力池宽 60 cm、长 50 cm、深 20 cm。

五、护坝地

(1)植树。护坝地植树以培育抢险料源为原则，种植适宜树种。不靠河的工程临河植柳防浪，宽 30 m；背河侧防浪林宽 50 m、间距 2 m × 4 m。

(2)界桩、边埂。要求同防浪林界桩、边埂相同。

第三节　水闸工程标准

一、工程绿化

(一)工程区绿化

水闸工程区以工程防洪和安全运行为主，结合庭院实际情况进行适当规划、布置、绿化。

闸室内干净、整洁、有序。版面布置应简洁、美观、大方，内容应以操作规程、安全生产等为主。闸室外工程应以绿化为主，达到“四季常青、三季有花”。

水闸工程管理区内堤防参照堤防管理标准。

(二)生产、生活区绿化

水闸生产、生活区绿化应结合职工日常生产、生活需要，进行景点建设。在规划区内以花坛、花木、果木为主进行建设，达到“四季常青、三季有花”。

生产、生活区围墙应以栅栏形式透绿，栅栏外侧沿栅栏修筑花坛，以黄杨等围边，内植冬青等造型。同时，临堤侧与堤顶绿化相结合，融为一个整体。

二、水闸工程简介牌

每处水闸应设立 1 处工程标志(简介)牌，采用砖砌，外镶石材。底座长 5 m、宽 0.5 m、高 1 m；简介牌底长、宽同底座，顶长 5 m、宽 0.36 m，高 2 m。工程简介字体大小根据内容多少确定，达到美观、大方、对称、协调的效果。

水闸操作规程、运行、安全制度制作版面上墙。

堤防路面硬化、路缘石埋设、交通标志线涂刷、排水沟铺设、防浪林、前(后)戗、淤区、柳荫地边埂、界桩已在 2006 年完成；堤坡草皮更新在 2008 年初完成；行道林、标志(牌)、里程桩更新，堤肩花坛、堤防路口建设应在 2009 年 3 月前完成；现有堤防路面硬化段，土牛不再补充，用完为止。未硬化段，土牛使用完毕后，统一在规定位置进行补充。

第四节　管理数字化标准

一、办公数字化

工程管理数字化办公以黄委“数字建管”系统为平台，配备计算机等日常办公工具。(见表 3-1)。

表 3-1　办公数字化机具配置标准

序号	项目名称	单位	数量	备　注
一	局属河务局			
1	计算机	台	1	每人 1 台
2	笔记本电脑	台	3 ~ 4	
3	数码摄像机	部	1	
4	数码照相机	部	2	
5	传真机	台	2	
6	资料柜	组	1	每人 1 组
7	办公室面积	m^2	8	人均
8	空调	台	1	每间
二	基层水管单位			
1	计算机	台	1	每人 1 台
2	笔记本电脑	台	2 ~ 3	
3	数码摄像机	部	1	
4	数码照相机	部	2	
5	传真机	台	2	
6	资料柜	组	1	每人 1 组
7	办公室面积	m^2	8	人均
8	空调	台	1	每间

二、工程观测、监测数字化

(1)堤防渗流监测。根据黄河堤防的特性，堤身渗流监测包括堤身、堤基渗流监测。监测断面布设渗压计，每个断面布设 7 只，其中堤身 3 只、地基 4 只。临河堤肩、背河堤肩、背河堤坡中间垂直对应的堤身、地基各布设 1 只，背河堤脚处地基布设 1 只。堤身内布设渗压计距地面 1 m，地基内布设渗压计根据地基情况确定。

(2)险工、控导工程监测。险工、控导工程监测以根石位移监测为主，每道坝(垛)一般布设 5 个观测断面，以人工探摸作业。

(3)水闸工程监测。水闸建筑物两侧绕渗流监测、闸基扬压力观测、水闸沉降观测等为重点，布设渗压计、测压管等设备。目前正在运行的水闸监测以水闸建筑物两侧绕渗流监测和沉降观测为主。水闸建筑物两侧各布设 4 只渗压计，监测绕渗流情况；分别在闸室与涵管结合部、涵管与涵管结合部布设静力水准仪监测水闸不均匀沉降，设备布设 4 组，每组 2 个。静力水准仪通过电缆与检测单元连接后，再与计算机联网。

新修水闸工程监测按规范要求进行。

观测设施的布置应考虑以下要求：一是全面反映工程工作状态；二是观测方便、直观；三是有良好的交通和照明条件；四是观测装置应有必要的保护设施。

三、各级“工程管理数字化”建设

(一)基层水管单位“工程管理数字化”建设

基层水管单位的工程管理科、工程观测科负责所辖河段防洪工程监测系统的运行和管理。其功能如下所述：

(1)数据采集，利用数据采集软件采集辖区内防洪工程传感器的数据信息，包括定时、实时、随机采集；

(2)录入，人工或半自动化采集的数据信息，包括人工巡视检查信息、物探、测量等信息；

(3)初步校核、验证所采集的数据信息；

(4)数据初步处理和存储，作短期档案，存入临时数据库；

(5)工程管理信息查询并显示；

(6)工程管理信息上传下达；

(7)为上级工程管理数字化服务。

(二)局属河务局“工程管理数字化”建设

局属河务局工务科(处)负责工作如下所述：

(1)对基层水管单位上报信息校对并将其输入永久数据库。

(2)数据处理和存储。建立历史、实时数据库，存储所辖堤段的各类数据信息。

(3)在建防洪工程建设管理信息和工程竣工验收资料录入。

(4)分布式数据库管理维护，保证数据库的安全运行。

(5)工程管理信息查询并显示。工程管理信息能够基于GIS，分别以音像、文本、图表和三维虚拟现实方式显示，随时查询辖区内基层水管单位工管信息和上级的指令信息，能实现与河南河务局进行声音、数据、图像信息实时双向交流的功能。

(6)工程管理信息上传下达。

(7)为上级工程管理数字化服务。

(三)河南河务局“工程管理数字化”建设

河南河务局工程建设与管理处负责全局工程管理数字化建设。其功能如下所述：

(1)收集防洪工程各类数据信息，建立数据信息库，包括数据库、图形库、图像库，对数据进行全面的管理和分析处理。

(2)工程管理信息查询并显示。工程管理信息能够基于GIS，分别以音像、文本、图表和三维虚拟现实动画方式显示，随时查询局属各河务局及基层水管单位的工管信息，能实现与黄委和局属河务局进行声音、数据、图像信息实时双向交流的功能。

(3)工程管理信息上传下达。

(4)为上级工程管理数字化服务。

四、“数字工管”信息采集点布置

主要信息采集点布置及重点确保堤的安全监测断面如表3-2、表3-3所示。

表3-2 河南黄河工程“数字工管”信息采集(汇)点表

工程建设管理信息采(汇)集点		工程运行管理信息采(汇)集点		工程安全监测信息采(汇)集点		水闸安全监测仪器信息采(汇)集点	
序号	局属河务局	序号	基层水管单位	序号	工管理班	序号	工管理站
1	豫西河务局	1	济源河务局	1	五龙口		
		2	孟津河务局	2	铁谢		
2	郑州河务局	3	巩义河务局	3	赵沟		
				4	裴峪		
		4	惠金河务局	5	花园口	1	花园口闸
				6	马渡	2	马渡闸
		5	中牟河务局	7	赵口	3	杨桥闸
				8	九堡	4	三刘寨闸
						5	赵口闸
3	开封河务局	6	开封第一河务局	9	黑岗口	6	黑岗口闸
				10	柳园口	7	柳园口闸
		7	开封第二河务局	11	王庵		
				12	府君守		
		8	兰考河务局	13	东坝头	8	三义寨闸
				14	蔡集		
4	焦作河务局	9	温县河务局	15	人玉兰		
		10	武陟第一河务局	16	老田庵	9	赵庄闸
				17	驾部	10	白马泉闸
						11	老田庵闸
						12	张菜园闸
						13	共产主义闸
		11	武陟第二河务局				
		12	博爱河务局	18	白马沟		
		13	孟州河务局	19	逯村		
				20	开仪		
		14	沁阳河务局	21	王曲		

续表 3-2

工程建设管理信息采(汇)集点		工程运行管理信息采(汇)集点		工程安全监测信息采(汇)集点		水闸安全监测仪器信息采(汇)集点	
5	新乡河务局	15	原阳河务局	22	双升	14	韩董庄
				23	武庄	15	柳园闸
						16	祥符朱
		16	封丘河务局	24	曹岗	17	于店
				25	禅房	18	红旗闸
						19	辛庄闸
		17	长垣河务局	26	周营上延	20	孙东闸
				27	于林	21	人车闸
						22	引头庄闸
						23	杨小寨
6	濮阳河务局	18	濮阳第一河务局	28	青庄	24	渠村闸
				29	南小堤	25	南小堤闸
						26	梨园闸
						27	王称堌闸
		19	范县河务局	30	李桥	28	彭楼
				31	杨楼	29	邢庙
						30	于庄
		20	台前河务局	32	韩胡同	31	刘楼
				33	枣包楼	32	千集
						33	影唐
		21	渠村闸管所	34	梁村闸		
				35	张庄闸		

表 3-3　重点确保堤段安全监测断面布设

断面序号	堤防断面			可结合的险工断面		可结合的水闸断面	
	桩号	地名	情况简述	桩号	险工名称	桩号	水闸名称
一、左岸沁河口至原阳篦张　桩号 75+100~143+000							
1	68+800	山马泉	历史上堤基严重渗水段			68+800	白马泉闸
2	73+600	御坝	历史上堤基严重渗水段				
3	76+700	秦厂	历史上老口门、严重渗水段				
4	78+80					78+800	共产主义闸
5	83+40	詹店	历史上老口门				
6	89+20	张菜园	历史上老口门			86+620	张菜园闸
7	95+00		一般平工段				
8	100+5					100+50	韩董庄闸
9	103+6	上大王	历史上老口门				
10	111+0	下大王	历史上老口门				
11	114+9					114+97	柳园闸
12	120+0						
13	125+3	穆家楼	历史上老口门				
14	129+2	越石	历史上老口门				
15	137+5	祥符朱				137+50	祥符朱闸
16	142+700	篦张	历史上老口门、严重渗水段				
二　右岸郑州至兰考三义寨　　桩号 1+172 ~ 130+000							
17	0+000			0+000	保合		
18	5+000						
19	9+400	铁谢	历史上老口门				
20	10+91					10+915	花园口闸
21	12+500	花园口	历史上老口门、严重渗水段	12+500	花园口险工		

续表 3-3

断面序号	堤防断面			可结合的险工断面		可结合的水闸断面	
	桩号	地名	情况简述	桩号	险工名称	桩号	水闸名称
22	15+000			15+000	花园口险工		
23	21+800	郑州石桥	历史上老口门、堤身堤基严重渗水段	21+800	中庄险工		
24	25+330			25+330	马渡险工	25+330	马渡引黄闸
25	27+800	米童寨	历史上老口门				
26	29+000			29+000	三坝险工		
27	32+021	杨桥	历史上老口门			32+021	杨桥闸
28	35+000			354-000	杨桥险工		
29	38+500	仙坊砦	历史上老口门	38+500	万滩险工		
30	41+230	赵口	历史上老口门，试点工程	41+230	赵口险工		
31	41+400		历史上老口门，试点工程				
32	42+392					42+392	三刘寨闸
33	42+675					42+675	赵口闸
34	44+836	九堡	不均匀体，试点工程				
35	45+212		裂缝，试点工程				
36	46+868		裂缝，试点工程	46+868	九堡险工		
37	47+015		不均匀体，试点工程				

续表 3-3

断面序号	堤防断面			可结合的险工断面		可结合的水闸断面	
	桩号	地名	情况简述	桩号	险工名称	桩号	水闸名称
38	47+400		历史上老口门，试点工程				
39	48+100		历史上老口门，试点工程				
40	48+850		历史上老口门，试点工程				
41	49+300		裂缝，试点工程				
42	49+582		裂缝、为均匀体，试点工程				
43	50+850		裂缝，试点工程				
44	55+000			55+000	太平庄防护坝		
45	60+000						
46	65+000						
47	68+000	狼城岗	历史上老口门				
48	76+150	黑岗口		76+150	黑岗口险工		
49	77+170					77+170	黑岗口闸
50	80+000						
51	85+700					85+700	柳园口闸
52	86+650	张家湾	历史上老口门、严重渗水段	86+650	柳园口险工		
53	90+000						
54	97+600	齐寨	历史上老口门				
55	100+250	军张楼	历史上老口门				

续表 3-3

断面序号	堤防断面			可结合的险工断面		可结合的水闸断面	
	桩号	地名	情况简述	桩号	险工名称	桩号	水闸名称
56	105+000						
57	110+000						
58	115+000						
59	122+250	三仙庙	历史上老口门				
60	125+000						
61	130+000					130+000	三义寨闸

第五节　养护机具配置标准

为适应现代管理要求，保证工程维护管理的正常进行，保持工程完整，充分发挥其抗洪能力并逐步实现工程养护机械化，各基层水管单位应配备一定数量的割草机、洒水车、压路机、堤顶刮平机等工程养护机械(见表 3-4 和表 3-5)。

表 3-4　工程养护机具配置标准

序号	项目名称	单位	数量	备　　注
一	堤防工程维护			
1	小翻斗车	辆	1～3	以管理点为单位配置，按管辖堤防长度确定
2	小型推土机	部	1	以基层水管单位为单位配置
3	夯实机	套	1	以管理点为单位配置。平板式和冲击式各 1 台
4	小型刮平机	部	1～3	以基层水管单位为单位配置

续表 3-4

序号	项目名称	单位	数量	备　　注
5	50 型拖拉机	台	1 ~ 3	以基层水管单位为单位配置，刮平机、挖坑机的动力
6	小型装载机(0.5 m^3)	部	1	以管理点为单位配置
7	洒水车	辆	1	以基层水管单位为单位配置，每 30 km 配备 1 辆
二	河道工程维护			
1	小翻斗车	辆		以管理点为单位配置，按河道工程长度确定
2	夯实机	套	2	以管理点为单位配置。平板式和冲击式各 1 台
3	小型装载机(0.5 m^3)	部	1	以管理点为单位配置
4	小型刮平机	部	1	以管理点为单位配置
5	50 型拖拉机	台	1	以管理点为单位配置
三	水闸工程			
1	小翻斗车	辆	3 ~ 5	以基层水管单位为单位配置，按水闸规模确定
2	小型混凝土搅拌机	套	1	以基层水管单位为单位配置
四	生物工程管护			
1	小型割草机	台	2	堤防每千米 2 台；河道工程每 5 道坝 1 台
2	平板割草机	台	2	以管理点为单位配置
3	挖树坑机	套	1 ~ 2	以基层水管单位为单位配置
4	灭虫洒药机	套	5	以管理点为单位配置
5	灌溉设备	套	1	每千米 1 套
五	交通车辆			
1	皮卡工具车	辆	1	以管理段为单位配置
2	面包车(20 座以下)	辆	1	以管理段为单位配置

续表 3-4

序号	项目名称	单位	数量	备　注
六	道路维护			
1	小型沥青拌和机	部	1	以局属河务局为单位配置
2	小型沥青摊铺机	部	1	以局属河务局为单位配置
3	小型压路机	台	1	以局属河务局为单位配置
七	办公设备			
1	台式电脑	台	1	以管理点为单位配备
2	数码照相机	架	1	以管理点为单位配备
八	附属设备			
1	发电机组(50 kW)	套	1	以管理点为单位配置。
2	其他小型管理器具	套	2	以管理点为单位配置，如小型自计雨量计、灭火器、剪刀、土夯等

表 3-5　常规观测仪器设备配置标准表

序号	项目名称	单位	数 量	备　注
1	水准仪	架	2	以基层河务局为单位配备
2	全站仪	架	1	以基层河务局为单位配备
3	测量配套设备	套	2	以基层河务局为单位配备
4	红外线测距仪	台	1	以基层河务局为单位配备
5	根石探测航	艘(套)	1	以基层河务局为单位配备
6	隐患探测设备	套	1	以局属河务局为单位配备

第四章　河南黄河年度工程管理检查内容与评分标准

第一节　工程管理检查方法与评分说明

工程管理检查按日常管理、季度工作、标准段建设进行检查，其中日常管理占25%，标准段建设占25%，季度工作占20%，年终管理占30%。

一、日常工程管理检查

日常工程管理检查分为定期检查和不定期检查，定期检查的主要内容如下所述：

(1)第一季度主要检查植树情况和堤顶限载设施设置情况。

(2)第二季度对已建成标准段进行验收，并检查淤区管理情况。

(3)第三季度主要检查各种标志标牌的设立，界沟、埂堤、护堤地情况。

二、年终工程管理检查

(1)堤防工程。按标准段、一般段二项进行检查。①标准段检查方法为：推荐一段、抽查二段；②标准段抽查一段；③一般段检查方法为：推荐一段、抽查一段；④全部完成标准段建设的水管单位除按第②项检查外，推荐二段，抽查三段；⑤检查组可根据堤防长度，任意抽查1～2段。

(2)控导工程。按标准工程、一般工程二项进行检查。①标准工程检查方法为：推荐5道坝、抽查5道坝；②一般工程检查方法为：管辖三处以下工程(含三处)的，抽查一处工程 5 道坝；③管辖四处以上工程(含四处)的，抽查二处工程各5道坝。

(3)涵闸工程。以闸管所为单位，管辖三座涵闸以下(含三座)推荐一座、抽查一座。管辖四座涵闸以上(含四座)推荐一座、抽查二座。

三、评分说明

(1)堤顶全部实现标准化。郑州、开封全线完成堤防标准段，其他每个水管单位应完成堤长的2／3，且按照《堤防工程管理检查评分标准》内容不得缺项，未完成堤长的2／3和内容缺项的标准段其标准段建设得分均为0分。

(2)按照《堤防工程管理检查评分标准》，标准段得分低于850分的，此标准段为不合格标准段，其标准段建设得分为0分。

(3)按照《堤防工程管理检查评分标准》，树木、草皮、排水沟、标志标牌、边坡、边埂等的分数应按该单位的该项平均分计算。水沟浪窝、杂物堆放、乱垦乱建等为追加扣分项目，直至该项目分值扣完为止。

(4)如工程现状中某个项目空缺(如无前、后戗)，可作为合理缺项，合理缺项得分取该检查断面的平均分。

(5)评分人员应按照《堤防工程管理检查评分表》逐项填写，如某项漏填，该评分表作废。

(6)评分采取回避原则，即本单位人员不对本单位工程考评。

(7)未尽事宜，由检查组讨论决定。

四、加分与扣分措施(加分比重)

(一)加分措施

(1)堤防标准段在6月底前完成的，加30分；完成本年标准段建设任务后，每超 100 m 加 2 分。郑州、开封全线完成标准段建设的水管单位，其 1／3 堤长可作为加分堤段，每 100 m 加 1.2 分。

(2)在工程上每建一处景点(有绿化、造型等，成为人们休闲去处，且面积不小于 2 000 m^2)加 50 分(有专项投资的不加分)；在工程上每建一处点缀(有绿化、造型等)加 5 分。

(3)堤肩植花坛或造型且连续的每 100m 加 1 分；堤肩植花坛或造型不连续的每 100 m 加 0.5 分；形成“杆状、球状、带状”的，每 100 m 加 3 分；两项不重复计分。

(4)前、后戗植花坛或造型达到“四季常绿、三季有花”的每 100 m 加 1 分；仅种植绿化苗木且形成造型的，每 100 m 加 0.5 分。

(5)险工、控导、防洪坝等经常不靠河的工程的备防石抹边、勾缝且 5 面平的每两垛加 0.5 分。

(二)扣分措施

(1)堤防超载车辆通行多、道路损坏严重，且路口无超限设施，至少扣 50 分，超过 1 km 的，每超出 100 m 扣 5 分，主要路口未设限载礅的每处扣 20 分。

(2)工程管理范围内有集贸市场活动、新增违章建筑、挖土或其他危害堤防安全的重大活动，每处扣 50 分。

(3)本年前已验收的淤背区，至今未开发的每 100 m 扣 10 分。

第二节　堤防工程管理检查内容与评分标准

堤防工程检查共分 17 项，满分 1000 分。

一、堤防保护区(10 分)

(1)标准：黄河堤脚外临河 50 m，背河 100 m 内；沁河堤脚外 20 m，背河 50 m 内，无新增违章建筑。

(2)检查方法：边界检查点附近和全堤线顺堤目之所及范围

内。

(3)评分标准：有新增取土、挖洞、建窑、开渠、打井、埋坟、建房、挖筑鱼塘、集市等危害堤防安全的活动，每处扣 2 分(10 分)。

二、边界(45 分)

(一)标准

(1)边界明确，埋设钢筋混凝土预制的四棱柱边界桩。

(2)边界桩为长 1.8 m、边长 15 cm 的四棱柱，埋深 80 cm，垂直于地面。

(3)边界桩四面标注序号，从顶部至地面全部涂红白间隔漆，漆条规整无毛刺，每色宽 25 cm。边界桩以基层水管单位为单位从起点到终点依序进行编码，直线段每 200 m 埋设 1 根，弯曲段适当加密。

(4)界沟或界埂完整、明显，紧靠界桩，有草皮覆盖。

(5)界埂顶宽 0.5 m，高 0.5 m，边坡 1∶1。界沟底宽 0.5 m，深 0.5 m，边坡 1∶1。

(二)检查方法

边界桩选择最近一根，界沟界梗量取 10 m。

(三)评分标准

(1)有边界桩(10 分)。

(2)边长每差 1 cm 扣 2 分(10 分)，离地面高度 0.8 ~ 1 m，每差 10 cm 扣 1 分(3 分)，垂直于地面(2 分)。

(3)四面标注序号(2 分)，涂红白漆(2 分)，漆条与标准不符的，一项扣 1 分(6 分)。

(4)有界沟或界梗(5 分)，顺直(2 分)、无断带(2 分)、草皮覆盖(4 分)。

(5)界沟或界梗尺寸小于标准尺寸(2 分)

三、护堤地(40 分)

(一)标准

(1)护堤地平整，无洞穴、残缺、水沟浪窝、杂物堆放、违章垦殖等现象。

(2)护堤地根据地形变化适当修筑横向隔堤，地面平整，10 m 范围内高差不大于 20 cm，并按规定植树，株行距 3 m×2 m，树株生长旺盛，存活率不低于 90%。护堤地无侵占、无坑塘、无高杆杂草。

防浪林宽：高村以上 50 m、以下 30 m，沁河下游宽 15 m。近堤侧种植乔木，外侧种植灌木，其中高村以上，乔木宽 24m，灌木宽 26 m；高村以下，乔木宽 15 m、灌木宽 15 m；沁河下游乔木宽 9 m，灌木宽 6 m。防浪林株行距乔木 2 m×2 m，灌木 1 m×1 m。防浪林生长旺盛，无缺损断带，无病虫害，存活率在 90%以上。

(二)检查方法

(1)检查点处目之所及范围内。

(2)量取检查点处 10 m 长树木和 2 列树木。

(三)评分标准

(1)有护堤地(10 分)；与标准不符现象每处扣 2 分(10 分)。

(2)有防浪林、柳荫地或护堤林(10 分)；地面高差超出标准扣 5 分(5 分)；树木成活率每低 5 个百分点，扣 1 分(5 分)，成活率低于 60%该项不得分。

四、堤坡及堤脚(110 分)

(一)标准

(1)堤坡应保持原设计坡度，无残缺、水沟浪窝、陡坎、天井、洞穴、陷坑、杂物，无违章垦植及取土现象。

(2)坡面平顺，沿断面范围内，凸凹小于 10 cm。

(3)堤坡草皮以葛芭草为主，重点堤段种植美化草种，草皮经常修剪，草高 10 cm 为宜，草皮覆盖率达 98%以上，无杂草。

(4)堤脚处地面平坦，10 m 长度范围内凸凹不大于 10 cm，堤脚线线直弧圆，平顺规整，明显、清晰。

(二)检查方法

(1)平整度测量，皮尺拉直，卷尺量高差。

(2)草皮评定：随机抽取 1 m^2 草皮，查杂草棵数。

(3)堤坡整洁评定：检查点附近范围内是否整洁。

(4)堤脚线评定：量取 10 m。

(三)评分标准

(1)堤坡与规定不符，每处扣 2 分(10 分)。

(2)坡面高差每超过规定 1cm 扣 1 分(40 分)。

(3)以葛芭草为主的草皮防护(20 分)；新植葛芭草发芽率不足 90%的不得分。在检查范围内每棵杂草扣 1 分，空白处每缺一撮扣 2 分(30 分)。

(4)凸凹超过 1cm 扣 1 分(6 分)；堤脚线 10m 范围内凸凹 5cm 以上的，每差 1cm 扣 1 分(2 分)；规整(2 分)。

五、前(后)戗台(45 分)

(一)标准

(1)前(后)戗顶面平整，10 m 长度范围内，高差不大于 5 cm。

(2)前(后)戗外沿设边埂，顶宽 0.3~0.5 m、高 0.3 m，内边坡 1∶1，外边坡 1∶3。

(3)每隔 100 m 设隔堤，顶宽 0.3 m、高 0.3 m，边坡 1∶1。

(4)前(后)戗顶、边梗植草防护。

(二)检查方法

(1)平整度测量，皮尺拉直，卷尺量高差。

(2)草皮评定：随机抽取 1 m^2 草皮，查杂草棵数。

(3)隔堤、边埂量取交叉处各 5 m。

(三)评分标准

(1)顶面高差每高于标准 1 cm 扣 1 分(10 分)。

(2)有边埂(4 分)，与标准不符一项扣 1 分(4 分)。

(3)有隔堤(4 分)，与标准不符一项扣 1 分(3 分)。

(4)以葛芭草为主的草皮防护：戗顶(6 分)、边梗(2 分)、隔堤(2 分)；新植葛芭草发芽率不足 90%的不得分。

在检查范围内每棵杂草扣 1 分，空白处每缺一撮扣 2 分(10 分)

六、排水沟(50 分)

(一)标准

(1)堤顶设纵向排水沟，堤坡单侧每 100 m 设一条横向排水沟，临、背交错布置。

(2)排水沟采用预制或现浇混凝土梯形断面，上口净宽 36 cm，底净宽 30 cm，净深 16 cm。

(3)背河横向排水沟与纵向排水沟连通，末端设消力池，消力池宽 60 cm、深 30 cm、长 50 cm。

(4)排水沟保持完好，畅通无损坏，无孔洞暗沟，沟身无蛰陷、断裂，接头无漏水、阻塞，出口无冲坑悬空，沟内无淤泥、杂物。

(二)检查方法

纵横排水沟交接处各量取 10 m。

(三)评分标准

(1)有纵向排水沟(10 分)，横向排水沟(10 分)，横向排水沟每缺一条扣 5 分(10 分)。

(2)排水沟材料(5 分)。尺寸不符一项扣 2 分(5 分)。

(3)排水沟纵横连通(5 分)。有消力池(5 分)。尺寸不符每项扣

2 分(5 分)。

(4)排水沟缺陷每处扣 2 分(10 分)。

七、堤顶道路(90 分)

(一)未硬化路面标准

(1)未硬化堤顶道路花鼓顶饱满平整。沿堤轴线方向每 10 m 长范围内高差不大于 5 cm，横向坡度保持在 2% ~ 3%；堤顶整洁，无车槽及明显凸凹、起伏，无杂物，降雨后无积水。

(2)采用小粒径(不大于 2 cm)碎石铺设路面。

(3)两侧设路缘石，尺寸为(10 ~ 12) cm × 30 cm × 80 cm，路缘石顶高于路面 10 ~ 15 cm，同工程高差不超过 1 cm。

(二)硬化路面标准

(1)硬化堤顶道路参照三级公路标准，路面宽 6 m，硬化路面中间高、两侧低，横向坡度为 2%；堤顶整洁无杂物、雨后无积水。

(2)硬化路面中间为黄色虚线，两侧沿路缘石为白色实线，标志线顺直、线宽一致。

(3)两侧设路缘石，尺寸为(10 ~ 12) cm × 30 cm × 80 cm，路缘石顶与柏油路面平。

(4)路面无坑槽、裂缝、起伏、翻浆、脱皮、泛油、龟裂、啃边等现象。

(三)检查方法

检查点处 10 m 范围内。

(四)未硬化路面评分标准

(1)路面高差每增加 1 cm 扣 2 分(15 分)，堤顶不整洁每处扣 2 分(10 分)。

(2)采用小粒径米石或石屑碎石(25 分)；小粒径米石直径大于 2 cm 的每个扣 2 分(20 分)。

(3)路缘石尺寸每差 1 cm 扣 2 分(10 分)；高度每差 1 cm 扣 2 分(10 分)。

(4)土路面最高得“第(1)、(2)项”两项总分中的 30 分。

(五)硬化路面评分标准

(1)路面高差每增加 1 cm 扣 2 分(10 分)，堤顶不整洁每处扣 2 分(5 分)。

(2)黄线(5 分)，白线(5 分)，顺直(5 分)。

(3)路缘石尺寸每差 1 cm 扣 2 分(10 分)。

(4)路面损坏、裂缝的每处扣 5 分(30 分)，堤顶损坏面积大于 50%的，本项不得分。

(5)防护礅整齐完整(15 分)，一个单位内防护礅样式不一致最多得 10 分。

(6)路缘石与排水沟之间硬化(5 分)。

八、堤肩(50 分)

(一)标准

(1)堤肩平顺规整，无明显凸凹，长度 10 m 内凸凹不大于 5 cm。

(2)植草皮防护。

(3)堤肩线线直弧圆，10 m 范围内凸凹不超过 5 cm。

(二)检查方法

(1)平整度测量，皮尺拉直，卷尺量高差。

(2)量取 1 m 长堤肩。

(3)量取 10 m 长堤肩线。

(三)评分标准

(1)顶面高差小于 1 cm(20 分)，每增加 1 cm 扣 5 分。

(2)以葛芭草为主的草皮防护或堤肩植常绿灌木的(15 分)；每棵杂草扣 1 分，空白处每缺一撮扣 2 分(10 分)。

(3)堤肩线凸凹每超 1 cm 扣 1 分(5 分)。

九、行道林(90分)

(一)标准

(1)行道林每侧一行，与堤肩线平行，距堤肩线宽度一致。

(2)行道林以常绿美化树种为主，达到高低错落有致，多彩搭配。同树种株距统一，胸径一致，乔木胸径不小于5 cm。

(3)存活率达到100%。

(4)行道林刷白灰、白灰顶部刷红圈。

(二)检查方法

(1)检查点附近5棵树。

(2)量取胸围。

(3)量取树木发叉处与地面的高度。

(三)评分标准

(1)每侧一行(10分)，同树种距堤肩线最大宽度与最小宽度每差2 cm扣1分(5分)。

(2)行道林整齐(10分)；乔木胸围大于30 cm的，最大与最小胸围相差2 cm以上的每差2 cm的扣1分；胸围小于30 cm，大于5 cm的，每差1 cm扣1分；胸围小于5 cm的每棵扣3分(15分)。胸围大于30 cm的乔木发叉处高差50 cm以上的每差50 cm的扣2分；小于30 cm的，每差20 cm扣2分(10分)。灌木顶高80 cm以上的顶部高差0.2 m的扣2分；80 cm以下的，高差0.1 m扣2分(10分)。无灌木此项不得分。乔木弯曲、灌木缺损每株扣2分(10分)。

(3)每缺1棵树扣5分(10分)；

(4)刷白灰、红圈(2分)，红圈顶齐(2分)，无毛刺(2分)，宽度一致(2分)，白灰完整，不露树皮(2分)。

十、标志标牌(70分)

(一)标准

标志标牌包括交界牌、指示牌、标志牌、警示牌、责任牌、简介牌、纪念碑等，布局合理、尺度规范、标识清晰、醒目美观，无涂层脱落、埋设坚固、无损坏和丢失。

(1)省、地(市)、县(市、区)级交界牌，采用横跨堤顶的门架式结构，高度 5 m，界牌面对行车方向。两行政区划的分界牌合用一个，不允许单设，本单位完成上界界牌(或以区域划分)。乡(镇)级交界牌，采用悬臂式结构，设置在背河堤肩处，界牌面对行车方向。

(2)指示牌：在通往国道、省道、各市、县(区)、乡(镇)、及有关地点(名胜古迹、大桥、浮桥)、堤防抢险道路、河道整治工程及各级河务局的路口设置指示牌。

(3)乡(镇)级交界牌及指示牌，采用悬臂式结构，设置在背河堤肩处，界牌面对行车方向，杆总长 600 cm、银灰色无缝钢管，直径 12 ~ 18 cm，牌长 140 cm、宽 100 cm、衬边宽 0.6 cm，标志牌采用铝合金板厚 3 ~ 3.5 mm 或合成树脂板厚 4 ~ 5 mm；标志杆与基础采用栓接；基础为现浇筑混凝土，顶部 100 cm 为固定标牌段；标志牌双面采用蓝底白字。

(4)千米桩采用坚硬石材或预制钢筋混凝土标准构件，尺寸为高 80 cm，宽 30 cm，厚 15 cm，埋深 40 cm，两面标注千米数。千米桩埋设在背河堤肩，垂直堤防轴线。

(5)百米桩尺寸为高 50 cm，宽 15 cm，厚 15 cm，埋深 30 cm。四面标注百米数。材料同千米桩。

(二)检查方法

(1)查看检查点处一个里程桩、百米桩。

(2)水管单位交界处。

(3)全堤线。

(三)评分标准

(1)有分界标志(10 分)，整齐美观(5 分)。

(2)里程桩、百米桩整齐、美观(15 分)。里程桩、百米桩每缺

1 个扣 2 分；里程桩规格每差 1 cm 扣 2 分；百米桩规格每差 1 cm 扣 2 分；里程桩两面标注千米数，百米桩四面标注百米数，每缺一面标注扣 2 分；埋设不合理每处扣 1 分(20 分)。

(3)交通标志每缺一个扣 1 分(5 分)。

(4)其他标语、标志标牌，不符合工程管理设计规定的每处扣 5 分(15 分)。

十一、淤区顶面(100 分)

(一)标准

淤背(临)区顶部设边埂、隔堤、排水沟，顶部平整，相邻两隔堤范围内，顶部高差不大于 30 cm，无高秆草，无杂物堆放。

(1)围堤标准为顶宽 2 m，高 0.5 m，外坡 1∶3，内坡 1∶1.5；每 100 m 设一条横向隔堤，隔堤标准为顶宽 1 m，高 0.5 m，边坡 1∶1；隔、围堤植草防护，顶平坡顺。

(2)淤区顶部设置纵向排水沟，同堤坡横向排水沟相连，堤顶、堤坡、淤区(前后戗)排水沟应纵横相连，集中排放到排水渠系内，形成完整的排水系统。

(3)淤区种植以大叶女贞、栾树、火棘球、国槐、白蜡、法桐、香花槐、百日红、红叶李、雪松、蜀桧等为主。淤区内土地利用率达到 95%，植树以垂直堤防方向为基线进行布局，株行距 3 m×4 m，胸径不小于 2 cm，树株生长旺盛，病虫害防治及时，存活率不低于 90%。

(二)检查方法

(1)平整度测量，皮尺拉直，卷尺量高差。

(2)量取 10 m 长边埂。

(3)查两行树。

(三)评分标准

(1)顶面高差不大于 30 cm，每超 1 cm 扣 1 分(10 分)。

(2)围堤(5 分)，隔堤(5 分)，尺寸不符每一项扣 2 分(10 分)，草皮覆盖不足 50%扣 2 分(5 分)。

(3)树木整齐(45 分)，树木成活率低于 90%每 1 个百分点，扣 1 分，成活率低于 60%该项不得分。

(4)淤区乱堆乱放，水沟浪窝、洞穴、林间种农作物等现象，每处扣 5 分(10 分)。

(5)淤区顶有纵向排水沟(5 分)，与堤坡、淤区边坡排水沟相连(5 分)。

十二、淤区边坡(90 分)

(一)标准

(1)淤区边坡应保持竣工验收时的坡度，坡面平顺，沿断面范围内，凸凹小于 10 cm。

(2)淤区边坡无残缺、水沟浪窝、陡坎、洞穴、陷坑、杂草杂物，无违章垦植及取土现象，堤脚线清晰。

(3)坡面植树、植草防护，树株株行距 3 m × 4 m；靠近城镇的重点堤段，淤区边坡应进行绿化美化。

(4)淤区坡设横向排水沟每 100 m 一条，排水沟上口净宽 36 cm、底净宽 30 cm、深 16 cm；在坡脚处护堤地内设消力池，消力池宽 60 cm、深 30 cm、长 50 cm。

(二)检查方法

(1)平整度测量，皮尺拉直，卷尺量高差。

(2)树木评定：抽取两行树。

(3)堤坡整洁评定：检查点附近范围内。

(三)评分标准

(1)坡面高差小于 20 cm，每增加 1 cm 扣 1 分(20 分)。

(2)堤坡不整洁，有水沟浪窝、杂物、违章垦殖等每处扣 2 分(10 分)。

(3)以植树、植草为主的坡面防护(20 分)；树木成活率每低于 90%2 个百分点，扣 1 分(20 分)，成活率低于 60%该项不得分。

(4)有排水沟(5 分)、消力池(5 分)，尺寸不符合标准每处扣 2 分(5 分)，有缺陷每处扣 2 分(5 分)。

十三、上堤辅道、限载设施(65 分)

(一)标准

上堤辅道与堤坡交线顺直、整齐、分明。辅道自堤肩线外 1 m 处起坡，淤区自淤区顶外延 1 m 处起坡，辅道坡度不陡于 8%，路面两侧草皮防护带宽不小于 0.3 m，并种植胸径大于 5 cm 的树木，两侧边坡为 1∶2，坡面植草防护。主要辅道路面逐步进行硬化处理。

辅道口两侧各设置 5 根警示桩，按喇叭口型对称布设，每侧堤防上布置 2 根、转弯处 1 根、坡面直线段 2 根，桩距 2 m，警示桩尺寸为 0.2 m × 0.2 m × 1.5 m，埋深 0.5 m。外露部分刷漆，从顶部开始白红相间，每色宽 10 cm。

上堤辅道应保持完整、平顺，无沟坎、凹陷、残缺，无蚕食堤身、淤区现象，确保堤身完整。

主要交通路口两侧的堤顶道路，设置超限车辆禁行设施，控制超限车辆通行。堤顶禁行设施为钢筋混凝土结构，内侧镶嵌钢构件，有效防止牵拉碰撞破坏，刷红白相间反光条和警示标志。堤顶禁行设施应能够吊装移位，满足防汛抢险通行要求。

(二)检查方法

选择检查点附近一条路口。

(三)评分标准

(1)上堤辅道蚕食堤顶的每处扣 5 分(20 分)，上堤路口路坡不平顺、有杂物每处扣 2 分(10 分)。

(2)警示桩每少一个扣 1 分(5 分)，位置、尺寸、漆条不符一处扣 1 分(10 分)。

(3)限载设施完整，开口 2.2 m(10 分)，美观(5 分)，有警示标志或标语(5 分)。

十四、工程观测与探测(30 分)

(一)标准

工程主要观测项目包括堤身沉降、渗流、水位等观测。

(1)堤身沉降量观测，可利用沿堤顶埋设的里程桩或专门埋设的固定测量标点定期或不定期进行观测。每一代表性堤段的位移观测断面应不少于 3 个，每个观测断面的位移观测点不宜少于 4 个。

(2)渗流观测断面，应布置在有显著地形地质弱点，堤基透水性大、渗径短，对控制渗流变化有代表性的堤段，每一代表性堤段布置的观测断面应不少于 3 个。观测断面间距一般为 300 ~ 500 m。如地形地质条件无异常变化，断面间距可适当扩大。

(3)在堤防工程沿线，根据河道特点和防洪需要选择适当地点和工程部位进行水位观测。

(4)根据观测需要，配置水准仪、经纬仪、红外线测距仪等观测仪器。

堤防隐患探测要有规划、有计划进行，每 10 年须对全部堤防探测一次。探测结束后，提交堤防隐患探测分析报告，包括隐患性质、数量、大小、分布等技术指标。

测线布置：堤防隐患探测，应从上界桩号自上而下顺堤布设测线。测线间距一般采用 3 ~ 4 m，险工和薄弱堤段不少于 3 条；点距 2 m 为宜。堤防隐患详查时，测线布置要与隐患走向垂直，应适当加密测线。

(二)评比方法

查看运行观测科记录。

(三)评分标准

(1)各项观测记录完整，每项 5 分(15 分)。

(2)观测仪器齐全，缺一项扣 2 分(10 分)。

(3)各项探测有明确规划(5 分)。

十五、庭院管护和职工生活(30 分)

(一)标准

(1)按照庭院建设总体规划，各类建筑物及附属设施布局合理，层次分明。庭院绿化协调美观，三面透绿，达到“四季常青、三季有花”，满足一线职工日常生产、生活的需要。

(2)各类建筑物亮丽美观，无损坏；树木、草坪生长旺盛，修剪整齐；院落整洁，无垃圾、杂物堆放。

(3)管理制度健全、并在适宜位置明示，责任区划分明确，各项制度落实到位。

(二)检查方法

查看管护班。

(三)评分标准

(1)布局合理(4 分)，造型美观(4 分)，三面透绿(2 分)。

(2)庭院整洁、完整(10 分)。

(3)制度健全，责任明确(10 分)。

十六、内业资料(50 分)

(一)标准

合同管理规范，内业资料严格按照有关规定记录，按时开展检查评比。

(二)检查方法

查看内业资料。

(三)评分标准

(1)合同管理(15 分)，未按合同管理不得分，合同管理不规范每处扣 2 分，未签定 1+*x* 合同的此项不得分。

(2)未按照河南局颁发的有关规定运行，每项扣 2 分(15 分)。

(3)日常检查评比记录(15 分),未进行日常管理检查的不得分，日常检查评比记录不全、不规范的每缺一处扣 2 分。

(4)有年终工程管理总结(5 分)。

十七、办公规范化(35 分)

(一)标准

水管单位工管科应配备办公设施如下：计算机 1 台 / 人，笔记本电脑 2~3 台，数码摄像机 1 部，数码照相机 2 部，传真机 2 台，资料柜 1 组 / 人，办公室面积人均 8 m^2，空调 1 台 / 间。

(二)检查方法

在水管单位工管科办公室内实地查看。

(三)评分标准

设施齐全、完好，缺一项扣 5 分(35 分)。

第三节 河道工程管理检查内容与评分标准

河道工程检查共分 18 项，满分 1000 分。

一、河道工程保护区(10 分)

(一)标准

保护区内，无违章建筑，无爆破、取土、挖洞、建窑、开渠、打井、埋坟、建房、挖筑鱼塘、集市、排放有毒污染物质等危害堤防安全的活动。

(二)检查方法

边界检查断面附近和全部工程。

(三)评分标准

有标准内禁止的活动每处扣 2 分(10 分)。

二、边界(40 分)

(一)标准

(1)管护范围界桩直线段每 100 m 埋设 1 根混凝土预制边界桩，弯曲段适当加密。

(2)界桩尺寸为 150 cm × l5 cm × l5 cm，埋深 50 cm，垂直于地面；地面以上 100 cm 用红白漆涂刷，漆条规整无毛刺，间隔 25 cm，自上而下先白后红。以基层水管单位为单位从起点到终点依序进行编码，四面标注序号。

(3)沿护坝地边界(界桩在外)内侧修筑边埂或界沟，尺寸为顶宽 30 cm，高 30 cm，边坡 1∶1，植葛芭草防护。

(二)检查方法

边界桩选择最近一根检查。

(三)评分标准

(1)有边界桩(10 分)。

(2)界桩尺寸不符一处扣 2 分(5 分)。红白漆规格不符的每处扣 2 分(5 分)，无红白漆此项不得分。四面标注缺一面扣 2 分(5 分)。

(3)有界沟或界埂(5 分)。尺寸不符一处扣 2 分(6 分)。无草皮防护扣 4 分(4 分)，新植葛芭草发芽率不足 90%的不得分。

三、护坝地(坝裆地)(80 分)

(一)标准

(1)河道整治工程占地及临河 30 ~ 100 m、背河 50 ~ 100 m 管护地，按规定进行土地确权划界，并埋设边界桩；确权划界图纸和相关资料齐全，土地使用证领取率 100%。

(2)护坝地要达到地面平整，沿纵向每 10 m 长范围内凸凹不超过 10 cm，边界明确。

(3)护坝地内以种植柳树、杨树为主，株行距为 2 m × 3 m，无病虫害，生长茂盛，树林存活率达 95%以上。

(4)护坝地无塘坑、垃圾杂物、建房、开渠、打井、挖窑、钻探、爆破、葬坟、取土、垦植、冲沟等。

(二)检查方法

量取检查点处 10 m 长和 2 列树木检查。

(三)评分标准

(1)有护坝地(坝裆地)(10 分)。

(2)超过 10 cm 每 1 cm 扣 2 分(10 分)。

(3)树木成活率低于 95%每 1 个百分点，扣 1 分，成活率低于 60%该项不得分(50 分)。护坝地(坝裆地)自主种植经济作物的可得本项 50 分中的 20 分。

(4)每处扣 2 分(10 分)。

四、裹护段边坡(45 分)

(一)标准

(1)坡度保持原设计标准。干砌、浆砌结构，坡面平顺，砌缝紧密，沿横断面范围内凸凹不超过 5 cm，已勾缝坝垛灰缝无脱落，坡面清洁无凸凹、松动、变形、塌陷、架空、浮石、树木及杂草。

(2)踏步设置在险工坝岸靠近上跨角的迎水面，台阶尺寸为长 1.5 m，高 0.2 m、宽 0.3 m，用料石或块石浆砌而成，并进行勾缝处理。

(二)检查方法

平整度测量，测绳距坡面 10 cm 拉直，钢卷尺量高差。

(三)评分标准

(1)坡面高差大于 5 cm 每 1 cm 扣 1 分(20 分)；有灰缝脱落等

现象每处扣 2 分(10 分)。

(2)迎水面有踏步(8 分)。长度误差超过 2 cm 扣 2 分(2 分)，勾缝处理(5 分)。

五、坦石顶(50 分)

(一)标准

(1)沿子石顶宽 1 m，厚度不小于 15 cm，采用现浇混凝土或浆砌块石；采用现浇混凝土的每 1 m 设伸缩缝 1 条。沿子石外沿轮廓线要线直弧圆，平整一致。

(2)沿子石与土坝基结合部，紧贴沿子石埋设混凝土块(80 cm × 15 cm × 30 cm)，埋设混凝土块采用 40 cm × 50 cm 的三七灰土填筑，三七灰土上部盖 10 cm 厚的黏土。混凝土块与坝顶面平，高出沿子石 3 cm。

(3)沿子石、防冲沿无凸凹、墩蛰、塌陷、空洞、残缺、活石；沿子石与土坝基结合部无集中渗流。

(二)检查方法

量取 10 m，逐一检查沿子石等。

(三)评分标准

(1)坦石顶采用混凝土或青料石(20 分)，采用其他材料的本项最高得 10 分；宽度不符扣 2 分、厚度不符扣 3 分。

(2)防冲沿采用混凝土或青料石(10 分)，采用其他材料的本项最高得 5 分；高出沿子石高度每差 1 cm 扣 1 分(5 分)。

(3)沿子石、防冲沿、结合部发现不符标准现象一处扣 2 分(10 分)。

六、坝面(95 分)

(一)标准

坝面平整、碾压密实，沿横断面方向每 10 m 长度凸凹不超过 5 cm。以栽植葛芭草为主，生长旺盛，草坪修剪高度不超过

10 cm，草皮覆盖率达 98%以上。坝面无凸凹、陷坑、洞穴、水沟、浪窝、乱石、杂物及杂草。

(二)检查方法

(1)平整度测量，测绳距坝面 10 cm 拉直，钢卷尺量高差。

(2)草皮评定：抽取 1 m^2 草皮，查杂草棵数。

(三)评分标准

(1)坡面高差应小于 5 cm(30 分)，每增加 1 cm 扣 1 分。

(2)以葛芭草为主的草皮防护(25 分)。在检查范围内每棵杂草扣 2 分，空白处每缺一撮扣 2 分，新植葛芭草发芽率不足 90%的不得分。

(3)坝面发现杂物等现象每处扣 2 分(10 分)

七、联坝坡(105 分)

(一)标准

(1)坝坡符合原设计标准，坡度 1∶2。联坝坡面平顺，沿横断面方向凸凹不超过 5 cm。

(2)植草防护，草皮生长旺盛，修剪高度不超过 10 cm，覆盖率 98%以上。

(3)联坝坡无杂草、水沟、浪窝、洞穴、陷坑、杂物。

(4)坡脚线。坡脚地面平整，10 m 长度内凸凹不大于 10 cm，坡脚明显成线，线条流畅，美观大方。

(二)检查方法

(1)平整度测量，测绳距坝面 10 cm 拉直，钢卷尺量高差。

(2)草皮评定：随机抽取 1 m^2 草皮检查。

(3)坝坡整洁评定：检查点附近范围内。

(4)皮尺量 10 m 堤角线，钢卷尺测差数。

(三)评分标准

(1)坡面高差大于 5 cm 每 1 cm 扣 1 分(30 分)。

(2)以葛芭草为主的草皮防护(20 分)。在检查范围内每棵杂草扣 1 分，空白处每缺一撮扣 2 分(30 分)。新植葛芭草发芽率不足 90%的不得分。

(3)有杂物等发现一处扣 2 分(10 分)。

(4)坡脚线清晰(5 分)，凸凹大于 10 cm 每 1 cm 扣 1 分(10 分)。

八、行道林(110 分)

(一)标准

(1)控导工程联坝两侧各种植 1 排行道林：距坝肩 0.25 m，株距 3~5 m 对称栽植。

(2)树株胸径一致，不小于 3 cm。无死株、缺档，成活率达 95%以上。

(二)检查方法

(1)检查点附近 5 棵树。

(2)量取胸围。

(三)评分标准

(1)与标准不符每项扣 5 分(15 分)。

(2)每缺 1 棵树扣 6 分(30 分)。胸围小于 5 cm 的每棵扣 4 分(20 分)。全部胸围大于 30 cm 的：最大与最小胸围相差 5 cm 以上的每差 1 cm 扣 5 分；全部胸围小于 30 cm 的：最大与最小胸围相差 2 cm 以上的每差 1 cm 扣 5 分(45 分)。

九、工程简介牌(30 分)

在险工、控导工程的重要位置设立工程简介牌，正面书写工程名称，背面书写工程简介。布局合理，达到美观、大方、对称、协调的效果，四周绿化点缀。

(一)标准

(1)险工简介牌尺寸为：牌长 3 m、高 1.85 m、厚 0.3 m，底座长 3.4 m、高 0.8 m、厚 0.6 m。

(2)控导简介牌尺寸为：牌长 5 m、高 3 m、厚 0.5 m，底座长 5.4 m、高 0.8 m、厚 0.8 m。

(二)检查方法

实地检查工程简介牌。

(三)评分标准

有工程简介牌(10 分)，尺寸比例协调(5 分)，美观大方(5 分)，报省局备案(5 分)，工程简介牌周围有绿化衬托(5 分)。

十、标志标牌(50 分)

(一)标准

在工程上设置的各类标志、标牌均要经工程管理部门审核，做到整齐美观，规范一致。

险工和控导工程设立坝号桩、高标桩(查河桩)、根石断面桩、滩岸桩、管护范围界桩、警示桩等。坝号桩采用坚硬料石或大理石；其他采用预制钢筋混凝土标准构件。

(1)坝号桩。每道坝安设 1 根，埋设在联坝与丁坝上首边埂上，字面垂直联坝方向；坝号桩尺寸为 80 cm × 30 cm × 15 cm，埋深 40 cm，两面标注坝号。

(2)高标桩。每 5 道坝布设 1 根，设置在坝面圆头处；高标桩牌采用等边三角形，边长 100 cm，厚 50 mm，双面标注红色坝号数，支架柱高 3.5 m，正四棱柱宽 0.15 m，埋深 1.0 m，基础采用现浇混凝土墩固定。

(3)断面桩。坝垛上下跨角各设一个，圆弧段设 2 个，迎水面设 3 个。断面编号自上坝根经坝头至下坝根依次排序，坝垛断面编号附后；表示形式为 YS+XXX、QT+XXX 等，“+”前字母表示断面所在部位，“+”后数字表示断面至上坝根的距离。每个断面设断面桩 2 根，断面与裹护面垂直；根石断面桩尺寸为 30 cm

×15 cm×15 cm，埋深 30 cm，顶面中心标注红色十字形。

(4)滩岸桩。在重点河段，根据河势变化情况，垂直土河槽设置滩岸观测断面桩，尺寸为 150 cm×15 cm×15 cm，埋深 50 cm。

(二)检查方法

检查一道坝。

(三)评分标准

(1)有坝号桩(5 分)。与标准不符每项扣 2 分(20 分)。

(2)有高标桩(5 分)。与标准不符每项扣 2 分(10 分)。

(3)有观测断面桩(5 分)。与标准不符每项扣 2 分(10 分)。

(4)有滩岸桩(5 分)。与标准不符每项扣 2 分(10 分)。

十一、联坝坝顶(90 分)

(一)标准

(1)控导工程联坝顶宽符合设计宽度。坝面整齐、饱满顺畅，中间高、两侧低，呈花鼓顶状，横向坡度 2%～3%，采用碎石进行铺砌。

(2)无积水、损坏、裂缝、残缺、冲沟、陷坑、浪窝、破坝修路、开沟引水、铺设管道等。

(3)路缘石尺寸(10～12) cm×30 cm×80 cm。

(4)上坝路。上坝路高度、宽度、坡度保持设计标准。路面平整，坡面平顺，路肩植行道林，无残缺、损坏、堆积杂物。

(5)进出控导工程道路的路口拐角处各设 5 根警示桩；界桩和警示桩尺寸均为 150 cm×15 cm×15 cm，埋深 50 cm；警示桩地面以上 100 cm 用红白反光漆涂刷，间隔 25 cm，自上而下先白后红，漆条规整无毛刺。

联坝坝顶采用小粒径米石(不大于 2 cm)或石屑碎石路面。

(二)检查方法

检查点处 10 m 范围内，检查路面情况。

(三)评分标准

(1)联坝坝顶采用小粒径米石或石屑碎石或硬化道路(20 分)；小粒径米石直径大于 2 cm 的每个扣 1 分,硬化道路无裂缝等现象(20 分)。顺堤路面高差每差 1 cm 扣 1 分(10 分)。

(2)积水、杂物等现象发现一处扣 2 分(10 分)。

(3)路缘石与标准不符一处扣 2 分(5 分)。

(4)上坝路与标准不符现象发现一处扣 2 分(10 分)。

(5)有警示桩(5 分)、刷红白漆(5 分)；与标准不符一项扣 2 分(10 分)。

十二、备防石(80 分)

(一)标准

(1)备防石存放要考虑工程管理和防汛抢险需要，存放位置合理，做到整齐美观、整体划一。

(2)每垛高 1 ~ 1.2 m，长宽尺寸要尽量一致，垛间距 1 m，距迎水面坝肩不少于 3 m，背水面坝肩 2 m。每垛 50 m^2，以 10 的倍数为准，坝垛号和方量标注清晰。备防石采用水泥沙浆抹边、抹角，边、角抹面宽度 0 15 ~ 0.20 m，同一处工程宽度一致。经常靠河工程的备防石不抹边。

(3)备防石标志尺寸：主垛长 0.6 m，宽 0.4 m；一般垛长 0.5 m，宽 0.3 m。用水泥沙浆抹平，边角整齐，白底黑体红字，油漆喷制，边框 2 cm、线宽 1 cm。每道坝岸第一垛为主垛，用主垛标志，其余用一般标志。

长期不靠河的备防石垛的 5 个面要求平整，纵横断面范围内凸凹不超过 5 cm。

备防石垛无缺石、坍塌、倒垛、杂草等。

(二)检查方法

检查一道坝，量一条备防石抹边。

(三)评分标准

(1)备防石位置合理，码方整齐(30分)。

(2)与标准不符每项扣2分，一条抹边宽度差超过2 cm的，每1 cm扣1分(20分)。

(3)与标准不符每项扣2分(20分)。

(4)每处扣2分(10分)。

十三、排水系统(45分)

(一)标准

(1)排水沟。采用预制或现浇混凝土梯形断面，尺寸为上口净宽36 cm，底部净宽30 cm，净深16 cm，每50 m设置1条。

(2)排水沟从联坝顶修至坡脚，采用混凝土现浇、混凝土预制件或砌石结构。为防止雨水下泄时坡脚被冲刷，在坡脚处采用砖砌水泥沙浆抹面或水泥现浇结构消力池，尺寸为长 60 cm、宽50 cm、深20 cm。

(3)排水沟无损坏、塌陷、架空、淤土杂物。

(二)检查方法

量取10 m排水沟检查。

(三)评分标准

(1)有排水沟(10分)。尺寸等不符标准每项扣2分(10分)。

(2)有消力池(5分)。尺寸等不符标准每项扣2分(10分)。

(3)发现塌陷、裂缝等现象，每发现一处扣2分(10分)。

十四、根石台(30分)

(一)标准

(1)坡度1∶1.5，根石台顶宽1.5~2 m，根石台顶高程符合设计要求。

(2)根石顶平坡顺，沿围长方向10 m范围内高差不大于5 cm，无浮石、凸凹、松动、变形、塌陷、架空、树木。

(二)检查方法

量取 10 m 检查。

(三)评分标准

(1)顶宽与标准尺寸每差 1 cm 扣 1 分(10 分)。

(2)高差大于 5 cm 每 1 cm 扣 1 分(10 分)；发现变形、塌陷等现象每处扣 2 分(10 分)。

十五、庭院建设(25 分)

(一)标准

(1)根据控导工程规模建立管护基地，基地设施满足抢险料物储备及职工日常生产、生活需要。庭院绿化造型新颖，布局合理。

(2)宜三面透绿，整体观赏效果明显，达到“三季有花、四季常青”。乔木、花卉合理修剪，留枝均匀，剪口平滑，保持树形整齐美观，生长茂盛，树木成活率达 100%。

(3)绿化草皮，生长繁茂，修剪平整，高度不超过 10 cm，无裸露地面，草皮覆盖率达 98%以上。

(4)各类建筑物亮丽美观，无损坏；树木花草无病虫害，无药害、死株、缺档，无杂藤攀援树木，无污物、垃圾等。

(5)管理制度健全、并在适宜位置明示，责任区划分明确，各项制度落实到位。

(二)检查方法

检查管护班。

(三)评分标准

每项 5 分，不合格者该项不得分(25 分)。

十六、工程观测(30 分)

(一)标准

1. 根石探测

分为汛前、汛期及汛后探测。

(1)汛前探测。在每年 4 月底前完成。对于上年汛后探测以来河势发生变化后靠大溜的坝垛进行探测，探测坝垛数量不少于靠大溜坝垛的 50%。

(2)汛期探测。主要是对汛期靠溜时间较长或有出险迹象的坝垛及时进行探测，并适时采取抢险加固措施。

(3)汛后探测。一般在每年 10～11 月份进行，探测的坝垛数量不少于当年靠河坝垛总数的 50%。

探测工作结束后,及时对探测资料进行数据录入和整理分析,并绘制有关图表，编制探测报告。

2. 河势观测

分为汛前、汛期及汛后观测。根据大河溜势情况，针对险工、控导坝垛做出大溜、边溜、靠水等判断，填报观测记录表，并在河道图上套绘河势溜向图，编写河势观测报告。

3. 水位观测

为及时掌握汛期洪水涨落情况，按照防汛制度规定的间隔时间，对险工、控导工程进行水位观测，填写观测记录。

4. 滩岸坍塌观测

为及时掌握汛期洪水对河岸淘刷及造成坍塌等情况，对滩岸坍塌进行观测记录，编写滩岸坍塌观测报告。

(二)检查方法

查看内业资料。

(三)评分标准

(1)根石探测汛前(5 分)、汛期(5 分)、汛后(5 分)资料完整。

(2)河势观测资料完整(5 分)。

(3)水位观测资料完整(5 分)。

(4)滩岸坍塌观测资料完整(5 分)。

十七、内业资料(50 分)

(一)标准

内业资料齐全规范(50 分)。

(二)检查方法

查看内业资料。

(三)评分标准

(1)合同管理(15分)，未按合同管理不得分，合同管理不规范每处扣2分，未签定1+*x*合同的此项不得分。

(2)未按照河南局颁发的有关规定运行，每项扣2分(15分)。

(3)日常检查评比记录(15分),未进行日常管理检查的不得分，日常检查评比记录不全、不规范的每缺一处扣2分。

(4)有年终工程管理总结(5分)。

十八、办公规范化(35分)

(一)标准

水管单位工管科应配备办公设施如下：计算机1台／人，笔记本电脑2~3台，数码摄像机1部，数码照相机2部，传真机2台，资料柜1组／人，办公室面积人均8 m^2，空调1台／间。

(二)检查方法

在水管单位工管科办公室内实地查看。

(三)评分标准

设施齐全、完好，缺一项扣5分(35分)。

第四节　水闸工程管理检查内容与评分标准

涵闸工程检查共分10项，满分1000分。

一、工程绿化(125分)

(一)标准

工程区和生产、生活区均要做到“四季常绿、三季有花”(各80分)。

(二)检查方法

现场查看并测量。

(三)评分标准

(1)工程区四季常绿(20 分)。

(2)工程区三季有花(20 分)，每缺一季扣 10 分。

(3)工程区绿化覆盖率(15 分),未绿化覆盖的地面每 1 m^2 扣 5 分。

(4)生产、生活区四季常绿(15 分)。

(5)生产、生活区三季有花(15 分)，每缺一季扣 10 分。

(6)生产、生活区绿化覆盖率(20 分),未绿化覆盖的地面每 1 m^2 扣 5 分。

(7)有花坛(10 分)，有雕塑造型(10 分)。

二、运行管理(100 分)

(一)标准

按照调度指令和运行计划操作(100 分)。

(二)检查方法

查看记录资料。

(三)评分标准

按照调度指令和运行计划操作(100 分)，违反一次扣 10 分。

三、操作管理(150 分)

(一)标准

操作规范(50 分)，专人记录(50 分)，规章制度(50 分)。

(二)检查方法

查看运行记录资料。

(三)评分标准

(1)操作规范(50 分)，每发生一次操作管理不规范扣 10 分。

(2)专人记录(30 分)，启闭依据、时间、人员、启闭过程及历时，上下游水位及流量，流态，启闭前后的设备状况，启闭过程中出现的不正常状况，每缺少一项扣 2 分，每缺少记录一次扣 10

分，持证上岗(20 分)。

(3)规章制度(50 分)，值班制度、巡视制度、交接班制度齐全，每缺一项扣 15 分。

四、观测(100 分)

(一)标准

按规定进行沉陷位移观测(40 分)，异常情况观测(30 分)，水流形态观测(30 分)。

(二)检查方法

查看记录资料。

(三)评分标准

“标准”中规定的三小项每缺少一项，该小项不得分。

五、设备管理(150 分)

(一)标准

明确专人管理(50 分)，按规定进行周期性检修(50 分)，设备标志齐全(50 分)。

(二)检查方法

查看现场设备。

(三)评分标准

(1)明确专人管理(30 分)。

(2)人员到位(20 分)。

(3)按规定进行周期性检修(50 分)。

(4)设备标志齐全(50 分)，设备标志，设备表面无油污、积尘、破损现象，每缺一项扣 10 分。

六、建筑物管理(150 分)

(一)标准

建筑物完整(150 分)。

(二)检查方法

查看现场。

(三)评分标准

(1)主体建筑物(50 分)，有裂缝、破损的每处扣 10 分，有积尘等每处扣 5 分。

(2)土石结合部(50 分)，有裂缝等隐患的每处 5 分。

(3)上下游结合段(50 分)，有塌陷、蜇裂、松动、滑坡等每处扣 5 分。

七、工程简介(100 分)

(一)标准

工程简介牌(100 分)。

(二)检查方法

查看工程简介牌。

(三)评分标准

有工程简介牌(60 分)，美观大方(10 分)，工程简介牌周围有绿化衬托(30 分)。

八、管护范围(40 分)

(一)标准

管护范围明确，界限清晰，有明显标志(40 分)。

(二)检查方法

现场查看。

(三)评分标准

(1)闸区界限明确(10 分)；有明显标志(10 分)；

(2)上下游渠道连接部界限明确(20 分)。

九、内业资料(50 分)

(一)标准

合同管理规范，内业资料严格按照有关规定记录，按时开展检查评比。

(二)检查方法

查看内业资料。

(三)评分标准

(1)合同管理(15 分)，未按合同管理此项不得分，合同管理不规范每处扣 2 分，未签订 1+x 合同的此项不得分。

(2)未按照河南局颁发的有关规定运行，每项扣 2 分(15 分)。

(3)日常检查评比记录(15 分),未进行日常管理检查的不得分，日常检查评比记录不全、不规范的每缺一处扣 2 分。

(4)有年终工程管理总结(5 分)。

十、办公规范化(35 分)

(一)标准

水管单位工管科应配备办公设施如下：计算机 1 台／人，笔记本电脑 2~3 台，数码摄像机 1 部，数码照相机 2 部，传真机 2 台，资料柜 1 组／人，办公室面积人均 8 m^2，空调 1 台／间。

(二)检查方法

检查水管单位工管科办公室。

(三)评分标准

设施齐全、完好，缺一项扣 5 分(35 分)。

第二编　工程维修养护程序

第五章　黄河水利工程维修养护项目管理规定

第一节　项目分类与确定

(1)各水管单位应及时准确、客观真实地编制年度维修养护专项设计，其内容要合理、规范、准确、完整。

(2)水利工程维修养护项目应根据工程设计标准，在完成工程观测、探测、普查及河势预测等技术资料收集分析的基础上，依据《定额标准》中维修养护项目分类，合理确定维修养护专项，确保年度日常养护项目与维修养护专项工程(作)量的全面完成。

(3)堤防隐患探测专项，按照《黄河堤防工程隐患电法探测管理办法(试行)》，各单位应有计划、分堤段集中安排探测，每年度以市局为单位汇总，并将探测分析报告报省级河务局审查，结果报黄委备案。

(4)未硬化堤防维修养护专项，包括堤顶维修土方(即黏土盖顶)和堤坡维修土方两部分。其中堤顶维修土方主要用于土质结构堤顶遭受风蚀、车辆碾压，造成堤顶土方损耗，高程降低的修复；堤坡维修土方主要为雨毁、局部平整及堤防坡脚补残等。硬化堤顶(包括硬化的上堤路口、路沿石等)应参照公路维修养护的有关标准编制维修养护专项。

(5)河道整治工程维修养护专项，包括根石加固、坝顶、坝坡维修土方消耗等。根据根石探测资料分析和河势变化预估，结合坝顶、坝坡维修对根石走失的工程进行加固，应作为专项进行设计。

(6)生物防护工程的维修养护专项，应在搞好经常性养护工作的同时，针对受损坏情况，结合堤防、河道整治工程维修编制草皮、树木补植专项设计。

(7)水管单位应根据维修养护工作需要，提前安排维修养护专项的勘测、观测、检查，为专项设计编制提供依据。

第二节　设计编报与审批

各水管单位应根据所辖水利工程运行状况，按照工程设计标准、规范及管理行业发展的要求，委托具有相应设计资质的单位编制专项设计。

编报程序如下：

(1)年度工程日常维修养护项目的实施方案编制由水管单位负责，报上一级主管部门备案。

(2)年度工程维修养护专项编制由水管单位负责，按照规定权限申报审批。

①河南河务局负责所属水管单位的工程维修养护专项设计审批，并报黄委备案。②工程维修养护专项一经审批下达，原则上不得调整，确需调整的，须按程序逐级上报原审批单位核准。

工程维修养护专项变更应在变更申请得到核准后实施；情况紧急的，应在及时处理的同时将专项变更申请报上级原批准部门核准。

水利工程维修养护专项是年度部门预算编制的依据，编制应符合该水管单位工程维修养护规划，并应在下年度部门预算编报之前完成。

第三节　编制原则与内容

一、原则

(1)水利工程维修养护项目编制应遵循“统筹兼顾、合理安排、严格标准、确保安全”的原则，确保工程管理年度目标的实现。

(2)工程日常维修养护与专项的进度安排应符合工程管理的特点，按照“经常养护、及时修复、养修并重”的原则合理编制，确保工程完整与运用安全。

(3)编制工程维修养护专项应按照“实事求是、突出重点”的原则，依据黄委相关规定，合理计算维修养护工程量及所需经费。

二、内容

(1)编报工程维修养护专项的主要内容包括：专项设计申报文件、设计报告、图纸等。

(2)维修养护专项设计报告应包括：工程基本情况与维修养护规划及年度工程管理要点的关系，专项编制的依据、原则及预期目标，项目的名称、内容、工程量及经费预算，工作进度安排，维修养护质量管理、监督检查等主要工作措施。

第六章　黄河水利工程维修养护程序管理规定

一、为规范黄河水利工程维修养护程序，适应维修养护工作的专业化、社会化要求，根据水利行业有关规章、规范，结合黄河水利工程维修养护实际，制定本规定。

二、本规定适用于黄委所属的堤防、河道整治，穿堤建筑物(引水涵闸除外)工程及附属设施的维修养护程序管理。

三、黄河水利工程维修养护程序包括工程观测、计划编制、专项设计编报与审批、招标投标、项目实施、项目验收等阶段。

四、日常维修养护项目由水管单位依据工程观测、查勘分析成果编制计划，并与养护公司签订承包合同。

五、专项设计编报与审批

(1)维修养护专项设计由水管单位负责委托具有相应设计资质的单位进行编制，并按黄委规定权限逐级上报审批。

(2)维修养护专项设计编制前，水管单位应对其管辖工程进行查勘、探测及观测。

(3)按照《黄河水利工程维修养护项目管理规定》编制维修养护专项设计文件。

(4)维修养护专项确需调整或变更的，按照原审批程序逐级上报核准。

六、招标投标

黄河水利工程维修养护专项的招标投标，按黄委有关规定执行。

七、项目实施

(1)项目实施是指日常维修养护项目和维修养护专项的作业过程。水管单位负责日常项目与维修养护专项的实施，并按合同约定对其实施过程进行监督检查，确保项目的顺利开展与工程质量。

(2)维修养护项目的实施须具备以下条件：①日常维修养护项目已经确定，专项已经批准；②维修养护资金已经落实；③监理合同、维修养护合同已经签订，并得到上级主管部门同意；④质量监督手续已经办理。

(3)水管单位应择优选择维修养护单位，承担维修养护业务的单位，须严格按照合同要求具体实施维修养护作业。

(4)黄河水利工程维修养护实行监理制度，并按照黄河水利工程维修养护监理管理和水利工程建设监理的有关规定执行。

(5)水管单位、维修养护单位要建立健全质量管理体系，质量监督机构应依法监督维修养护各方的行为。

八、项目验收

(1)年度验收和专项验收是工程维修养护作业是否达到标准的衡量手段，是全面考核工程维修养护质量的重要步骤。

(2)维修养护项目年度验收的前期工作：①维修养护项目(包括维修养护专项)已按合同要求全部完成；②维修养护专项已经通过专项验收；③工程维修养护技术资料符合相关要求，完成了资料的整理分析工作。

(3)水管单位应按照工程维修养护项目验收管理的规定，向上级主管部门提出申请，由验收主持单位及时组织年度验收。

(4)项目有遗留问题的，应对遗留问题提出具体处理意见，落实责任人，明确整改期限。

(5)年度验收前必须完成财务结算。

九、凡违反本规定的，由上级主管部门，根据情节轻重，对责任单位或责任人依照有关规定进行处理。

第七章　工程日常维修养护合同示范文本

第一节　黄河堤防工程日常维修养护合同

依据《中华人民共和国合同法》等相关法律、法规________(以下称发包人)与______________(以下称承包人)就所辖堤防工程日常维修养护工作，在自愿、平等、协商一致的基础上订立本合同，合同价款(大写)______圆，(小写)________元(详见工程量清单)。

工程维修养护期限为1年。自_____年1月1日起至_____年12月31日止。

本合同的实施，应符合国家和水利行业颁布的技术标准、规范、规程、规定及技术要求。

一、工程维修养护内容

1. 堤防工程基本情况：(起止桩号、堤身高度、堤顶宽度、边坡等)____

____

____

____

2. 维修养护项目及内容

2.1 堤顶

堤顶修补、填垫、整平、刮压、洒水、清扫，排水沟整修，边埂整修，行道林及堤肩草皮养护。

2.2 堤坡

堤坡(淤区、前后戗边坡)整修、填垫，护坡、排水沟整修，辅道整修、填垫，草皮养护及补植。

2.3 附属设施

标志标牌(碑)维护，护堤地边埂(沟)整修。

2.4 防浪林、护堤林

浇水、施肥、打药、除草、涂白、补植及修剪。

2.5 淤区

淤区整修、填垫，围格堤整修，排水沟维修，适生林养护。

2.6 前(后)戗

戗台、边埂整修、填垫，树木、草皮养护。

2.7 土牛(备防土)整修

2.8 备防石整修

2.9 管理房维修

2.10 害堤动物防治

2.11 防浪(洪)墙维护

二、质量标准与技术要求

3. 质量标准和要求

3.1 堤顶

(1)堤顶高程、宽度等主要技术指标符合设计或竣工验收时的标准。

(2)未硬化堤顶保持花鼓顶，达到饱满平整，无车槽及明显凹凸、起伏，无杂物，堤顶整洁，雨后无积水，平均每 5.0 m 长堤段纵向高差不应大于 0.1 m，横向坡度宜保持在 2% ~ 3%。

(3)硬化堤顶保持无积水、无杂物，堤顶整洁，路面无损坏、裂缝、翻浆、脱皮、泛油、龟裂、啃边等现象。

(4)泥结碎石堤顶适时补充磨耗层和洒水养护，保持顶面平顺，无明显凹凸、起伏。

(5)堤肩无明显坑洼，堤肩线平顺规整，植草防护。

(6)边埂埝面平整，埝线顺直，无杂草。

(7)行道林树木生长旺盛，无病虫害，无人畜破坏，保持现有树株不缺损；修剪整齐、美观，鱼鳞坑、浇水沟规整。

3.2 堤坡

(1)堤坡(淤区边坡)保持竣工验收时的坡度，坡面平顺，无残缺、水沟浪窝、陡坎、洞穴、陷坑、杂草杂物，堤脚线清晰明确。

(2)砌石堤坡和混凝土堤坡保持设计或竣工验收标准。

(3)对雨后出现的局部残缺和水沟浪窝、陷坑等，按标准进行恢复。

(4)上堤辅道保持完整、平顺，无沟坎、凹陷、残缺，无蚕食、侵蚀堤身现象，硬化路口路面无损坏。

(5)排水沟完好、无损坏，无孔洞暗沟、沟身无蛰陷、断裂，接头无漏水、阻塞，出口无冲坑悬空，沟内无淤泥、杂物。

(6)草皮整洁美观，无高秆杂草，覆盖率不低于95%。

3.3 附属设施

(1)千米桩、百米桩、边界桩、交界牌、指示牌、标志牌、警示牌、责任牌、简介牌、纪念碑等埋设坚固，布局合理、尺度规范，标识清晰、醒目美观、无涂层脱落、无损坏和丢失。

(2)护堤地地面平整，边界明确，界沟、界埂规整平顺，无杂物。

3.4 防浪林、护堤林

树木生长旺盛，无病虫害，无高秆杂草，无人畜破坏，保持现有树株不缺损。

3.5 淤区

(1)淤区高程、宽度等主要技术指标保持设计或竣工验收标准，顶面平整。

(2)适生林树木生长旺盛，无病虫害，无高秆杂草，无人畜破坏，保持现有树株不缺损。

(3)排水沟完好、无损坏，无孔洞暗沟、沟身无蛰陷、断裂，接头无漏水、阻塞，出口无冲坑悬空，沟内无淤泥、杂物。

(4)围格堤顶平坡顺、无缺损，无高秆杂草。

3.6 前(后)戗

(1)高程、宽度等主要技术指标保持设计或竣工验收标准。戗顶平整，无雨淋沟，边埂整齐，内外缘高差保持设计标准。

(2)排水沟完好、无损坏，无孔洞暗沟、沟身无蛰陷、断裂，接头无漏水、阻塞，出口无冲坑悬空，沟内无淤泥、杂物。

(3)草皮整洁美观，无高秆杂草，覆盖率不低于95%。

(4)树木生长旺盛，无病虫害，无高秆杂草，无人畜破坏，保持现有树株不缺损。

3.7 土牛(备防土)

顶平坡顺、无缺损，边角整齐，无高杆杂草。

3.8 备防石

摆放整齐、无坍垛，无杂草杂物，标注清晰。

3.9 管理房

坚固完整、门窗无损坏，墙体无裂缝、墙皮无脱落，房顶不漏水。

3.10 害堤动物防治

工程范围内无明显害堤动物危害痕迹。

3.11 防浪(洪)墙

坚固完整、无破损，保持设计和工程验收标准。

三、工程维修养护实施

4. 承包人按照本合同约定适时进行工程维修养护，认真履行职责，按照工程维修养护标准，保持工程面貌完好。

4.1 根据工程维修养护进展情况，发包人依据本合同于每月____日前向承包人提供下月的维修养护任务，月维修养护任务采用“两清单一说”的形式下达(即：维修养护任务统计表、工程(工作)量及价款清单，并对当月气候特点、雨水毁坏情况、具体任务进行简要说明)，承包人在一日内，将维修养护月实施方案以书面形式提交监理工程师审批，监理工程师本月底前提出修改意见或批准，逾期视为同意。

4.2 若遇突发事件，发包人可依据本合同向承包人发出临时维修养护通知，承包人必须执行。

4.3 承包人按监理工程师确认的维修养护月实施方案开展工程维修养护作业。养护进度与经确认的月实施方案不符时，承包人按发包人或监理工程师的要求进行整改，确保适时对工程进行维修养护。

四、质量检查与验收

5. 质量管理

根据工程维修养护需要，承包人建立健全质量保证体系，确保维修养护质量。

5.1 维修养护质量达到合同约定的质量标准。因承包人原因工程质量达不到维修养护标准，承包人承担违约责任。

5.2 双方对维修质量发生争议，由质量监督机构认定，造成的损失及所需费用，由责任方承担。

6. 检查

承包人按照本合同约定和发包人及监理工程师的指令，对维修养护质量进行自查，并做好记录。

发包人对维修养护工作进行不定期检查，将检查出的问题向承包人提出书面整改意见，承包人必须按期整改，否则，发包人可另行选择养护队伍进行工程维修养护,其费用由原承包人承担。

7. 验收

验收分为月验收和年度验收。

7.1 月验收

月验收由发包人每月底组织进行,验收结果作为结算的依据。

7.2 年度验收

年度验收由上一级主管单位组织进行。

承包人于12月____日前向发包人提交年度验收申请,发包人在收到承包人提交的验收申请后一日内组织初步验收，验收合格由发包人向上级主管单位提交年度验收申请。

五、价款结算与支付

8. 价款结算

8.1 日常维修养护价款按当月监理认可的实际维修养护工程量结算。工程维修养护完成并经验收合格后，次月一日前，发包人按照监理工程师签署的支付通知向承包人支付合同价款的____%，另外____%作为保证金，在通过上级主管单位年度验收后一次结清。

8.2 承包人不能按合同要求完成工程维修养护或维修养护质量达不到标准,经返工后仍不能满足质量要求或未按监理工程师指令返工,需要由其他维修养护单位完成的,其费用从保证金中支付。

8.3 发包人不按期支付，应向承包人说明情况、承诺付款日期，经承包人同意签订延期支付协议。

六、合同变更

9. 维修养护项目和内容、工程量、维修养护标准发生改变时，进行合同变更，具体事宜由发包人与承包人协商。

七、双方权利和义务

10. 发包人

10.1 制订日常维修养护年度计划,向承包人提供月维修养护项目清单。

10.2 审查批复承包人提交的年度维修养护方案。

10.3 向承包人提供与工程维修养护相关的档案资料。

10.4 提供测量基准点、水准点、基本资料和相关数据。

10.5 协调和处理工程维修养护范围内的迁占及维修养护的社会环境等问题。

10.6 在实施维修养护前将委托的监理单位、监理内容和总监理工程师姓名及职权以书面形式通知承包人。

10.7 授权派驻工程现场代表，职权不得与监理工程师职权相互交叉。双方职权不明确时，由发包人以书面形式确认。

10.8 协调解决维修养护施工所需的用电、用水、排水、照明、通信等问题。

11. 承包人

11.1 按照发包人提供的年度维修养护计划编制年度实施方案，提交发包人审批。根据发包人提供的每月任务清单制订月实施方案，提交监理工程师审批。

11.2 接受发包人和监理工程师的检查、监督。执行发包人或监理工程师发出的与本合同有关的指令和通知。

11.3 遵守法律、法规、规章及行业规定，在维修养护过程中防止噪音、扬尘、废水、废油及生活垃圾造成的环境破坏、人员伤害及财产损失。及时拆除临时设施，清除因工程维修养护产生的废弃物。

11.4 承担维修养护施工用电、用水、排水、照明、通信等费用。

11.5 负责维修养护工作范围内的工程及设施保护，做好工程现场地下管线和邻近建筑物或构筑物的保护，造成损坏的进行恢复并承担相应费用。

11.6 及时向发包人提供工程维修养护进展情况、管理信息、相关资料和文件等。

11.7 认真做好日常维修养护安全生产和文明施工，承担由于自身安全措施不力造成事故的责任和因此发生的费用。

八、违约责任

12．发包人

12.1 不及时组织维修养护验收；

12.2 无正当理由不按时进行结算；

12.3 指令错误给承包人造成损失；

12.4 有不履行合同义务或履行合同义务不当的其他行为。

发包人承担违约责任，并向承包人赔偿由此造成的经济损失。

13．承包人

13.1 维修养护质量达不到标准；

13.2 不执行发包人或监理工程师指令；

13.3 不能及时完成维修养护任务；

13.4 有不履行合同义务或履行合同义务不当的其他行为。

承包人承担违约责任，并向发包人赔偿由此造成的经济损失。

九、争议的解决

14．双方在履行合同时发生争议，可以和解或者调解。当事人不愿和解、调解或者和解、调解不成的，双方可申请仲裁或向有管辖权的人民法院起诉。本合同采用____方式解决争议。

15．发生争议后，除非出现下列情况，双方都应继续履行合同，保持工程维修养护的连续。

15.1 单方违约导致合同无法履行，双方协议停止工程维修养护；

15.2 调解方要求停止工程维修养护，且为双方接受；

15.3 仲裁机构或法院要求停止工程维修养护。

十、其他

16．本合同项目不得转包和违法分包。

17．本合同执行期间，如遇不可抗力，致使合同无法履行时，双方均不承担违约责任，双方要在力所能及的条件下迅速采取措施，减少灾害损失，并按有关法规规定及时协商处理。

18. 合同生效与终止。

本合同自双方法定代表人或其授权代表在合同书上签字并加盖公章后生效。

工程维修养护期限界满、价款结清后，本合同自然终止。

19. 本合同的工程量清单、工程量认定及说明、来往文件系本合同的组成部分，若发生矛盾以本合同条款为准。

本合同空格部分填写的文字与印刷文字具有同等效力。

20. 本合同一式六份。正本两份，双方各执一份；副本四份，发包人两份，承包人一份，监理单位一份。

21. 本合同未尽事宜由双方协商解决。

合同签订地点：

合同订立时间：

发包人(公章)：	承包人(公章)：
法定代表人(公章)：	法定代表人(公章)：
委托代理人：	委托代理人：
电话：	电话：
传真：	传真：
地址：	地址：
邮政编码：	邮政编码：
开户银行：	开户银行：
账号：	账号：

第二节　黄河河道整治工程日常维修养护合同

依据《中华人民共和国合同法》等相关法律、法规，____(以下称发包人)与____(以下称承包人)就所辖河道整治工程日常维修养护工作，在自愿、平等、协商一致的基础上订立本合同，合同价款(大写)____圆，(小写)____元(详见工程量清单)。

工程维修养护期限为1年。自____年1月1日起至____年12月31日止。

本合同的实施，应符合国家和水利行业颁布的技术标准、规范、规程、规定及技术要求。

一、工程维修养护内容

1．基本情况：(工程名称、坝岸设计指标、安全运行状况等)

2．维修养护项目和内容

2.1 坝顶

坝顶修补、填垫、整平、洒水、刮平、清扫，沿子石、边埂、备防石整修，树株及草皮养护。

2.2 坝坡

坝坡整修、填垫，排水沟整修，树株、草皮养护及补植。

2.3 根石

根石探测、根石排整。

2.4 附属设施

管理房、标志标牌(碑)维护，护坝地、边埂整修。

2.5 上坝路

整修、填垫。

2.6 护坝林

浇水、施肥、打药、除草、补植及修剪。

二、质量标准和要求

3. 质量标准和要求

3.1 坝顶

(1)坝顶宽度、高程符合设计或竣工验收时的标准，顶面平整，无凹凸、裂缝、陷坑、浪窝，无乱石、杂物及高秆杂草等。

(2)沿子石规整、无缺损、无勾缝脱落；眉子土(边埂)平整、无缺损。

(3)备防石位置合理，摆放整齐，无坍垛、无杂草杂物，标识清晰。

(4)树木生长旺盛，无病虫害，无人畜破坏，保持现有树株不缺损；修剪整齐、美观，鱼鳞坑规整。

(5)联坝顶保持平整，无车槽及明显凹凸、起伏；降雨期间及时排水，雨后无积水。

3.2 坝坡

(1)上坝坡：坡面平顺，无水沟浪窝、裂缝、洞穴、陷坑；草皮整洁美观，覆盖完好，无高秆杂草。

(2)散抛块石护坡：坡面平顺，无浮石、游石、缺石，无明显凹凸不平，坡面清洁。

(3)干砌石护坡：坡面平顺、砌块完好、砌缝紧密，无松动、塌陷、架空，灰缝无脱落，坡面清洁。

(4)浆砌石护坡：坡面平顺、清洁，灰缝无脱落，无松动、变形。

(5)排水沟完好，畅通无损坏，无孔洞暗沟、沟身无蛰陷、断裂，接头无漏水、阻塞，出口无冲坑悬空，沟内无淤泥、杂物。

3.3 根石

(1)按要求进行根石探测，资料整编分析规范、完整。

(2)根石台高程、宽度、边坡等主要技术指标符合设计或竣工验收时的标准。台面平整，边坡平顺，无明显凹凸不平，无浮石、杂物。

3.4 附属设施

(1)管理房整洁，门窗齐全无损坏，墙体无裂缝，墙皮无脱落，房顶不漏水。

(2)坝号桩、高标桩、边界桩、断面桩、指示牌、标志牌、责任牌、简介牌、纪念碑等埋设坚固，尺度规范，标识清晰、醒目美观、无涂层脱落、损坏或丢失。

(3)护坝地地面平整，边界明确，界沟、界埂规整平顺、无杂物。

3.5 上坝路

(1)上坝路完整、平顺，无沟坎、凹陷。

(2)硬化柏油上坝路无积水、无杂物，路面整洁，路面无损坏、啃边等现象。

(3)泥结碎石上坝路适时补充磨耗层和洒水养护，顶面平顺，无明显凹凸、起伏。

3.6 护坝林

树木生长旺盛，无病虫害，无高秆杂草，无人畜破坏，保持现有树株不缺损。

(以下内容与第一节相同，从略。)

第三节　黄河水闸工程日常维修养护合同

依据《中华人民共和国合同法》等相关法律、法规，____(以下称发包人)与____(以下称承包人)就所辖水闸工程日常维修养护工作，在自愿、平等、协商一致的基础上订立本合同，合同价款(大写)____圆，(小写)____元(详见工程量清单)。

工程维修养护期限为1年。自____年1月1日起至____年12月31日止。

本合同的实施，应符合国家和水利行业颁布的技术标准、规范、规程、规定及技术要求。

一、工程维修养护内容

1. 基本情况：(闸孔尺寸、孔数、设计流量等)____________

____

____

____

2. 维修养护项目及内容

2.1 水工建筑物

土工部分整修、填垫，砌石护坡勾缝修补，砌石护坡、防冲设施维修，反滤排水设施、出水底部构件维修，混凝土破损修补，裂缝处理，伸缩缝填料填充。

2.2 闸门

闸门维修，止水更换。

2.3 启闭机

机体表面防腐处理，钢丝绳、传(制)动系统维护，配件更换。

2.4 机电设备

电动机、操作设备、配电设备、输变电系统、避雷设施维护，配件更换。

2.5 附属设施

机房、管理房、护栏维修，闸区绿化。

2.6 闸室清淤

2.7 自动控制设施

2.8 自备发电机组(厂)

二、质量标准和要求

3. 质量标准和要求

3.1 水工建筑物

(1)土工部位无水沟浪窝、塌陷、裂缝、渗漏、滑坡和洞穴等；排水系统、导渗及减压设施无损坏、堵塞、失效；土石结合部无异常渗漏。

(2)石工部位护坡无塌陷、勾缝脱落、松动、隆起、底部淘空、垫层散失；排水设施无堵塞、损坏、失效。

(3)混凝土部位(含钢丝网水泥板)无裂缝、腐蚀、破损、剥蚀、露筋(网)及钢筋锈蚀等。

(4)混凝土构件完整、无破损。

(5)伸缩缝、沉降缝填充封堵完好。

3.2 闸门

(1)金属闸门无明显锈蚀，涂层无剥落；行走支撑装置的零部件无损伤、变形、裂缝、断裂等；支承行走机构运转灵活；吊耳板、吊座无变形。

(2)止水装置完好。

3.3 启闭机

启闭设备运转灵活、制动性能良好、无腐蚀；钢丝绳无断丝、锈蚀，端头固定符合要求；零部件无缺损、裂纹，螺杆无弯曲变形；油路通畅，油量、油质符合要求。

3.4 机电设备

机电设备及防雷设施完好，线路正常，接头牢固；安全保护装置准确可靠，指示仪表准确，备用电源完好。

3.5 附属设施

(1)机房、管理房完整清洁，门窗齐全无损坏，墙体无裂缝、墙皮无脱落，房顶不漏水。

(2)管理范围内整洁美观，树木生长旺盛，无缺损、病虫害，修剪整齐，鱼鳞坑规整；草皮覆盖完好，无高秆杂草。

(3)护栏、标志牌、简介牌、界桩等齐全完好。

3.6 闸室清淤

闸室过水通畅，无杂物。

3.7 自动控制设施

位移、渗流、应力应变、震动反应等安全监测设施完好；远程监控系统的现场设施、设备(仪器、传感器等)完好无损坏，运行正常。

3.8 自备发电机组(厂)

定期维护保养，设备清洁，保持良好。

(以下内容与第一节相同，从略。)

附件：示范文本封面　　　　　　　　合同编号：______

黄　河　工　程
日常维修养护合同

工程名称：______________________

发　包　人：______________________

承　包　人：______________________

二〇　　年　　月

第八章　河南黄河水利工程维修养护工作流程

第一节　水管单位维修养护工作流程

一、水利工程管理单位维修养护工作流程应符合图 8-1 的规定，其日程安排应符合下列基本要求：

(1)每年 11 月，水管单位应委托具有相应设计资质的单位编制维修养护专项设计，按黄委规定权限逐级上报审批。

(2)每年 11 月 20 日前，水管单位应编报下一年度本单位《黄河水利工程维修养护实施方案》，其中应包括日常养护项目及维修养护专项;《黄河水利工程维修养护实施方案》应及时上报上级部门审批。

(3)每年 12 月 31 日前,水管单位对必须招标的项目办理招标；水管单位应与监理单位签订下一年度的委托监理合同；应向质量监督机构申请办理下一年度的质量监督手续；应委托符合资质要求的设计单位承担下一年度的维修养护专项设计；应与养护公司签订下一年度的《日常维修养护合同》并适时签订《维修养护专项合同》。

(4)水管单位在《维修养护专项设计》完成后，应及时委托监理审查并报上级部门审批。

(5)水管单位与养护公司签订季度合同的日常养护项目，每月底前水管单位应向养护公司发送下月的《养护任务通知书》。

(6)逐月签订养护合同的日常养护项目，每月底前水管单位应与养护公司签订下月的《日常维修养护月度合同》。

(7)日常养护项目合同期满或维修养护专项完成后，水管单位应组织质量监督、设计、监理、施工等相关单位对养护公司施工实体进行验收，对报验合格的内容签字认可，水管单位按照合同支付工程款。

(8)每季度第一个月内，水管单位应组织监理、施工等有关单位对上季度日常养护项目进行评比。

(9)年初，水管单位应组织设计、施工、监理、质量监督单位组成初步验收工作组，根据上年度的逐月、逐项验收成果，进行上年一度的维修养护初步验收，验收合格后应报请地(市)级河务局进行维修养护竣工验收。

(10)竣工验收合格后，水管单位应和养护公司办理工程结算手续。

二、水管单位的工程管理科维修养护工作流程应符合图 8-2 的规定，其日程安排应符合下列基本要求：

(1)每年 12 月 20 日前，工程管理科应编写本单位下一年度的《黄河水利工程维修养护实施方案》，提交水管单位负责人审查。

(2)每月底,工管科应编写下月的《日常维修养护合同》或《日常养护任务通知书》，提交单位负责人审查。

(3)工管科应不定期对养护公司施工质量进行抽查、指导。

(4)每月应组织有运行科、监理及施工等有关单位对当月的维修养护工作质量进行检查。

(5)工管科应组织有关单位做好维修养护阶段验收、初步验收和竣工验收的各项准备工作。

三、水管单位的运行观测科工作程序应符合图 8-3 的规定，除了每天应对水情、河势、险情进行观测、对工程进行巡查外，还应负责工程观测、通讯及物资运行等工作；应根据年度工作任务编写年度运行观测计划；根据巡查普查结果编写下月日常维修养护工作计划上报水管单位审查；应对养护公司进行检测指导；月末年终应参与维修养护验收。

第二节　养护公司维修养护工作流程

养护公司工作流程应符合图 8-4 的规定，其日程安排应符合下列基本要求：

(1)在签订维修养护合同后，养护公司应编写年度《维修养护申请书》，报监理单位审批。

(2)每月底，养护公司应根据下月的《维修养护合同》或《养护任务通知书》，编写下月的《养护实施方案》，报监理单位审批。

(3)专项合同开工前 10 天，养护公司应向监理报送《维修养护专项实施方案》及《维修养护专项开工申请书》。

(4)养护公司必须按照批复的养护实施方案，依据国家现行施工规范进行施工，认真执行“三检制”，切实做好工程质量的全过程控制。

(5)养护公司应按期、保质完成养护任务并报请监理验收，提出工程款支付申请。

(6)养护公司应在年底报请全年维修养护初步验收。

第三节　监理单位维修养护工作流程

维修养护监理单位工作流程应符合图 8-5 的规定，其工作安排应符合下列要求：

(1)监理合同签订后，监理单位应向水管单位提供《监理规划》和《维修养护监理实施细则》。

(2)监理单位应从保证工程质量、全面履行养护承包合同出发，审查设计单位提供的施工图纸并逐页签名盖章，审查养护公司《维修养护实施方案》和维修养护开工申请。

(3)监理单位必须严格执行国家现行监理规范、履行监理合同，指导、监督、检查养护公司在合同中有关质量标准、要求的实施。

(4)监理单位对养护公司的报验内容应进行核实，确认无误后应签字并报水管单位验收。

(5)监理单位应参加养护质量检查，维修养护的各种验收。

第四节　质量监督机构维修养护工作流程

质量监督机构必须按照国家现行质量监督管理规定及《质量监督书》的要求，对工程维修养护质量进行不定期的监督检查，审定质量评定及验收，提出维修养护质量评定报告。

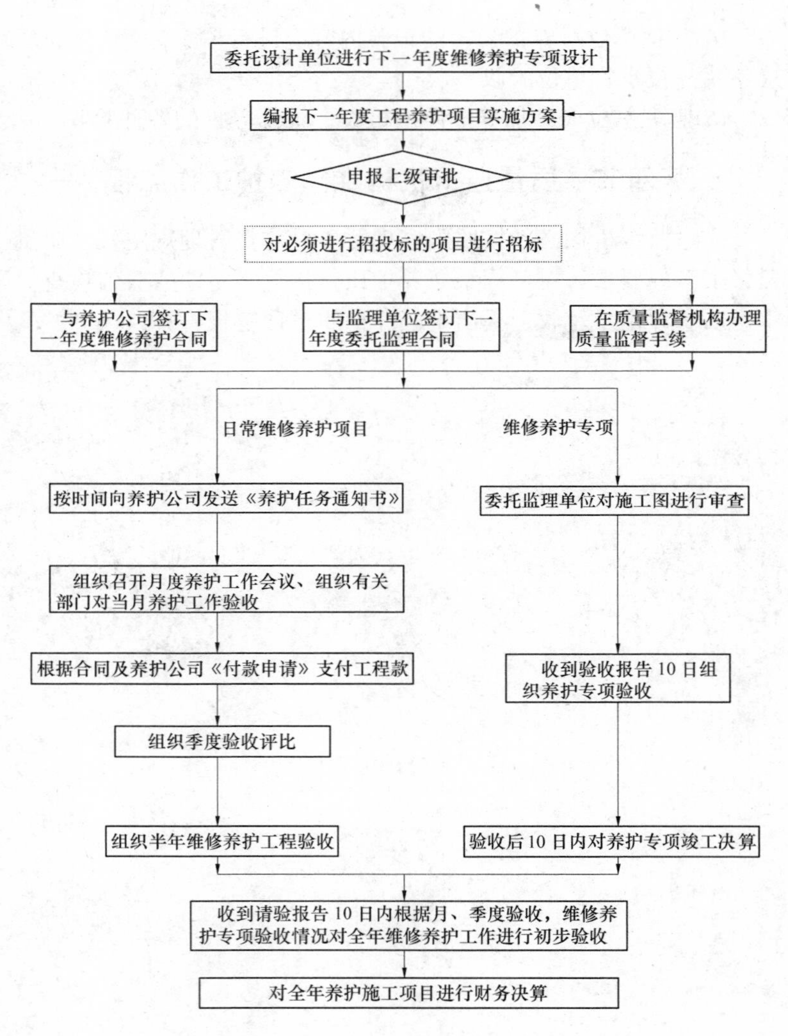

委托设计单位进行下一年度维修养护专项设计
编报下一年度工程养护项目实施方案
申报上级审批
对必须进行招投标的项目进行招标
与养护公司签订下一年度维修养护合同
与监理单位签订下一年度委托监理合同
在质量监督机构办理质量监督手续
日常维修养护项目
维修养护专项
按时间向养护公司发送《养护任务通知书》
组织召开月度养护工作会议、组织有关部门对当月养护工作验收
根据合同及养护公司《付款申请》支付工程款
组织季度验收评比
组织半年维修养护工程验收
委托监理单位对施工图进行审查
收到验收报告10日组织养护专项验收
验收后10日内对养护专项竣工决算
收到请验报告10日内根据月、季度验收，维修养护专项验收情况对全年维修养护工作进行初步验收
对全年养护施工项目进行财务决算

图 8-1　水管单位维修养护工作流程图

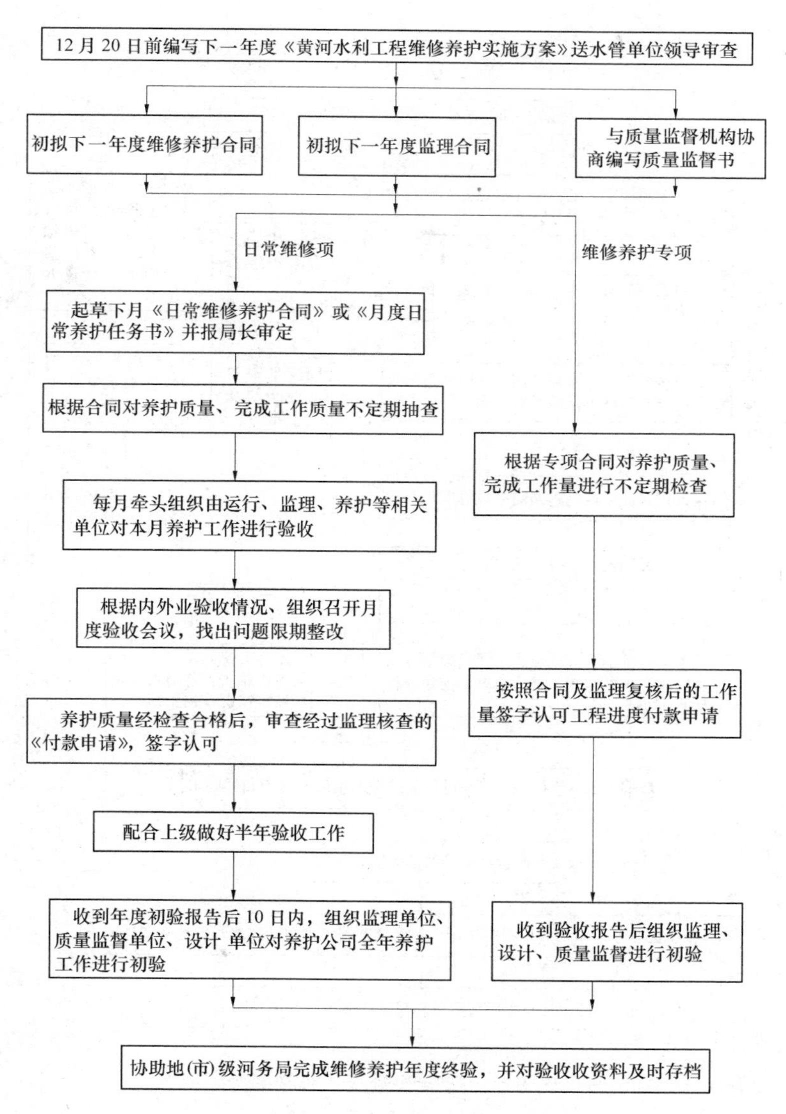

图 8-2　工程管理科工作流程图

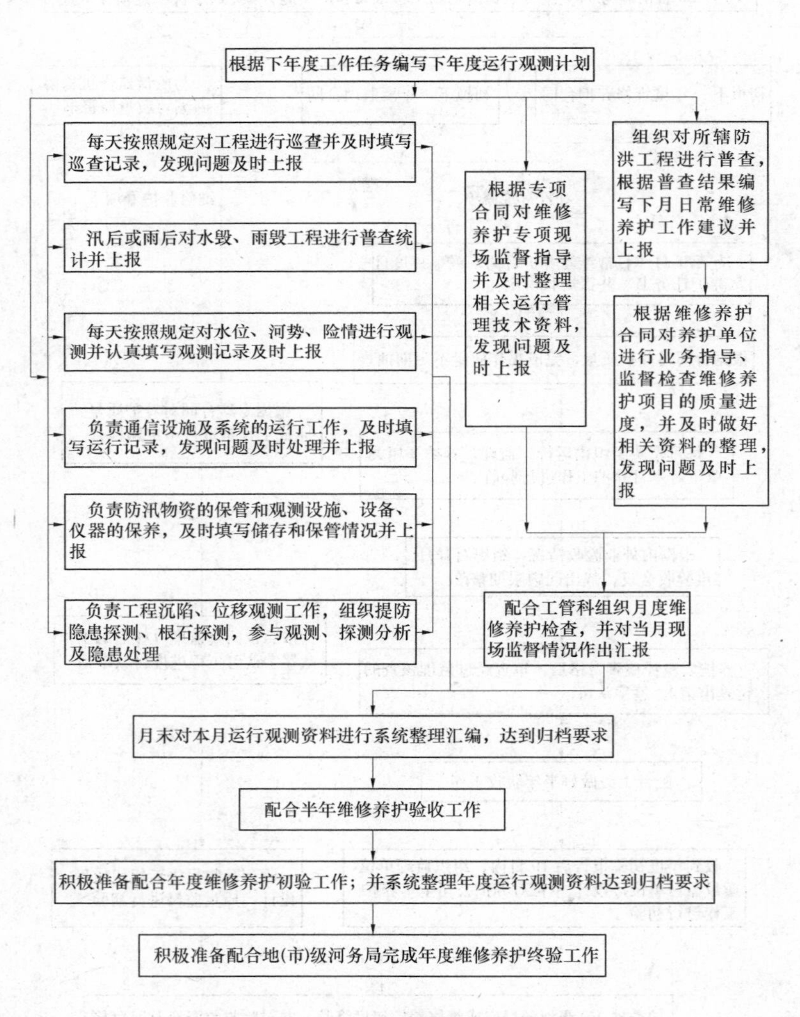

根据下年度工作任务编写下年度运行观测计划
每天按照规定对工程进行巡查并及时填写巡查记录，发现问题及时上报
汛后或雨后对水毁、雨毁工程进行普查统计并上报
每天按照规定对水位、河势、险情进行观测并认真填写观测记录及时上报
负责通信设施及系统的运行工作，及时填写运行记录，发现问题及时处理并上报
负责防汛物资的保管和观测设施、设备、仪器的保养，及时填写储存和保管情况并上报
负责工程沉陷、位移观测工作，组织提防隐患探测、根石探测，参与观测、探测分析及隐患处理
根据专项合同对维修养护专项现场监督指导并及时整理相关运行管理技术资料，发现问题及时上报
组织对所辖防洪工程进行普查，根据普查结果编写下月日常维修养护工作建议并上报
根据维修养护合同对养护单位进行业务指导、监督检查维修养护项目的质量进度，并及时做好相关资料的整理，发现问题及时上报
配合工管科组织月度维修养护检查，并对当月现场监督情况作出汇报
月末对本月运行观测资料进行系统整理汇编，达到归档要求
配合半年维修养护验收工作
积极准备配合年度维修养护初验工作；并系统整理年度运行观测资料达到归档要求
积极准备配合地(市)级河务局完成年度维修养护终验工作

图 8-3　运行观测科工作流程图

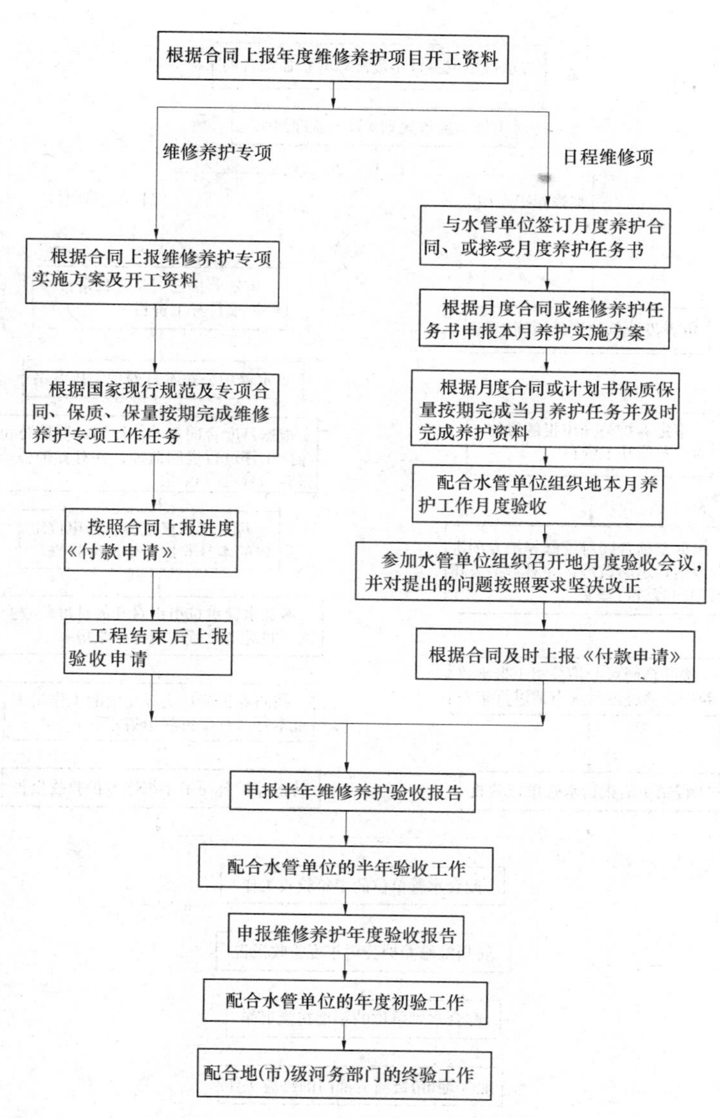
根据合同上报年度维修养护项目开工资料
维修养护专项
日程维修项
根据合同上报维修养护专项实施方案及开工资料
根据国家现行规范及专项合同、保质、保量按期完成维修养护专项工作任务
按照合同上报进度《付款申请》
工程结束后上报验收申请
与水管单位签订月度养护合同、或接受月度养护任务书
根据月度合同或维修养护任务书申报本月养护实施方案
根据月度合同或计划书保质保量按期完成当月养护任务并及时完成养护资料
配合水管单位组织地本月养护工作月度验收
参加水管单位组织召开地月度验收会议，并对提出的问题按照要求坚决改正
根据合同及时上报《付款申请》
申报半年维修养护验收报告
配合水管单位的半年验收工作
申报维修养护年度验收报告
配合水管单位的年度初验工作
配合地(市)级河务部门的终验工作

图 8-4 维修养护公司工作流程图

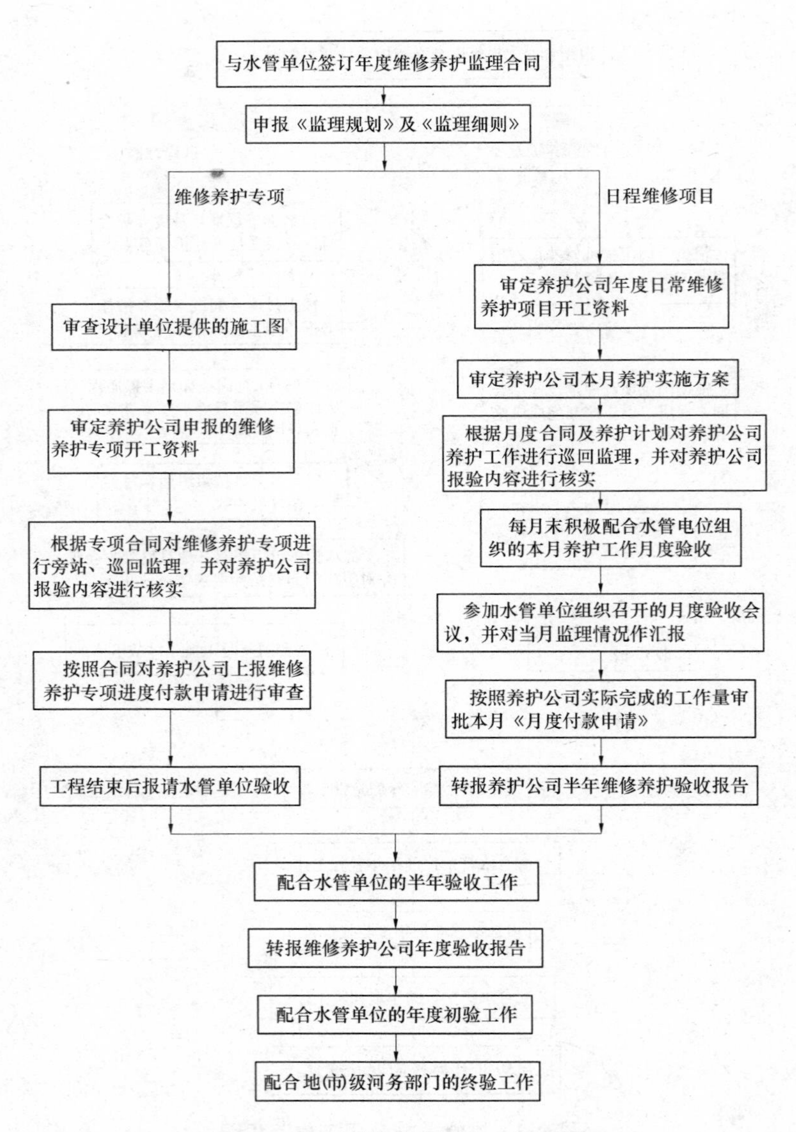
与水管单位签订年度维修养护监理合同
申报《监理规划》及《监理细则》
维修养护专项
日程维修项目
审查设计单位提供的施工图
审定养护公司申报的维修养护专项开工资料
根据专项合同对维修养护专项进行旁站、巡回监理，并对养护公司报验内容进行核实
按照合同对养护公司上报维修养护专项进度付款申请进行审查
工程结束后报请水管单位验收
审定养护公司年度日常维修养护项目开工资料
审定养护公司本月养护实施方案
根据月度合同及养护计划对养护公司养护工作进行巡回监理，并对养护公司报验内容进行核实
每月末积极配合水管电位组织的本月养护工作月度验收
参加水管单位组织召开的月度验收会议，并对当月监理情况作汇报
按照养护公司实际完成的工作量审批本月《月度付款申请》
转报养护公司半年维修养护验收报告
配合水管单位的半年验收工作
转报维修养护公司年度验收报告
配合水管单位的年度初验工作
配合地(市)级河务部门的终验工作

图 8-5　维修养护监理单位工作流程图

第九章　黄河工程维修养护内业资料管理标准

第一节　一般规定

一、黄河工程管理资料是指在工程管理工作实施过程中形成的各种文字、数据、图表、声像、电子文件等形式的原始记录和其他工作成果。

二、水管单位负责所辖工程运行管理过程中所形成的资料整编；维修养护单位、监理单位应负责承担维修养护业务技术资料。

三、工程管理资料的记录与整编有明确的人员分工和职责。

四、资料管理作为工程管理的重要内容，其记录、收集、整理与分析，要做到及时、完整、准确。

五、工程管理文件材料应进行有次序、有联系的排列。次序按先项目后时间、先批复后请示、先正文后附件、先打印件后稿件、先文字材料后图样排列。

六、工程管理资料图样清晰、图面整洁、字迹清楚，不得用易褪色的材料书写、绘制，数据翔实准确,签署手续完备,符合归档要求。

(1)文字材料采用 A4 纸打印或书写，数据表格材料采用 A4 纸或按 A4 纸大小折叠。

(2)图纸材料按 A4 纸大小折叠，图面朝里，图标外露。

(3)声像材料图像清楚、声音清晰，并附文字说明。

(4)照片资料应附有日期及详细的文字说明，数码照片分阶段、分类录入光盘存放。

(5)档案资料卷(宗)按档案管理要求统一编制页码。

七、工程管理资料按归档要求统一格式，封面统一设计，存放在规格一致的档案盒内。

工程运行观测日志、工程维修养护日志采用由黄河水利委员会统一印制的版本。

八、水管单位、维修养护单位的维修养护内业资料表格应录入计算机，及时更新，分类储存，便于检索，实现各类电子表格计算机管理，建立起维修养护的动态管理系统。

第二节　水管单位日常维修养护内业资料

一、工程全面普查资料：水管单位运行观测部门在年度维修养护实施方案编制之前完成，主要是普查所辖工程目前存在的缺陷，需维修养护的项目及工程量，以供编制年度维修养护实施方案使用。

二、年度维修养护实施方案：根据工程普查资料及管理重点进行编制，并按规定程序上报。内容包括上一年度计划执行情况、本年度计划编制的依据、原则、工程基本情况、本年度工程管理要点、维修养护项目的名称、内容及工程量、主要工作及进度安排、经费预算文件、维修养护质量要求、达到的目标、监理、质量监督检查、专项设计、主要措施实施情况。

三、年度维修养护合同

(1)堤防工程维修养护合同。

(2)控导工程维修养护合同。

(3)水闸工程维修养护合同。

四、月度工程普查

(1)管理班组月度工程普查记录清单：由水管单位运行观测部门完成，主要是普查所辖工程目前急需维修养护的项目、位置、内容、尺寸及工程量，供下达月维修养护任务通知书使用。

(2)管理班组月度工程普查统计汇总清单。

(3)水管单位月度工程普查统计汇总清单。

五、月度维修养护任务通知书

(1)月度维修养护任务统计表：根据当月工程普查统计汇总情况，合理确定安排下月的维修养护内容及项目。

(2)月度维修养护项目工程(工作)量汇总表：按照月度维修养护任务统计表统计汇总的维修养护工程量。

(3)维修养护月度安排说明：简要说明当月维修养护项目安排情况(安排的项目、工程量和月度普查清单不一致时，详细说明情况)、维修养护内容、方法、质量要求以及完成时间等。

六、观测记录及日志

(1)工程运行观测日志：内容主要包括工程运行状况、工程养护情况及存在问题。

(2)河势观测记录。

(3)水位观测记录。

(4)启闭机运行记录。

(5)启闭机检修记录。

(6)水闸工程的沉降、裂缝变形观测记录。

(7)测压管观测记录。

七、月度会议纪要：由水管单位主持，维修养护、监理单位参加，会议主要通报维修养护工作进展、维修养护质量情况，讨论确定下月维修养护工作重点，协调解决维修养护工作存在的问题。

八、月度验收签证：由水管单位组织月度验收，签证内容包括本月完成的维修养护项目工程量、质量、验收签证作为工程价款月支付的依据。

九、水管单位(支)付款审核证书

十、年度工作报告及验收资料

(1)工程维修养护年度管理工作报告。

(2)工程维修养护年度初验工作报告。

(3)水管单位年度工程管理工作总结。

(4)工程维修养护年度验收申请书。

(5)工程维修养护年度验收鉴定书。

(6)工程维修养护前、养护中、养护后影像资料。

第三节 养护单位日常维修养护内业资料

一、维修养护施工组织方案申报表及施工组织方案：施工组织方案根据养护合同，结合维修养护工作特点及维修养护单位施工能力编制。

二、维修养护自检记录表。

(1)堤防工程维修养护自检记录表。

(2)控导工程维修养护自检记录表。

(3)水闸工程维修养护自检记录表。

三、工程维修养护日志：内容包括维修养护完成工程量、工日、动用机械名称及台班。

四、维修养护月报表。

五、月度验收申请书。

六、工程价款月支付申请书及月支付表。

七、工程维修养护年度工作报告。

八、工程维修养护年度验收请验报告。

第四节 监理单位日常维修养护内业资料

一、监理合同。

二、监理规划。

三、监理细则。

四、维修养护抽检表。

(1)堤防工程维修养护抽检表。

(2)控导工程维修养护抽检表。

(3)水闸工程维修养护抽检表。

五、工程价款月付款证书。

六、工程维修养护监理年度工作报告：内容包括工程概况、监理过程、监理效果、经验、建议等。

七、工程维修养护年度管理工作报告：内容包括工程概况、维修养护过程、项目管理、专项情况、工程质量、历次检查情况和遗留问题处理、竣工决算、经验、建议等。

八、工程维修养护年度初验工作报告：内容包括维修养护项目概况、月验收情况、工程质量鉴定、年度初验时发现的主要问题及处理意见、年度初验意见及对年度验收的建议。

九、工程维修养护年度验收申请书：水管单位在初验完成后，在具备年度验收条件的情况下向地(市)级河务局提出，内容主要是工程完成情况、验收条件检查结果、验收组织准备情况、建议验收时间、地点和参加单位。

十、工程维修养护年度验收鉴定书：由地(市)级河务局完成，内容包括验收主持单位、参加单位、时间、地点、维修养护概况、年度维修养护投资计划执行情况及分析、历次检查和专项验收情况、质量鉴定、存在的主要问题及处理意见、验收结论、验收委员会签字表、被验单位代表签字表。

十一、工程维修养护前、养护中、养护后影像资料：有可对比参照物，影音、图像资料配日期和文字说明，并按堤防、河道整治、水闸工程分类储存，便于检索、查询。

第五节　专项维修养护内业资料

一、水管单位内业资料

(1)维修养护专项设计：水管单位应委托有资质的设计单位完

成。

(2)专项工程设计批复及变更资料。

(3)专项维修养护合同。

(4)付款审核证书：参照日程维修养护工程。

(5)专项工程维修养护验收鉴定书：内容包括验收主持单位、参加单位、时间、地点、维修养护概况、质量鉴定、存在主要问题及处理意见、验收结论、验收组签字表。

二、维修养护单位内业资料

(1)施工组织设计。

(2)专项开工申请。

(3)工程自检记录表：参照基建工程。

(4)工程价款支付申请书：参照日程维修养护工程。

(5)专项工程维修养护工作报告：内容包括工程概况、施工总布置、进度和完成的主要工程量、主要施工方法、施工质量管理、工程施工及质量保证措施、工程质量评定等。

(6)专项工程维修养护申请验收报告。

三、监理单位内业资料

(1)专项开工令。

(2)工程抽检记录表。

(3)工程价款付款证书：参照基建工程。

(4)工程维修养护监理工作报告：内容包括工程概况、监理规划、监理过程、监理效果、经验、建议等。

第十章　河南黄河水利工程维修养护资料流程

第一节　水管单位维修养护资料流程

一、水管单位维修养护资料应符合图10-1的规定，其资料应符合下列基本要求：

(1)每年10月进行工程全面普查。

(2)每年 11 月中旬委托具备相应资质的设计单位进行《维修养护专项设计》并上报审批。

(3)每年 11 月中旬，水管单位编报下一年度《维修养护实施方案》。

(4)每年 12 月底以前，水管单位应与养护单位签定下一年度的《日常维修养护合同》，适时签订《维修养护专项合同》；应与监理单位签订下一年度的《委托监理合同》；应与质量监督单位签订下一年度的《质量监督书》。

(6)水管单位应督促工程管理科逐月完成维修养护任务安排，月度检查验收签证等成果。

(7)水管单位于维修养护竣工验收前，应组织完成竣工验收的全部资料报上级单位。

二、水管单位工程管理科的维修养护资料管理应符合图10-2的规定，其资料编制应符合下列基本要求：

(1)每年 11 月中旬应主持编写本单位下一年度《维修养护实施方案》。

(2)每年 12 月底以前，应起草完成下一年度的堤防、河道整治、水闸的《日常维修养护合同》、《维修养护专项合同》、《委托监理合同》、《质量监督书》等合同或协议。

(3)月末应起草下月的《日常维修养护合同》或《日常维修养护任务通知书》。

(4)每月应初步审定养护公司逐月《养护实施方案》，提出意见报主管局长审定。

(5)根据《实施方案》，应不定期对日常维修养护、维修养护专项进行不定期抽查并随时填写《抽查纪录》，对抽查内容不合格的应提出明确的处理意见。

(6)对于水、雨毁等临时性养护项目，应及时编拟与养护公司签订的《维修养护补充任务通知书》，供水管单位领导决策。

(7)应及时填写《工程管理大事记》。

(8)月底应组织监理、运行观测、养护公司对养护公司呈报的《月度验收申请》进行实地核查验收并出具《月度验收签证》。

(9)月底应根据对养护公司本月养护项目验收核查情况，主持召开有监理、运行观测、养护公司等相关单位参加的月度维修养护工作会议并形成《会议纪要》。

三、水管单位的运行观测科维修养护资料应符合图 10-3 的规定，其资料编制应符合下列基本要求：

(1)月末根据本月工程观测运行情况应编写《月度普查统计汇总表》和下月的《月度养护任务统计表》。

(2)根据《养护合同》对养护工作应进行检查指导，填写《工程检查记录》。

(3)根据观测情况应分别填写《工程巡查记录》、《水位观测记录》、《水情、河势、险情观测记录》、《通信管理日志》、《仓库管理日志》；雨后或洪水期间必须对雨毁、水毁工程进行全面普查。

(4)月末应参加月度养护工作验收并签署意见。

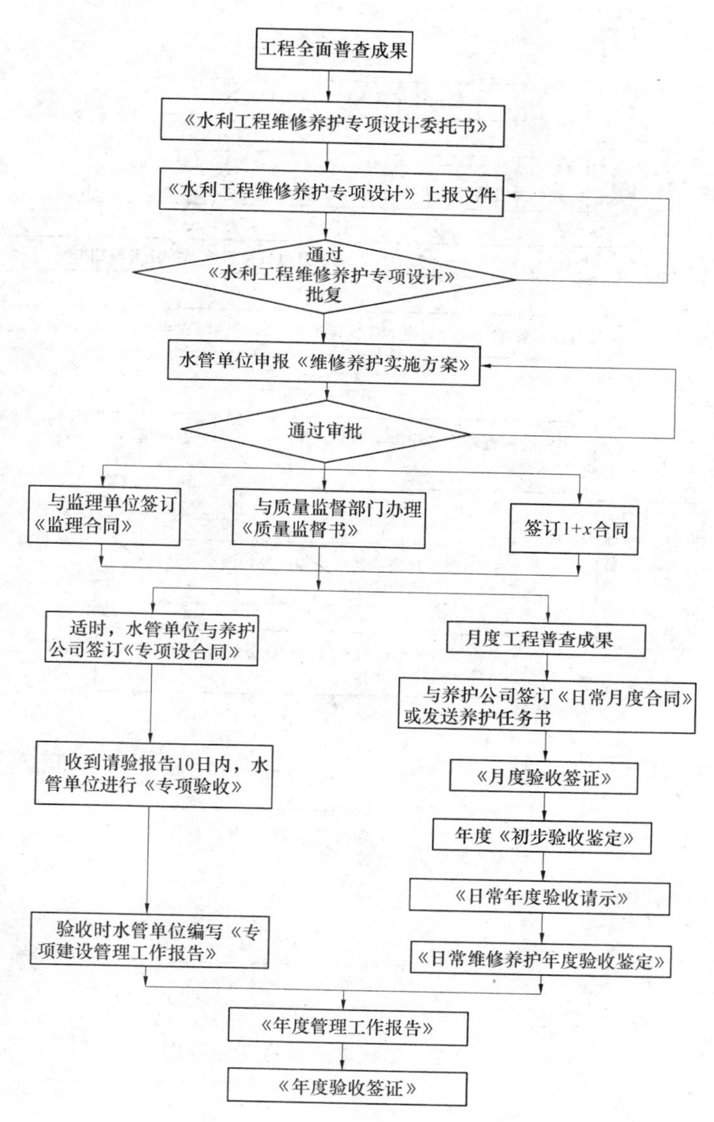
工程全面普查成果
《水利工程维修养护专项设计委托书》
《水利工程维修养护专项设计》上报文件
通过
《水利工程维修养护专项设计》
批复
水管单位申报《维修养护实施方案》
通过审批
与监理单位签订《监理合同》
与质量监督部门办理《质量监督书》
签订1+x合同
适时，水管单位与养护公司签订《专项设合同》
月度工程普查成果
与养护公司签订《日常月度合同》或发送养护任务书
收到请验报告10日内，水管单位进行《专项验收》
《月度验收签证》
年度《初步验收鉴定》
《日常年度验收请示》
验收时水管单位编写《专项建设管理工作报告》
《日常维修养护年度验收鉴定》
《年度管理工作报告》
《年度验收签证》

图 10-1　水管单位资料流程图

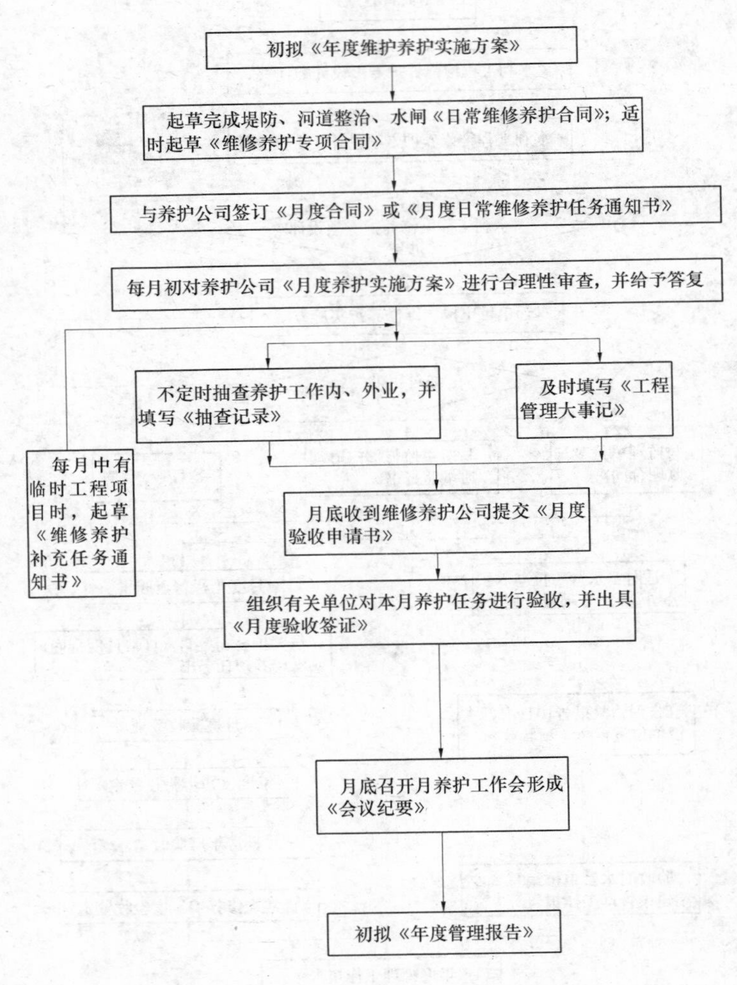

初拟《年度维护养护实施方案》
起草完成堤防、河道整治、水闸《日常维修养护合同》；适时起草《维修养护专项合同》
与养护公司签订《月度合同》或《月度日常维修养护任务通知书》
每月初对养护公司《月度养护实施方案》进行合理性审查，并给予答复
不定时抽查养护工作内、外业，并填写《抽查记录》
及时填写《工程管理大事记》
每月中有临时工程项目时，起草《维修养护补充任务通知书》
月底收到维修养护公司提交《月度验收申请书》
组织有关单位对本月养护任务进行验收，并出具《月度验收签证》
月底召开月养护工作会形成《会议纪要》
初拟《年度管理报告》

图 10-2　工程管理科资料流程图

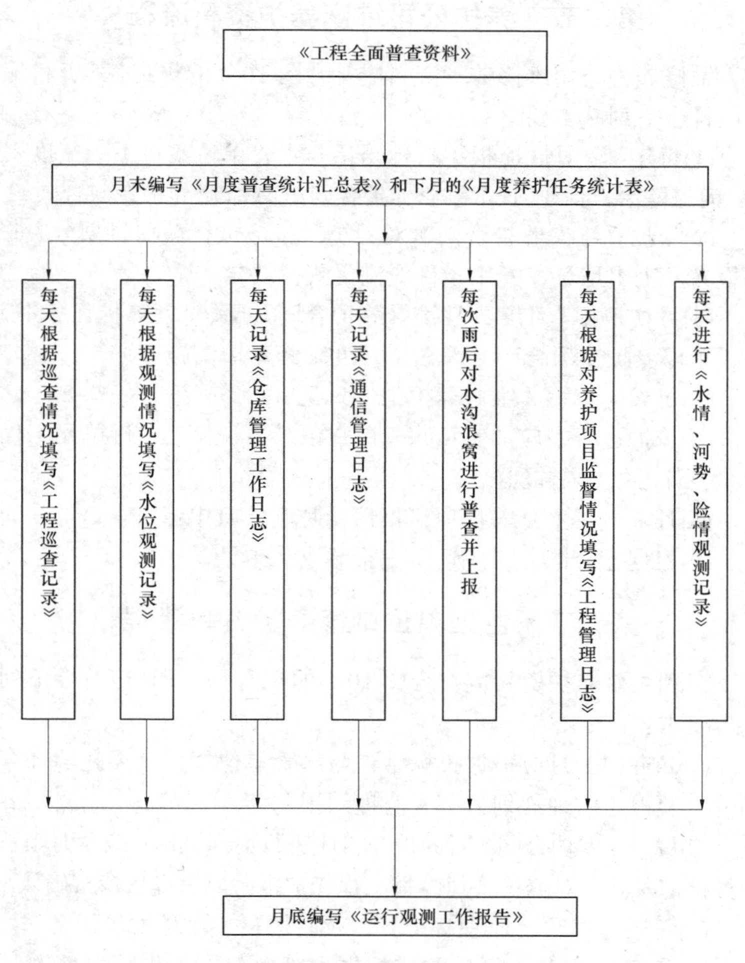

图 10-3　运行观测科逐月度资料流程图

第二节　养护公司维修养护资料流程

维修养护公司维修养护资料应符合图 10-4 的规定，其资料编制应符合下列基本要求：

(1)每年 12 月底应根据投标结果与水管单位签订下一年度堤防、河道整治、水闸《日常维修养护合同》、《维修养护专项合同》。

(2)根据《维修养护合同》对养护项目应进行《项目划分》；编报《开工申请》，开工条件应满足规范要求。

(3)月初根据《月度日常维修养护合同》或《月度养护任务书》及《维修养护专项合同》编报《月度维修养护实施方案》。

(4)每天应填写《维修养护工作日记》。

(5)养护过程中应如实填写《检查记录表》及时进行单元工程质量自评并及时上报监理。

(6)月末应对本月养护项目报请《月度验收申请书》。

(7)根据《合同》，应适时编报《支付申请》。

第三节　监理单位维修养护资料流程

监理维修养护资料应符合图 10-5 的规定，其资料应符合下列基本要求：

(1)每年 12 月应根据投标结果与水管单位签订《委托监理合同》并编报《监理规划》、《监理细则》。

(2)按照《养护合同》对养护项目应进行巡回监理；应及时填写《抽检记录》；对养护公司编报工程养护报验成果进行核实确认。

(3)每天应填写《监理日记》；及时填写《监理大事记》。

(4)年底应配合水管单位或根据水管单位委托做好维修养护初步验收，编写年度《维修养护监理工作报告》。

(5)应配合参建有关单位做好维修养护竣工验收准备并参与维修养护竣工验收。

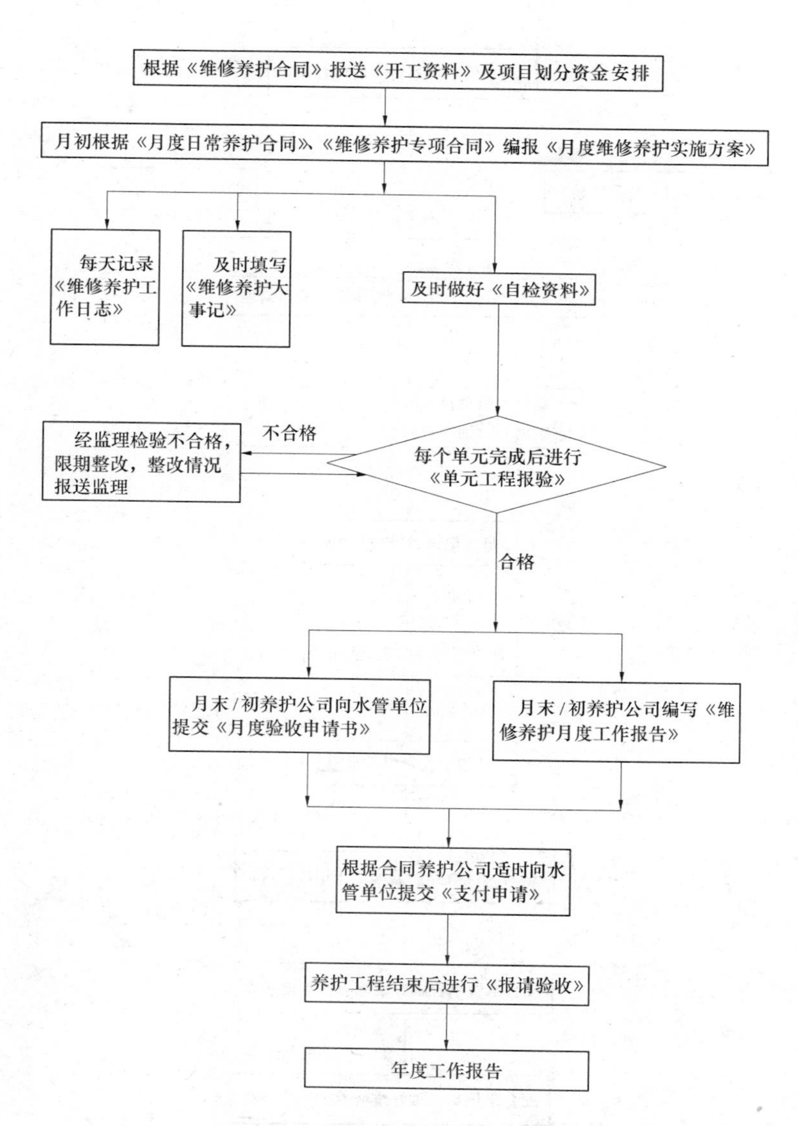

图 10-4　维修养护公司资料流程图

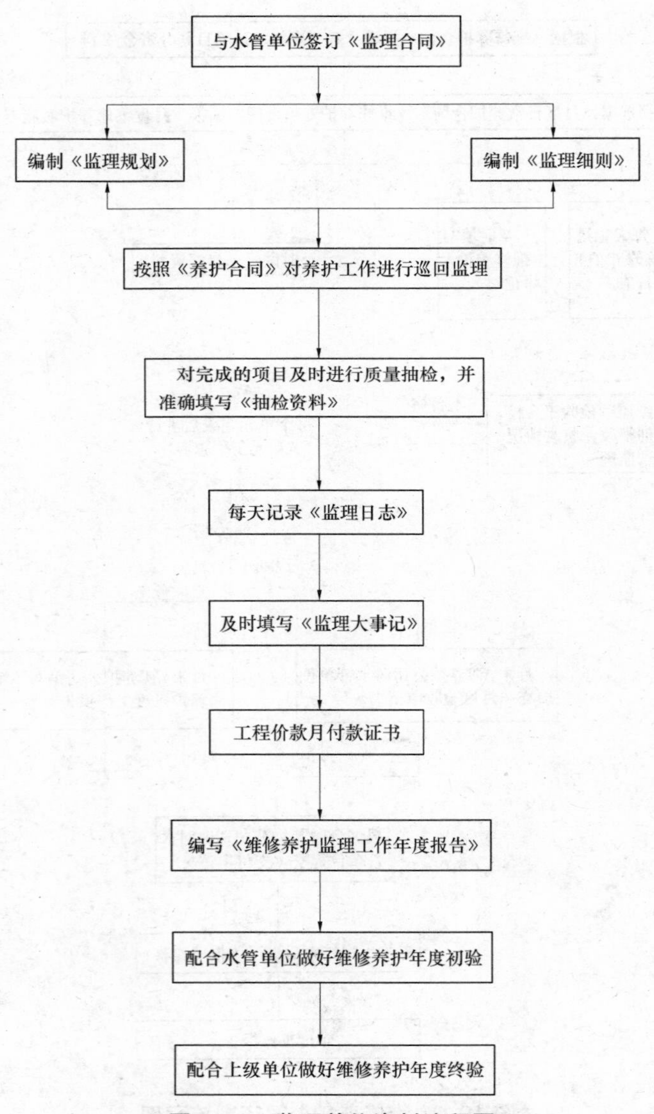
与水管单位签订《监理合同》
编制《监理规划》
编制《监理细则》
按照《养护合同》对养护工作进行巡回监理
对完成的项目及时进行质量抽检，并准确填写《抽检资料》
每天记录《监理日志》
及时填写《监理大事记》
工程价款月付款证书
编写《维修养护监理工作年度报告》
配合水管单位做好维修养护年度初验
配合上级单位做好维修养护年度终验

图 10-5　监理单位资料流程图

第十一章　编制年度工作维修养护实施方案的指导意见

为加强工程维修养护管理，提高维修养护资金使用效益，使水管单位日常维修养护项目和维修养护专项结构更趋合理，结合我局实际情况，提出如下指导意见：

一、编制依据与目的

以工程管理规划为依据，以日常管护为核心，合理确定日常维修养护项目和维修养护专项，达到维修养护预算和维修实施方案的有机统一。

二、维修养护项目划分原则

(1)维修养护项目划分依据：年度工程维修养护项目工作(工程)内容。

(2)划分标准：①日常维修养护项目工程量变化不大，且年度必须实施的维修养护项目。②维修养护专项技术含量较高的维修养护项目。③维修养护任务比较集中、工程量比较大的维修养护项目，维修养护项目年内发生存在不确定性。④可实施或者年内可以暂缓实施的项目。

符合上述条件之一的为维修养护专项。

三、项目管理

(1)日常维修养护项目：各水管单位按照《河南黄河水利工程维修养护工作流程及资料管理细则》要求，依据新的河南黄河工程管理标准，全面做好所辖工程的年度日常维修养护项目。

(2)维修养护专项：各水管单位按照《河南黄河水利工程维修养护工作流程及资料管理细则》要求，在维修养护资金额度内，合理编制维修养护实施方案，并进行专项设计，逐级上报省局审批，报黄委备案。

对于年内发生存在不确定性的维修养护项目,在项目安排时，可留一定的调整额度，但不应低于该项目的35%。维修养护专项中的根石加固项目，该年度汛前暂不做专项安排，主要用于解决空白坝的专项备石，汛期抢险和消除上一年度抢险用石挂账，汛后剩余部分全部用于根石加固项目。

四、维修养护项目的实施

日常维修养护项目，必须由维修养护公司组织实施；维修养护专项应由维修养护公司组织实施，原则上不得进行转分包。

五、维修养护专项变更

由于维修养护专项的特殊性，在实施过程中如有变化，以代电形式逐级上报省局，年底统一调整。

附表1：堤防工程维修养护项目划分表
附表2：丁坝维修养护项目划分表
附表3：联坝维修养护项目划分表
附表4：护岸维修养护项目划分表

附表 1　堤防工程维修养护项目划分表

编号	项目	单位	堤防等级____级____类　长度____km		
			项目划分		备注
			日常维修养护	专项	
	合计				
一	专项维修养护				
1	堤顶养护土方	m^3		△	
2	边埂整修	工日		△	
3	堤顶洒水	台班	√		
4	堤顶刮平	台班	√		
5	堤顶行道林养护	株	√		
二	堤坡维修养护		√		
1	堤坡养护土方	m^3		△	
2	排水沟翻修	m	√		
3	上堤路口养护土方	m^3		△	
4	草皮养护	100 m^2	√		
5	草皮补植	100 m^2		△	
三	附属设施维修养护		√		
1	标志牌(桩)维护	个		△	
2	护堤地边埂整修	工日	√		
四	堤防隐患探测			△	
1	普通探测	m		△	
2	详细探测	m		△	
五	防浪林养护	m^2	√		
六	护堤林带养护	m^2	√		
七	淤区维修养护	m^2	√		
八	前(后)戗维修养护	m^2	√		
九	土牛维修养护	m^2		△	
十	备防石整修	工日		△	
十一	管理房维修	m^2		△	
十二	害堤动物防治	100 m^2		△	
十三	勘测设计费				
十四	质量监督监理费				
十五	其他				

附表2 丁坝维修养护项目划分表

编号	项目	单位	堤防等级____级____类 长度____km		
			项目划分		备注
			日常维修养护	专项	
	合计				
一	坝顶维修养护				
1	坝顶养护土方	m^3		△	
2	坝顶沿子石翻修	m^3		△	
3	坝顶洒水	台班	√		
4	坝顶刮平	台班	√		
5	坝顶边埂整修	工日	√		
6	备防石整修	工日		△	
7	坝顶行道林养护	株		△	
二	坝坡维修养护				
1	坝坡养护土方	m^3		△	
2	坝坡石方整修	m^3		△	
3	排水沟翻修	m			
4	草皮养护	m^2	√		
5	草皮补植	m^2	√	△	
三	根石维修养护			△	
1	根石探测	次		△	
2	根石加固	m^2		△	
3	根石平整	工日	√		
四	附属设施维修养护				
1	管理房维修养护	m^2		△	
2	标志牌(碑)维护	个		△	
3	护坝地边埂整修	工日	√		
五	土坝路	km		△	
六	护坝林	m^2	√		
七	勘测设计费				
八	质量监督监理费				
九	其他				

附表3　联坝维修养护项目划分表

单位名称:

编号	项目	单位	土(护石)联坝　段 项目划分		备注
			日常维修养护	专项	
	合计				
一	坝顶维修养护				
1	坝顶养护土方	m^3		△	
2	坝顶沿子石翻修	m^3		△	
3	坝顶洒水	台班	√		
4	坝顶刮平	台班	√		
5	坝顶边埂整修	工日	√		
6	备防石整修	工日		△	
7	坝顶行道林养护	株	√		
二	坝坡维修养护				
1	坝坡养护土方	m^3		△	
2	坝坡石方整修	m^3		△	
3	排水沟翻修	m	√		
4	草皮养护	m^2	√		
5	草皮补植	m^2	√	△	
三	根石维修养护				
1	根石探测	次		△	
2	根石平整	m^3		△	
3	根石平整	工日	√		
四	附属设施维修养护				
1	管理房维修养护	m^2		△	
2	标志牌(碑)维护	个		△	
3	护坝地边埂整修	工日	√		
五	土坝路	km		△	
六	护坝林	m^2	√		
七	勘测设计费				
八	质量监督监理费				
九	其他				

附表4 护岸维修养护项目划分表

编号	项目	单位	护岸____段		备注
			项目划分		
			日常维修养护	专项	
	合计				
一	坝顶维修养护				
1	坝顶养护土方	m^3		△	
2	坝顶沿子石翻修	m^3		△	
3	坝顶洒水	台班	√		
4	坝顶刮平	台班	√		
5	坝顶边埂整修	工日	√		
6	备防石整修	工日		△	
7	坝顶行道林养护	株	√		
二	坝坡维修养护				
1	坝坡养护土方	m^3			
2	坝坡石方整修	m^3			
3	排水沟翻修	m	√		
4	草皮养护	m^2	√		
5	草皮补植	m^2		△	
三	根石维修养护				
1	根石探测	次		△	
2	根石加固	m^3		△	
3	根石平整	工日	√		
四	附属设施维修养护				
1	管理房维修养护	m^2		△	
2	标志牌(碑)维护	个		△	
3	护坝地边埂整修	工日	√		
五	上坝路	km		△	
六	护坝林	m^2	√		
七	勘测设计费				
八	质量监督监理费				
九	其他				

第三编　工程维修养护施工

第十二章　堤防工程维修养护

第一节　堤防工程检查

一、堤防工程范围应包括堤防工程管理范围和保护范围。堤防工程检查应包括外观检查和内部探测检查。

二、堤防工程检查中发现的一般问题，应及时进行处理；情况较严重的，除查明原因采取措施外，还应报告上级主管部门；情况严重的，应对异常和损坏现象作详细记录(包括拍照或录像)，分析原因，提出处理意见，并由堤防工程的管理单位上报上级主管部门。

三、检查分类和次数应符合以下规定：

(1)经常检查：主要指外观检查，护堤人员对所管堤段 1～3 天检查一次；对堤防工程的基层管理组织(班、组、站、段)每 10 天左右检查一次；对堤防工程的管理单位 1～2 月组织检查一次。汛期应根据汛情增加检查次数。

(2)定期检查：汛前、汛期、汛后、凌汛期前后应进行堤防工程定期检查。一般情况下，汛前、汛后各检查一次，遇特殊情况增加检查次数。当汛期洪水漫滩、偎堤或达到警戒水位时，对工程进行巡视检查。凌汛期间，当河面出现淌凌或岸冰时，对流冰密度及岸冰长度、宽度等每天观测 1～2 次，当出现封河时，对封河段每天观测不少于 1 次。

(3)特别检查：当发生大洪水、大暴雨、地震等工程非常运用情况和发生重大事故时，应及时进行特别检查。必要时应报请上级主管部门和有关单位共同检查。

(4)不定期检查：堤防工程的管理单位应不定期地对险工、险段及重要堤段进行堤身、堤基探测检查或护脚探测。

四、检查项目和内容应符合以下规定：

(1)经常检查应包括下列项目和内容：

①堤身外观

a.堤顶：是否坚实平整，堤肩线是否顺直。有无凹陷、裂缝、残缺，相邻两堤段之间有无错动。是否存在硬化堤顶与土堤或垫层脱离现象。

b.堤坡：是否平顺，有无雨淋沟、滑坡、裂缝、塌坑、洞穴，有无杂物垃圾堆放，有无害堤动物洞穴和活动痕迹，有无渗水。排水沟是否完好、顺畅，排水孔是否顺畅，渗漏水量有无变化等。

c.堤脚：有无隆起、下沉，有无冲刷、残缺、洞穴。

d.混凝土有无溶蚀、侵蚀、冻害、裂缝、破损等情况。

e.砌石是否平整、完好、紧密，有无松动、塌陷、脱落、风化、架空等情况。

②堤身内部检查应根据需要，采用人工探测、电法探测、钻探等方法，适时进行各种堤身内部隐患探测，检查堤身内部有无洞穴、裂缝和软弱层存在。

③护堤地和堤防工程保护范围：背水堤脚以外有无管涌、渗水等。

④堤岸防护检查项目及内容应符合第二章第一节第三条的规定。

⑤防渗设施：保护层是否完整，渗漏水量和水质有无变化。

(2)定期检查应包括下列检查项目和内容：

①汛前检查：堤身断面及堤顶高程是否符合设计标准，堤身内部有无隐患，外部有无冲沟、洞穴、裂缝、陷坑、堤身残缺，防渗铺盖及盖重有无损坏，以及有无影响防汛安全的违章建筑等。应对重要堤段，穿堤建筑物与堤防接合部，新建、改建和除险加固而未经洪水考验的堤段，及其他可能出现险情的堤段进行重点检查。对专门性观测设施，应进行重点检查。

②汛期检查：应按防汛指挥机构所规定的巡堤查险内容和要

求进行。

③汛后检查：应检查堤身损坏情况、险情记录和洪水水印标记保管及施测情况，检查观测设施有无损坏，检查堤岸防护工程发生的沉陷、滑坡、崩坍、块石松动、护脚走失等情况。

④凌汛期检查：除按汛期要求进行巡堤查险外，还应对淌凌、岸冰、封河、冰盖等情况进行观测。

(3)特别检查应包括下列检查项目和内容：

①事前检查：在大洪水、大暴雨到来前，应对防洪、防雨的各项准备工作和堤防工程存在的问题及可能出险的部位进行检查。

②事后检查：应检查大洪水、大暴雨、地震等工程非常运用情况及发生重大事故后堤防工程及附属设施的损坏和防汛料物及设备动用情况。

(4)不定期检查应包括下列检查项目和内容：

①堤身内有无洞穴、缝隙、松土层。

②水下护脚有无损坏、冲失。

五、检查方法和要求应符合以下规定：

(1)堤防工程检查应由堤防工程的管理单位负责组织。重要的检查应请上级主管部门参加或主持。检查人员应相对固定，分工明确，各负其责。

(2)外观观察应通过眼看、耳听、手摸和使用相应的仪器、工具进行；内部探测宜采用有效的探测技术和设备进行。

(3)堤防工程检查应有清晰、完整、准确、规范的检查记录(包括拍照或录像)，每次检查完毕后，应及时整理资料，结合观测、监测资料，编写检查报告。

第二节　堤防工程养护

一、堤顶养护应符合以下要求：

(1)堤顶、堤肩、道口等的养护应做到平整、坚实、无杂草、无弃物。

(2)堤顶养护应做到堤线⺇ 无车槽，无明显凹陷、起伏，平均每 5 m 长堤段纟 ⺊ 0.1 m。

(3)堤顶应保持向一侧或两侧 持在 2% ~ 3%。

(4)堤肩养护应做到无明显坑洼 ˈ整，堤肩宜植草防护。

(5)未硬化堤顶的养护应符合下列

①堤顶泥泞期间，及时关闭护路杆 积水；雨后及时对堤顶洼坑进行补土垫平、夯实。

②旱季宜对堤顶洒水养护。

(6)硬化堤顶的养护应符合下列要求：

①及时清除堤顶积水。

②泥结碎石堤顶应适时补充磨耗层并洒水养护，保持顶面平顺，结构完好。

二、堤坡养护应符合以下要求：

(1)堤坡养护应符合下列要求：

①堤坡应保持设计坡度，坡面平顺，无雨淋沟、陡坎、洞穴、陷坑、杂物等。

②戗台(平台)应保持设计宽度，台面平整，平台内外缘高度差符合设计要求。

(2)堤坡、戗台(平台)出现局部残缺和雨淋沟等，应按原标准修复，所用土料应符合筑堤土料要求，并应进行夯实、刮平处理。

(3)堤脚线应保持连续、清晰。

(4)上、下堤坡道应保持顺直、平整，无沟坎、凹陷、残缺，禁止削堤为路。

(5)土质坡面宜植草覆盖，背水侧堤坡的草皮覆盖率达到 95%以上，草皮养护应符合本规程的有关规定。有景观功能要求的绿化工程，可参照园林标准养护。

三、护坡养护应按照有关规定执行

四、防渗设施保护层应保持完好无把　　　　　　　斤裂、损坏、失效部分。

五、附属工程、管护设施及生物防护工　　　　　　　关规定执行。

第三节　堤防工程维修

一、堤顶维修应符合以下要求：

(1)堤肩土质边埂发生损坏，宜采用含水量适宜的

原标准进行修复。

(2)土质的堤顶面层结构严重受损，应刨毛、洒水、　　　平、压实，按原设计标准修复，堤顶高程不足，应按原高程修复，所用土料宜与原土料相同。

(3)硬化堤顶损坏，应按原结构与相应的施工方法修复。

(4)硬化堤顶的土质堤防，因堤身沉陷使硬化堤顶与堤身脱离的，可拆除硬化顶面，用黏性土或石渣补平、夯实，然后用相同材料对硬化顶面进行修复。

二、堤坡维修应符合以下要求：

(1)土质堤坡出现大雨淋沟或损坏，应按开挖、分层回填夯实的顺序修理，所用土料宜与原筑堤土料相同，并在修复的坡面补植草皮。

(2)浅层(局部)滑坡，应采用全部挖除滑动体后重新填筑的方法处理，并符合下列规定：

①分析滑坡成因，对渗水、堤脚下挖塘、冲刷、堤身土质不好等因素引起的滑坡，采取相应的处理措施。

②应将滑坡体上部未滑动的边坡削至稳定的坡度。

③挖除滑动体应从上边缘开始，逐级开挖，每级高度 0.2 m，沿滑动面挖成锯齿形，每一级深度上应一次挖到位，并一直挖至

滑动面外未滑动土中 0.5 ~ 1.0 m。平面上的挖除范围宜从滑坡边线四周向外展宽 1 ~ 2 m。

④重新填筑的堤坡应达到重新设计的稳定边坡。

⑤滑坡处理的过程中，应注意原堤身稳定和挡水安全。

(3)深层圆弧滑坡，应采用挖除主滑体并重新填筑压实的方法处理。重新填筑的堤坡应达到重新设计的稳定边坡，堤坡稳定计算应符合 GB50286 的规定。

三、堤防防护维修应按照有关规定执行。

四、堤身裂缝维修应符合以下要求：

(1)堤身裂缝修理应在查明裂缝成因，且裂缝已趋于稳定时进行。

(2)土质堤防裂缝修理宜采用开挖回填、横墙隔断、灌堵缝口、灌浆堵缝等方法。

(3)纵向裂缝修理宜采用开挖回填的方法，并符合下列要求：

①开挖前，可用经过滤的石灰水灌入裂缝内，了解裂缝的走向和深度，以指导开挖。

②裂缝的开挖长度超过裂缝两端各 1 m，深度超过裂缝底部 0.3 ~ 0.5 m；坑槽底部的宽度不小于 0.5 m，边坡符合稳定及新旧土结合的要求。

③坑槽开挖时宜采取坑口保护措施，避免日晒、雨淋、进水和冻融；挖出的土料宜远离坑口堆放。

④回填土料与原土料相同，并控制适宜的含水量。

⑤回填土分层夯实，夯实土料的干密度不小于堤身土料的干密度。

(4)横向裂缝修理宜采用横墙隔断的方法，并符合下列要求：

①与临水相通的裂缝，在裂缝临水坡先修前戗；背水坡有漏水的裂缝，在背水坡做好反滤导渗；与临水尚未连通的裂缝，从背水面开始，分段开挖回填。

②除沿裂缝开挖沟槽，还宜增挖与裂缝垂直的横槽(回填后相当于横墙)，横槽间距 3 ~ 5 m，墙体底边长度为 2.5 ~ 3.0 m，墙体厚度不宜小于 0.5 m。

③开挖回填宜符合本节的规定。

(5)宽度小于 3 ~ 4 cm、深度小于 1 m 的纵向裂缝或龟纹裂缝宜采用灌堵缝口的方法，并符合下列要求：

①由缝口灌入干而细的沙壤土，用板条或竹片捣实。

②灌缝后，宜修土埂压缝防雨，埂宽 10 cm，高出原顶(坡)面 3 ~ 5 cm。

(6)堤顶或非滑动性的堤坡裂缝宜采用灌浆堵缝的方法修理。缝宽较大，缝深较小的宜采用自流灌浆修理；缝宽较小，缝深较大的宜采用充填灌浆修理：

①采用自流灌浆宜符合下列要求：

a.缝顶挖槽，槽宽深各为 0.2 m，用清水洗缝。

b.按“先稀后稠”的原则用沙壤土泥浆灌缝，稀稠两种泥浆的水土重量比分别为 1:0.15 与 1:0.25。

c.灌满后封堵沟槽。

②采用充填灌浆修理，可将缝口逐段封死，由缝侧打孔灌浆，其具体方法见附录 D。

五、堤防隐患处理应符合以下要求：

(1)堤身隐患应视其具体情况，采用开挖回填、充填灌浆等方法处理。

(2)位置明确，埋藏较浅的堤身隐患，宜采用开挖回填的方法处理，并符合下列要求：

①将洞穴等隐患的松土挖出，再分层填土夯实，恢复堤身原状。

②位于临水侧的隐患，宜采用黏性土料进行回填，位于背水侧的隐患，宜采用沙性土料进行回填。

(3)范围不明确、埋藏较深的洞穴、裂缝等堤身隐患宜采用充填灌浆处理，并符合第六条的规定。

(4)对以下两类堤基隐患，应探明性质并采取相应的处理措施，并应符合 GB50286 和 SL260 的规定。

①堤基中的暗沟、故河道、塌陷区、动物巢穴、墓坑、窑洞、坑塘、井窑、房基、杂填土等。

②堤防背水坡或堤后地面出现过渗漏、管涌或流土险情的透水堤基、多层堤基。

六、充填灌浆应符合以下要求

(1)灌浆过程中应做好记录。孔号、孔位、灌浆历时、吃浆压力、浆液浓度以及灌浆过程中出现的异常现象等均应进行全面、详细的记录。每天工作结束后应对当天的记录资料进行整理分析，计算每孔吃浆量，并绘制必要的图表。

(2)泥浆土料：浆液中的土料宜选用成浆率较高，收缩性较小、稳定性较好的粉质黏土或重粉质壤土，土料组成以黏粒含量 20%~45%、粉粒 40%~70%、沙粒小于 10%为宜。在隐患严重或裂缝较宽，吸浆量大的堤段可适当选用中粉质壤土或少量沙壤土。在灌浆过程中，可根据需要在泥浆中掺入适量膨润土、水玻璃、水泥等外加剂，其用量宜通过试验确定。

(3)制浆贮存：泥浆比重可用比重计测定，宜控制在 1.5 左右。浆液主要力学性能指标以容重 13~16 kN/m^3、黏度 30~100 s、稳定性小于 0.1 mg/m^3、胶体率大于 80%、失水量 10~30 cm^3/30 min 为宜。

制浆过程中应按要求控制泥浆稠度及各项性能指标，并应通过过滤筛清除大颗粒和杂物，保证浆液均匀干净，泥浆制好后送贮浆池待用。

(4)泵输泥浆：宜采用离心式灌浆机输送泥浆，以灌浆孔口压力小于 0.1 MPa 为准来控制输出压力。

(5)锥孔布设：宜按多排梅花形布孔，行距 1.0 m 左右，孔距 1.5 ~ 2.0 m。锥孔应尽量布置在隐患处或其附近。对松散渗透性强，隐患多的堤防，可按序布孔，逐渐加密。

(6)造孔：可用全液压式打锥机造孔。造孔前应先清除干净孔位附近杂草、杂物。孔深宜超过临背水堤脚连线 0.5 ~ 1.0 m。处理可见裂缝时，孔深宜超过缝深 1 ~ 2 m。

(7)灌浆：宜采用平行推进法灌浆，孔口压力应控制在设计最大允许压力以内。灌浆应先灌边孔、后灌中孔，浆液应先稀后浓，根据吃浆量大小可重复灌浆，一般 2 ~ 3 遍，特殊 4 ~ 5 遍。

在灌浆过程中应不断检查各管进浆情况。如胶管不蠕动，宜将其他一根或数根灌浆管的阀门关闭，使其增压，继续进浆。当增压 10 分钟后仍不进浆时，应停止增压拔管换孔，同时记下时间。

注浆管长度以 1.0 ~ 1.5 m 为宜，上部应安装排气阀门，注浆前和注浆过程中应注意排气，以免空气顶托、灌不进浆，影响灌浆效果。

(8)封孔收尾：可用容重大于 16 kN/m^3 的浓浆，或掺加 10% 水泥的浓浆封孔，封孔后缩浆空孔应复封。输浆管应及时用清水冲洗，所用设备及工器具应归类收集整理入仓。

(9)灌浆中应及时处理串浆、喷浆、冒浆、塌陷、裂缝等异常现象。串浆时，可堵塞串浆孔口或降低灌浆压力；喷浆时，可拔管排气；冒浆时，可减少输浆量、降低浆液浓度或灌浆压力；发生塌陷时，可加大泥浆浓度灌浆，并将陷坑用黏土回填夯实；发生裂缝时，可夯实裂缝、减小灌浆压力、少灌多复，裂缝较大并有滑坡时，应采用翻筑方法处理。

第四节　堤防工程抢修

一、渗水抢修应符合以下要求：

(1)渗水险情应按“临水截渗，背水导渗”的原则抢修，并符合下列要求：

①抢修时，尽量减少对渗水范围的扰动，避免人为扩大险情。

②在渗水堤段背水坡脚附近有深潭、池塘的，抢护时宜在背水坡脚处抛填块石或土袋固基。

(2)水浅流缓、风浪不大、取土较易的堤段，宜在临水侧采用黏土截渗，并符合下列要求：

①先清除临水边坡上的杂草、树木等杂物。

②抛土段超过渗水段两端 5 m，并高出洪水位约 1 m。

(3)水深较浅而缺少黏性土料的堤段，可采用土工膜截渗，铺设土工膜宜符合下列要求：

①先清除临水边坡和坡脚附近地面有棱角或尖角的杂物，并整平堤坡。

②土工膜可根据铺设范围的大小预先粘接或焊接。土工膜的下边沿折叠粘牢形成卷筒，并插入直径 4 ~ 5 cm 的钢管。

③铺设前，宜在临水堤肩上将土工膜卷在滚筒上。

④土工膜沿堤坡紧贴展铺。

⑤土工膜宜满铺渗水段临水边坡并延长至坡脚以外 1 m 以上。预制土工膜宽度不能达到满铺要求时，也可搭接，搭接宽度宜大于 0.5 m。

⑥土工膜铺好后，在其上压一两层土袋，由坡脚最下端压起，逐层向上紧密平铺排压。

(4)堤防背水坡大面积严重渗水的险情，宜在堤背开挖导渗沟，铺设滤料、土工织物或透水软管等，引导渗水排出，并符合有关的规定。

(5)堤身透水性较强、背水坡土体过于松软或堤身断面小而采用导渗沟法有困难的堤段，可采用土工织物反滤导渗，并符合下列要求：

①先清除渗水边坡上的草皮(或杂草)、杂物及松软的表层土。

②根据堤身土质，选取保土性、透水性、防堵性符合要求的土工织物。

③铺设时搭接宽度不小于 0.3 m。均匀铺设沙、石材料作透水压载层，并避免块石压载与土工织物直接接触。

④堤脚挖排水沟，并采取相应的反滤、保护措施。

(6)堤身断面单薄、渗水严重，滩地狭窄，背水坡较陡或背水堤脚有潭坑、池塘的堤段，宜抢筑透水后戗压渗，并符合下列要求：

①采用透水性较大的沙性土，分层填筑密实。

②戗顶高出浸润线出逸点 0.5～1.0 m，顶宽 2～4 m，戗坡 1∶3～1∶5，戗台长度宜超过渗水堤段两端 3 m。

(7)防洪墙(堤)发生渗水险情，应按 SL230 的规定抢修。

二、管涌(流土)抢护应符合以下要求：

(1)管涌(流土)险情应按“导水抑沙”的原则抢护，并符合下列要求：

①管涌口不应用不透水材料强填硬塞。

②因地制宜选用符合要求的滤料。

(2)堤防背水地面出现单个管涌，宜抢筑反滤围井，并符合下列要求：

①沿管涌口周围码砌围井，并在预计蓄水高度上埋设排水管，蓄水高度以该处不再涌水带沙的原则确定。围井高度小于 1.0 m，可用单层土袋；大于 1.5 m 可用内外双层土袋，袋间填散土并夯实。

②井内按反滤要求填筑滤料，如井内涌水过大、填筑滤料困难，可先用块石或砖块抛填，等水势消减后，再填筑滤料。

③滤层填筑总厚度按照出水基本不带沙颗粒的原则确定，滤层下陷宜及时补充。

④背水地面有集水坑、水井内出现翻沙鼓水的，可在集水坑、水井内倒入滤料，形成围井。

(3)管涌较多、面积较大、涌水带沙成片的，宜抢筑反滤铺盖，并符合下列要求：

①按反滤要求在管涌群上面铺盖滤层。

②滤层顶部压盖保护层。

(4)湖塘积水较深、难以形成围井的，宜采用导滤堆抢护，并符合下列要求：

①导滤堆的面积以防止渗水从导滤堆中部向四周扩散、带出泥沙为原则确定。

②先用粗沙覆盖渗水冒沙点，再抛小石压住所有抛下的粗沙层，继抛中石压住所有小石。

③湖塘底部有淤泥时，宜先用碎石抛出淤泥面，再铺粗沙、小石、中石形成导滤堆。

(5)在滤料缺乏的地区，可在背水侧修筑围堰，蓄水反压。

三、漏洞抢修应符合以下要求：

(1)漏洞险情应按“临水截堵，背水滤导”的原则抢修，并符合下列要求：

①发现漏洞出水口，应采取多种措施尽快查找漏洞进水口，并标示位置。

②临水截堵和背水滤导同时进行。

(2)在堤防临水面宜根据漏洞进口情况，分别采用不同的截堵方法：

①漏洞进水口位置明确、进水口周围土质较好的宜塞堵，并符合下列要求：

a.用软性材料塞填漏洞进水口，塞堵时做到快、准、稳，使洞周封严。

b.用黏性土修筑前戗加固。

c.注意水下操作人员人身安全。

②漏洞进水口位置可大致确定的可采用软帘盖堵，并应符合

下列要求：

a.宜先清理软帘覆盖范围内的堤坡。

b.将预制的软帘顺堤坡铺放，覆盖漏洞进水口所在范围。

c.盖堵见效后抛压黏性土修筑前戗加固。

③漏洞进水口较多、较小、难以找准且临水则水深较浅、流速较小的宜修筑围堰，并符合下列要求：

a.用土袋修筑围堰，将漏洞进口围护在围堰内。

b.在围堰内填筑黏性土进行截堵。

(3)在漏洞出水口，宜修筑反滤围井，并符合下列要求：

①在漏洞出水口周围用土袋码砌围井，并在预计蓄水高度埋设排水管。

②保持围井自身稳定。

③围井内可填沙石或柳秸料。

四、裂缝抢修应符合以下要求：

(1)裂缝险情应按“判明原因，先急后缓”的原则抢修，并符合下列要求：

①进行险情判别，分析其严重程度，并加强观测。

②裂缝伴随有滑坡、崩塌险情的，应先抢护滑坡、崩塌险情，待险情趋于稳定后，再予处理，并符合本编第三节第四条的规定。

③降雨前，应对较严重的裂缝采取措施，防止雨水流入。

(2)漏水严重的横向裂缝，在险情紧急或河水猛涨来不及全面开挖时，可先在裂缝段临水面做前戗截流，再沿裂缝每隔 3 ~ 5 m 挖竖井并填土截堵，待险情缓和，再采取其他处理措施。

(3)洪水期深度大并贯穿堤身的横向缝宜采用复合土工膜盖堵，并符合下列要求：

①复合土工膜铺设在临水堤坡，并在其上用土帮坡或铺压土袋。

②背水坡用土工织物反滤排水。

③抓紧时间修筑横墙，并符合本章第三节第四条的规定。

五、跌窝(陷坑)抢修应符合以下要求：

(1)跌窝险情应根据其出险的部位及原因，按“抓紧翻筑抢护、防止险情扩大”的原则进行抢修。

(2)抢修堤顶的跌窝，宜采用翻筑回填的方法，并符合下列要求：

①翻出跌窝内的松土，分层填土夯实，恢复堤防原状。

②宜用防渗性能不小于原堤身土的土料回填。

③堤身单薄、堤顶较窄的堤防，可外帮加宽堤身断面，外帮宽度以保证翻筑跌窝时不发生意外为宜。

(3)抢修临水坡的跌窝，宜符合下列要求：

①跌窝发生在临水侧水面以上，宜按本第五条的规定进行抢修。

②跌窝发生在临水侧水面下且水深不大时，修筑围堰处理。

③跌窝发生在临水侧水面下且水深较大时，用土袋直接填实跌窝，待全部填满后再抛黏性土封堵、帮宽。

(4)抢修背水坡的跌窝，宜符合下列要求：

①不伴随渗水或漏洞险情的跌窝，宜采用开挖回填的方法进行处理，所用土料的透水性能不小于原堤身土。

②伴随渗水或漏洞险情的跌窝，宜填实滤料处理，并符合下列要求：

a.在堤防临水侧截堵渗漏通道。

b.清除跌窝内松土、软泥及杂物。

c.用粗沙填实，渗涌水势较大时，可加填石子或块石、砖头、梢料等，待水势消减后再予填实。

d.跌窝填满后，可按沙石滤层铺设方法抢护。

六、防漫溢抢修应符合以下要求：

(1)堤防和土心坝垛防漫溢抢修应符合下列要求：

①根据洪水预报，估算洪水到达当地的时间和最高水位，按

预定抢护方案，积极组织实施，并应抢在洪水漫溢之前完成。

②堤防防漫溢抢修应按“水涨堤高”原则，在堤顶修筑子堤。

③坝、垛防漫溢抢修应按“加高止漫”原则，在坝、垛顶部修筑子堤；按“护顶防冲”原则，在坝顶铺设防冲材料防护。

(2)抢筑子堤应就地取材，全线同步升高、不留缺口，并符合下列要求：

①清除草皮、杂物，并开挖结合槽。

②子堤应修在堤顶临水侧或坝垛顶面上游侧，其临水坡脚距堤(坝)肩线 0.5 ~ 1.0 m。

③子堤断面应满足稳定要求，其堤顶超出预报最高水位 0.5 ~ 1.0 m。

④必要时应采取防风浪措施。

(3)在坝、垛顶面铺设柴把、柴料或土工织物防护，宜符合下列要求：

①柴把护顶：

a.在坝、垛顶面前后各打桩一排，桩距坝肩 0.5 ~ 1.0 m。

b.柴把直径 0.5 m 左右，搭接紧密，并用麻绳或铅丝绑扎在桩上。

②柴料护顶：漫坝水深流急的，可在两侧木桩间直接铺一层厚 0.3 ~ 0.5 m 的柴料，并在柴料上抛压块石。

③土工织物护顶：

a.将土工织物铺放于坝、垛顶面，用桩固定。

b.在土工织物上铺放土袋、块石或混凝土预制块等重物。

c.土工织物的长、宽分别超过坝顶长、宽的 0.5 ~ 1.0 m。

第十三章　河道整治工程维修养护

第一节　河道整治工程检查

一、河道整治工程检查的分类和次数应符合本编第十二章第一节的规定。

二、河道整治工程检查项目和内容应符合以下规定：

(1)经常检查应包括下列项目和内容：

①散抛块石护坡坡面有无浮石、塌陷。土心顶部是否平整、土石接合是否严紧，有无陷坑、脱缝、水沟、獾狐洞穴。护坡上有无杂草、杂树和杂物等。

②干砌石护坡坡面是否平整、完好，有无松动、塌陷、脱落、架空等现象，砌缝是否紧密。

③浆砌石或混凝土护坡变形缝和止水是否正常完好，坡面是否发生局部侵蚀剥落、裂缝或破碎老化，排水孔是否顺畅。

④护脚：护脚体表面有无凹陷、坍塌，护脚平台及坡面是否平顺，护脚有无冲动。

⑤河势有无较大改变，滩岸有无坍塌。

(2)定期检查应包括下列检查项目和内容：

①汛前检查：河道整治工程应通过查勘河势，预估靠河着流部位，检查护脚、护坡完整情况以及历次检查发现问题的处理情况。

②汛期检查：应按防汛指挥机构所规定的巡堤查险内容和要求进行。

③汛后检查：应检查河道整治工程发生的沉陷、滑坡、崩坍、块石松动、护脚走失等情况。

④凌汛期检查：除按汛期要求进行巡堤查险外，还应对淌凌、

岸冰、封河、冰盖等情况进行观测。

(3)特别检查应包括下列检查项目和内容：

①事前检查：在大洪水、大暴雨到来前，应对防洪、防雨、防台风、防暴潮的各项准备工作和河道整治工程存在的问题及可能出险的部位进行检查。

②事后检查：应检查大洪水、大暴雨、地震等工程非常运用及发生重大事故后河道整治工程及附属设施的损坏和防汛料物及设备动用情况。

(4)不定期检查应包括下列检查项目和内容：

①坝身内有无洞穴、缝隙、松土层。

②水下护脚有无损坏、冲失。

三、检查方法和要求应符合下列规定：

(1)河道整治工程检查应由堤防工程的管理单位负责组织。重要的检查应请上级主管部门参加或主持。检查人员应相对固定，分工明确，各负其责。

(2)外观观察应通过眼看、耳听、手摸和使用相应的仪器、工具进行。

(3)河道整治工程检查应有清晰、完整、准确、规范的检查记录(包括拍照或录像)，每次检查完毕后，应及时整理资料，结合观测、监测资料，编写检查报告。

第二节　河道整治工程养护

一、坝身及坝面应符合下列要求：

(1)坝面养护应做到平整、土石结合紧密、坝顶排水畅通，无积水坑洼、陷坑脱缝、雨淋沟、洞穴、杂草、散乱块石等。

(2)暴雨时，应冒雨巡查，疏通排水出路。发现较大雨淋沟，应先将进水口周围用土修筑土埂，拦截水流不使之继续进水，雨后再进行处理。土心上的坑洼和雨淋沟，应及时填补。

(3)经常修整坝面，清除土心上的荆棘杂草及其他杂物，保持坝面完整美观。

二、护坡养护应符合下列要求：

(1)散抛石、砌石、混凝土护坡养护应保持坡面平顺、砌块完好、砌缝紧密，无松动、塌陷、脱落、架空等现象，无杂草、杂物，保持坡面整洁完好。

(2)散抛块石护坡养护应符合下列要求：

①坡面无明显凸凹现象。

②出现局部凹陷，应抛石修整排平，恢复原状。

(3)干砌石护坡养护应符合下列要求：

①填补、整修变形或损坏的块石。

②更换风化或冻毁的块石，并嵌砌紧密。

③护坡局部塌陷或垫层被淘刷，应先翻出块石，恢复土体和垫层，再将块石嵌砌紧密。

(4)混凝土或浆砌石护坡养护应符合下列要求：

①定期清理护坡表面杂物。

②变形缝内填料流失应及时填补，填补前将缝内杂物清除干净。

③浆砌石的灰缝脱落应及时修补，修补时将缝口剔清刷净，修补后洒水养护。

④护坡局部发生侵蚀剥落或破碎,应采用水泥沙浆进行抹补、喷浆处理；破碎面较大且有垫层淘刷、砌体架空现象的，应填塞石料进行临时性处理，岁修时彻底整修。

⑤排水孔堵塞，应及时疏通。

⑥护坡局部出现裂缝，应加强观测，判别裂缝成因，进行处理。

三、护脚养护应符合下列要求：

(1)护脚石应排砌紧密，护脚平台应保持平整及坡度平顺，无明显凸凹现象。

(2)应抛石补填护脚石表面的凹入部位。汛前、汛后应排整护脚石。

(3)石笼、柴枕、沉排、土工织物枕、模袋混凝土块体、混凝土或钢筋混凝土块体、空心四面体、混合型式等其他型式的护脚，应根据其材料性质，按有关规定进行养护。

四、透水桩坝、杩槎坝等其他型式护岸应根据其材料性质，按有关规定进行养护。

第三节 河道整治工程维修

一、坝顶维修应符合本编第十二章第一节的规定。

二、坝体维修应符合下列要求：

(1)土心出现大雨淋沟、陷坑，宜采用开挖回填的方法修理，挖除松动土体，由下至上分层回填夯实。

(2)土心发生裂缝，应根据裂缝特征进行修理，并符合下列规定：

①表面干缩、冰冻裂缝以及缝深小于 1.0 m 的龟纹裂缝，宜采用灌堵缝口的方法，并符合本编第十二章第三节第四条的规定。

②缝深不大于 3.0 m 的沉陷裂缝，待裂缝发展稳定后，宜采用开挖回填的方法，并符合本规程的有关规定。

③非滑动性质的深层裂缝，宜采用充填灌浆或上部开挖回填与下部灌浆相结合的方法处理。采用充填灌浆处理裂缝，宜符合附录 D 的规定，采用开挖回填方法处理裂缝，宜符合本编第十二章第三节第四条的规定。

(3)土心滑坡，应根据滑坡产生的原因和具体情况，采用开挖回填、改修缓坡等方法进行处理，并符合下列规定：

①开挖回填：

a.挖除滑坡体上部已松动的土体，按设计边坡线分层回填夯实。滑坡体方量很大，不能全部挖除时，可将滑弧上部能利用的松动土体移做下部回填土方，由下至上分层回填。

b.开挖时，对未滑动的坡面，按边坡稳定要求放足开挖线；回填时，逐坯开蹬，做好新旧土的结合。

c.恢复土心边坡的排水设施。

②改修缓坡：

a.放缓边坡的坡度应经土心边坡稳定分析确定。

b.将滑动土体上部削坡，按放缓的土心边坡加大断面，做到新旧土体结合，分层回填夯实。

c.回填后，应恢复坡面排水设施及防护设施。

三、护脚维修应符合下列要求：

(1)水面以上，护脚平台或护脚坡面发生凹陷时，应抛石排整到原设计断面。排整应做到大石在外，小石在里，层层错压，排挤密实。

(2)水面以下，探测的护脚坡度陡于稳定坡度或护脚出现走失时，应抛散石或石笼加固，有航运条件可采用船只抛投。完成后应检查抛石位置是否符合要求。

(3)散抛石护坡的护脚修理，可直接从坝顶运石抛卸于护坡或置放于护坡的滑槽上，滑至护脚平台上，然后进行人工排整，损坏的护坡于抛石结束后整平；砌石护坡的护脚修理，应防止石料砸坏护坡。

(4)护脚坡度陡于设计坡度，应按原设计要求用块石或石笼补抛至原设计坡度。

(5)海堤的堤岸防护工程，其桩式护脚、混凝土或钢筋混凝土块体护脚和沉井护脚受到风暴潮冲刷破坏,应按原设计要求补设。

四、透水桩坝、杩槎坝等其他型式护岸应根据其材料性质，按有关规定进行修理。

五、风浪冲刷抢护应符合以下要求：

(1)铺设土工织物或复合土工膜防浪，宜符合下列要求：

①先清除铺设范围内堤坡上的杂物。

②铺设范围按堤坡受风浪冲击的范围确定。

③土工织物或复合土工膜的上沿宜用木桩固定，表面宜用铅丝或绳坠块石的方法固定。

(2)挂柳防浪，宜符合下列要求：

①选干枝直径不小于 0.1 m，长不小于 1 m 的树(枝)冠。

②在树杈上系重物止浮，在干枝根部系绳备挂。

③在堤顶临水侧打桩，桩距和悬挂深度根据流势和坍塌情况而定。

④从坍塌堤段下游向上游顺序搭接叠压逐棵挂柳入水。

(3)土袋防浪，宜符合下列要求：

①水上部分或水深较小时，先将堤坡适当削平，然后铺设土工织物或软草滤层。

②根据风浪冲击范围摆放土袋，袋口朝向堤坡，依次排列，互相叠压。

③堤坡较陡的，可在最底一层土袋前面打桩防止滑落。

(4)草、木排防浪抢护宜将草、木排拴固在堤上，或者用锚固定，将草、木排浮在距堤 3 ~ 5 m 的水面上。

六、坍塌抢修应符合以下要求：

(1)堤防坍塌险情应按“护脚固基、缓流挑流”的原则抢修，并符合下列要求：

①堤防坍塌抢修，宜抛投块石、石笼、土袋等防冲物体护脚固基。

②大流顶冲、水深流急，水流淘刷严重、基础冲塌较多的险情，应采用护岸缓流的措施。

(2)堤岸防护工程坍塌险情宜根据护脚材料冲失程度及护坡、土心坍塌的范围和速度，及时采取不同的抢修措施。

①护脚坡面轻微下沉，宜抛块石、石笼加固，并将坡面恢复到原设计状况。护脚坍塌范围较大时，可采用抛柴枕、土袋枕等方法抢修。

②护坡块石滑塌，宜抛石、石笼、土袋抢修。土心外露滑塌时，宜先采用柴枕、土袋、土袋枕或土工织物软体排抢修滑塌部位，然后抛石笼或柴枕固基。

③护坡连同部分土心快速沉入水中，宜先抛柴枕、土袋或柴石搂厢抢护坍塌部位，然后抛块石、石笼或柴枕固基。

(3)采用块石、石笼、土袋抢修宜符合下列要求：

①根据水流速度大小，选择抛投的防冲物体。

②抛投防冲物体宜从最能控制险情的部位抛起,向两边展开。

③块石的重量以 30 ~ 75 kg 为宜，水深流急处，宜用大块石抛投。

④装石笼做到小块石居中，大块石在外，装石要满，笼内石块要紧密匀称。

⑤土袋充填度以不大于 80%为宜，装土后用绳绑扎封口。

⑥抛于内层的土袋宜尽量紧贴土心。

(4)采用柴枕抢修宜符合下列要求：

①柴枕长 5 ~ 15 m，枕径 0.5 ~ 1.0 m，柴、石体积比 2∶1 左右，可按流速大小或出险部位调整用石量。

②捆抛枕的作业场地宜设在出险部位上游距水面较近且距出险部位不远的位置。

③用于护岸缓流的柴枕宜高出水面 1 m，在枕前加抛散石或石笼护脚。

④抛于内层的柴枕宜尽量紧贴土心。

(5)采用柴石搂厢抢修宜符合下列要求：

①查看流势，分析上、下游河势变化趋势，勘测水深及河床土质，确定铺底宽度和桩、绳组合形式。

②整修堤坡，宜将崩塌后的土体外坡削成 1：0.5 左右。

③柴石搂厢每立方米埽体压石 0.2 ~ 0.4 m^3，埽体着底前宜厚柴薄石，着底后宜薄柴厚石，压石宜采用前重后轻的压法。

④底坯总厚度 1.5 m 左右，在底坯上继续加厢，每坯厚 1.0 ~ 1.5 m。每加厢一坯，宜适当后退，做成 1：0.3 左右的埽坡，坡度宜陡不宜缓，不宜超过 1：0.5。每坯之间打桩联接。

⑤搂厢修做完毕后宜在厢体前抛柴枕和石笼护脚护根。

⑥柴石搂厢关键工序宜由熟练人员操作。

(6)采用土袋枕抢修宜符合下列要求：

①土袋枕用幅宽 2.5 ~ 3.0 m 的织造型土工织物缝制，长 3.0 ~ 5.0 m，高、宽均为 0.6 ~ 0.7 m。

②装土地点宜设在靠近坝垛出险部位的坝顶，袋中土料宜充实。

③水深流急处，宜有留绳，防止土袋枕冲走。

④抛于内层的土袋枕宜尽量紧贴土心。

(7)采用土工织物软体排抢修宜符合下列要求：

①用织造型土工织物，按险情出现部位的大小，缝制成排体，也可预先缝制成 6 m × 6 m、10 m × 8 m、10 m × 12 m 等规格的排体，排体下端缝制折径为 1 m 左右的横袋，两边及中间缝制折径 1 m 左右的竖袋，竖袋间距一般 3 ~ 4 m。

②两侧拉绳直径为 1.0 cm 的尼龙绳，上下两端的挂排绳分别为直径 1.0 cm 和 1.5 cm 的尼龙绳，各绳缆均宜留足长度。

③排体上游边宜与未出险部位搭接，软体排宜将土心全部护住。

④排体外宜抛土枕、土袋、块石等。

七、滑坡抢修应符合以下要求：

(1)堤防滑坡险情应按“减载加阻”的原则抢修，并符合下列要求：

①在渗水严重的滑坡体上，应避免大量人员践踏。

②在滑动面上部和堤顶，不应存放料物和机械。

(2)堤岸防护工程发生护坡、护脚连同部分土心下滑或重力式挡土墙发生砌体倾倒的险情，其抢修宜符合下列要求：

①发生“缓滑”，宜采用抛石固基及上部减载的方法抢修。

②发生“骤滑”，宜采用土工织物软体排或柴石搂厢等保护土心，防止水流冲刷。

③发生倾倒，宜抛石、抛石笼或采用柴石搂厢抢修。

(3)堤防背水坡滑坡险情，宜采用固脚阻滑的方法抢修，并符合下列要求：

①在滑坡体下部堆放土袋、块石、石笼等重物，堆放量可视滑坡体大小，以阻止继续下滑和起固脚作用为原则确定。

②削坡减载。

(4)堤防背水坡排渗不畅、滑坡范围较大、险情严重且取土困难的堤段宜抢筑滤水土撑，并符合下列要求：

①可清理滑坡体松土并按有关规定开挖导渗沟。

②土撑底部宜铺设土工织物，并用沙性土料填筑密实。

③每条土撑顺堤方向长 10 m 左右，顶宽 5 ~ 8 m，边坡 1 : 3 ~ 1 : 5，戗顶高出浸润线出逸点不小于 0.5 m，土撑间距 8 ~ 10 m。

④堤基软弱，或背水坡脚附近有渍水、软泥的堤段，宜在土撑坡脚处用块石、沙袋固脚。

(5)堤防背水坡排渗不畅、滑坡范围较大、险情严重而取土较易的堤段宜抢筑滤水后戗，并符合下列要求：

①后戗长度根据滑坡范围大小确定，两端宜超过滑坡堤段 5 m，后戗顶宽 3 ~ 5 m。

②施工宜符合本规程的有关规定。

(6)堤防背水坡滑坡严重、范围较大，修筑滤水土撑和滤水后戗难度较大，且临水坡又有条件抢筑截渗土戗的堤段，宜采用黏土前戗截渗的方法抢修，并符合本规程的有关规定。

(7)水位骤降引起临水坡失稳滑动的险情，可抛石或抛土袋抢护，并符合下列要求：

①先查清滑坡范围，然后在滑坡体外缘抛石或土袋固脚。

②不得在滑动土体的中上部抛石或土袋。

③削坡减载。

(8)对由于水流冲刷引起的临水堤坡滑坡，其抢护方法宜符合本规程的有关规定。

(9)采用抛石固基的方法抢修应符合下列要求：

①出现滑动前兆时，宜探摸护脚块石，找出薄弱部位，迅速抛块石、柴枕、石笼等固基阻滑。

②块石、柴枕、石笼等应压住滑动体底部。

(10)采用土工织物软体排、柴石搂厢抢修宜符合本节第七条的规定。

第十四章　水闸工程维修养护

第一节　水闸工程检查观测

一、水闸检查工作，包括经常检查、定期检查、特别检查和安全鉴定。定期检查、特别检查、安全鉴定结束后，应根据成果作出检查、鉴定报告，报上级主管部门。大型水闸的特别检查及安全鉴定报告还应报流域机构和水利部。

(1)经常检查的范围和周期：水闸管理单位应经常对建筑物各部位、闸门、启闭机、机电设备、通讯设施、管理范围内的河道、堤防和水流形态等进行检查。检查周期，每月不得少于一次。当水闸遭受到不利因素影响时，对容易发生问题的部位应加强检查观察。

(2)定期检查的范围和周期：每年汛前、汛后或用水期前后，应对水闸各部位及各项设施进行全面检查。汛前着重检查岁修工程完成情况，渡汛存在问题及措施：汛后着重检查工程变化和损坏情况，据以制订岁修工程计划。冰冻期间，还应检查防冻措施落实及其效果等。

(3)特别检查：当水闸遭受特大洪水、强烈地震和发生重大工程事故时，必须及时对工程进行特别检查。

(4)安全鉴定的周期：水闸投入运用后，每隔 15 ~ 20 年应进行一次全面的安全鉴定；当工程达折旧年限时，亦应进行一次；对存在安全问题的单项工程和易受腐蚀损坏的结构设备，应根据情况适时进行安全鉴定。

安全鉴定工作由管理单位报请省河务局负责组织实施。

二、经常检查和定期检查应包括以下内容：

(1)管理范围内有无违章建筑和危害工程安全的活动，环境应保持整洁、美观。

(2)土工建筑物有无雨淋沟、塌陷、裂缝、渗漏、滑坡和害兽等；堤闸接合部临水侧截水设施是否完好，背水侧排水系统、导渗及减压设施有无损坏、堵塞、失效；堤闸连接段有无渗漏等迹象。

(3)石工建筑物块石护坡有无塌陷、松动、隆起、底部淘空、垫层散失；磙、墙有无倾斜、滑动、勾缝脱落；排水设施有无堵塞、损坏等现象。

(4)混凝土建筑物(含钢丝网水泥板)有无裂缝、腐蚀、磨损、剥蚀、露筋(网)及钢筋锈蚀等情况；伸缩缝止水有无损坏、有无错动、漏水及填充物流失等情况。

(5)水下工程有无冲刷破坏；消力池、门槽内有无沙石堆积；伸缩缝止水有无损坏；门槽、门坎的预埋件有无损坏；上、下游引河有无淤积、冲刷等情况。

(6)闸门有无表面涂层剥落、汀体变形、锈蚀、焊缝开裂或螺栓、铆钉松动；支承行走机构是否运转灵活；止水装置是否完好等。

(7)启闭机械是否运转灵活、制动准确，有无腐蚀和异常声响；钢丝绳有无断丝、磨损、锈蚀、接头不牢、变形；零部件有无缺损、裂纹、磨损及螺杆有无弯曲变形；油路是否通畅，油量、油质是否合乎规定要求等。

(8)机电设备及防雷设施的设备、线路是否正常，接头是否牢固，安全保护装置是否动作准确可靠，指示仪表是否指示正确、接地可靠，绝缘电阻值是否合乎规定，防雷设施是否安全可靠，备用电源是否完好可靠。

(9)水流形态，应注意观察水流是否平顺，水跃是否发生在消力池内，有无折冲水流、回流、漩涡等不良流态；引河水质有无污染。

(10)照明、通讯、安全防护设施及信号、标志是否完好。

三、安全鉴定的内容应包括：

(1)在历年检测的基础上，通过先进的检测手段，对水闸主体结构、闸门、启闭机等进行专项检测。内容包括：材料、应力、变形、探伤、闸门启闭力检测和启闭机能力考核等，查出工程存在的隐患，求得有关技术参数。

(2)根据检测成果，结合运用情况，对水闸的稳定、消能防冲、防渗、构件强度、混凝土耐久性能和启闭能力等进行安全复核。

(3)根据安全复核结果，进行研究分析，作出综合评估提出改善运用方式、进行技术改造、回固补强、设备更新等方面的意见。

四、观测工作应符合以下要求：

(1)观测项目应按设计要求确定。设计未作规定的，可结合工程具体情况和需要确定。必要时，可增列一些专门性观测项目。

必须观测项目有：垂直位移、扬压力、裂缝、混凝土炭化、河床变形、水位流量。

专门性观测项目有：水平位移、绕渗、伸缩缝、水流形态、泥沙、冰凌等。

(2)垂直位移观测：

①观测时间与测次应符合下列规定：

工程竣工验收后两年内应每月观测一次，以后可适当减少。经资料分析已趋稳定后，可改为每年汛前、汛后各测一次。

当发生地震或水位超过设计最高水位、最大水位差时，应增加测次。

水准基点高程应每五年校测一次，起测基点高程应每年校测一次。

②观测时，应同时观测上、下游水位、过闸流量及气温等。

③垂直位移观测应符合现行国家水准测量规范要求，水准测量等级及相应精度应符合表 14-1 的规定。

表 14-1　垂直位移观测水准等级及闭合差限差

建筑物类别	水准基点～起测基点		起测基点～垂直位移点	
	水准等级	闭合差(mm)	水准等级	闭合差(mm)
大型水闸	一	$\pm 0.3\sqrt{n}$	二	$\pm 0.5\sqrt{n}$
中型水闸	二	$\pm 0.5\sqrt{n}$	三	$\pm 1.4\sqrt{n}$

注：n——测站数。

(3)水平位移观测：

①观测时间与测次按上述规定执行；工作基点在工程竣工后 5 年内应每年较测 1 次，以后每五年校测 1 次。

②每一测次应观测二测回，每测回包括正、倒镜各照准觇标两次并读数两次，取均值作为该测回之观测值。观测精度应符合表 14-2 规定。

表 14-2　视准线观测限差

方　式	正镜或倒镜两次读数差	两测回观测值之差
活动觇牌法	2.0 mm	1.5 mm
小角法	4.0″	3.0″

(4)扬压力和绕渗观测：

①观测时间与测次应符合下列规定：

在工程竣工放水后两年内应每 5 天观测 1 次，以后可适当减少，但至少每 10 天应观测 1 次。当接近设计最高水位、最大水位差或发现明显渗透异常时，应增加测次。

②观测时必须同时观测上、下游水位，并应注意观测渗透的

滞后现象，必要时还应同时进行过闸流量、垂直位移、气温、水温等有关项目的观测。

③测压管管口高程应按三等水准量测要求每年较测一次，闭合差限差为 $\pm 1.4\sqrt{n}$ mm(n 为测站数)。

④测压管灵敏度检查应每 5 年进行一次。管内水位在下列时间内恢复到接近原来水位的，可认为合格：黏壤土为 5 天，沙壤土为 24 h，砂砾料为 12 h。

⑤当管内淤塞已影响观测时，应立即进行清理。如果灵敏度检查不合格，堵塞、淤积经处理无效，或经资料分析测压管已失效时，宜在该孔附近钻孔重新埋设测压管。

(5)裂缝观测：

①经工程检查，对于可能影响结构安全的裂缝，应选择有代表性的位置，设置固定观测标点，每月观测一次。裂缝发展缓慢后，可适当减少测次。在出现最高(低)气温、发生强烈震动、超标准运用或裂缝有显著发展时，均应增加测次。判明裂缝已不再发展后，可停止观测。

②在进行裂缝观测时应同时观测气温,并了解结构荷载情况。

(6)混凝土炭化观测：

①观测时间可视工程检查情况不定期进行。如采取凿孔用酚酞试剂测定，观测结束后应用高标号水泥沙浆封孔。

②测点可按建筑物不同部位均匀布置，每个部位同一表面不应少于三点。测点宜选在通气、潮湿的部位，但不应选在角、边或外形突变部位。

(7)伸缩缝观测：

①观测时间宜选在气温较高和较低时进行。当出现历史最高水位、最大水位差、最高(低)气温或发现伸缩缝异常时，应增加测次。

②观测标点宜设置在闸身两端边闸墩与岸墙之间、岸墙与翼墙之间建筑物顶部的伸缩缝上。当闸孔数较多时，在中间闸孔伸缩缝上应适当增设标点。

③观测时应同时观测上下游水位、气温和水温。如发现伸缩缝缝宽上、下差别较大，还应配合垂直位移进行观测。

(8)河势变化观测：

应在每年汛前、汛后各观测一次，河床冲刷或淤积较严重、河势变化时，应增加测次。

(9)水流形态观测包括水流平面形态和水跃观测，可根据工程运用方式、水位、流量等组成情况不定期进行。如发现不良水流，应详细记录水流形态，上下游水位及闸门启闭情况，分析其产生的原因。

(10)水位、流量、泥沙和冰凌等项目的观测，可参照现行水文观测规范的有关规定执行。

五、资料整理与整编应符合以下要求：

(1)观测结束后，应及时对资料进行整理、计算和样核。

(2)资料整编宜每年进行一次，包括以下内容：

①收集观测原始记录与考证资料及平时整理的各种图表等。

②对观测成果进行审查复核。

③选择有代表性的测点数据或特征数据，填制统计表和曲线图。

④分析观测成果的变化规律及趋势，与设计情况比较是否正常，并提出相应的安全措施和必要的操作要求。

⑤编写观测工作说明。

(3)资料整编成果应符合以下要求：

①考证清楚、项目齐全、数据可靠、方法合理、图表完整、说明完备。

②图形比例尺满足精度要求，图面应线条清晰均匀；注字工

整整洁。

③表格及文字说明端正整洁，数据上下整齐，无涂改现象。

(4)资料整编成果，应提交上级主管部门审查。

(5)水闸管理单位必须对发现的异常现象作专项分析，必要时可会同科研、设计、施工人员作专题研究。

第二节　水闸工程养护

一、对水闸工程经常检查发现的缺陷和问题，应随时进行保养和局部修补，以保持工程及设备的完整清洁，操作灵活。

二、水闸管理范围内保持整洁美观，搞好绿化美化，搞好环境和工程设施的保护，应遵守以下规定：

(1)严禁在水闸管理范围内进行爆破、取土、埋葬、建窑、倾倒和排放有毒或污染的物质等危害工程安全的活动。

(2)按有关规定对管理范围内建筑的生产、生活设施进行安全监督。

(3)禁止超重车辆和无铺垫的铁轮车、履带车通过公路桥。禁止在没有路面的堤(坝)顶上雨天行车。

(4)妥善保护机电设备、水文、通讯、观测设施，防止人为毁坏。

(5)严禁在堤(坝)身及挡土墙后填土地区上堆置超重物料。

三、土工建筑物的养护应符合以下要求：

(1)土工建筑物无水沟、浪窝、塌陷、裂缝、渗漏、滑坡和洞穴，岸、翼墙后填土区无跌塘、下陷，发现上述现象应随时修补夯实。

(2)堤(坝)发生裂缝时，应针对裂缝特征按照下列规定处理：

干缩裂缝、冰冻裂缝和深度小于 0.5 m、宽度小于 5 mm 的纵向裂缝，一般可采取封闭缝口处理。

深度不大的表层裂缝，可采用开挖回填处理。

(3)堤(坝)遭受害兽危害时，应采用毒杀、诱杀、捕杀等办法防治；兽洞可采用灌浆或开挖回填等办法处理。

四、石工建筑物的养护应符合以下要求：

砌石护坡、护底遇有松动、塌陷、隆起、底部淘空、垫层散失等现象时，应及时按原状修复。

五、混凝土建筑物的养护应符合以下要求：

(1)消力池、门槽范围内的沙石、杂物应定期清除。

(2)建筑物上的进水孔、排水孔、通风孔等均应保持畅通。桥面排水孔的泄水应防止沿板和梁漫流。空箱式挡土墙箱内的积淤应适时清除。

(3)经常露出水面的底部钢筋混凝土构件，应因地制宜地采取适当的保护措施，防止腐蚀和受冻。

六、闸门的养护应符合以下要求：

(1)闸门(包括闸门槽)表面附着的水生物质、泥沙、污垢、杂物等应定期清除，闸门的联接紧固件应保持牢固。

(2)运转部位的加油设施应保持完好、畅通，并定期加油，保持运转灵活。

七、启闭机的养护应符合以下要求：

(1)防护罩、机体表面应保持清洁，除转动部位的工作面外，均应定期采用涂料保护；螺杆启闭机的螺杆有齿部位应经常清洗、抹油，有条件的可设防尘装置。

启闭机的联接件应保持坚固，不得有松动现象。

(2)传动件的传动部位应加强润滑，润滑油的品种应按启闭机的说明书要求，并参照有关规定选用。油量要充足、油质须合格、注油应及时。在换注新油时，应先清洗加油设施，如油孔、油道、油槽、油杯等。

(3)闸门开度指示器，应保持运转灵活，指示准确。

(4)滑动轴承的轴瓦、轴颈，出现划痕或拉毛时应修刮平滑。

轴与轴瓦配合隙超过规定时，应更换轴瓦。滚动轴承的滚子及其配件，出现损伤、变形或磨损严重时，应更换。

(5)制动装置应经常维护，适时调整，确保动作灵活、制动可靠。

(6)钢丝绳应经常涂抹防水油脂，定期清洗保养。

(7)螺杆启闭机的螺杆发生弯曲变形影响使用时，应予矫正。

八、机电设备及防雷设施的养护

(1)电动机的养护应遵守下列规定：

①电动机的外壳应保持无尘、无污、无锈。

②接线盒应防潮，压线螺栓如松动，应立即旋紧。

③接线盒的润滑脂应保持填满腔内 1/2～1/3，油质合格。轴承如松动、磨损，应及时更换。

④绕组的绝缘电阻值应定期检测，小于 0.5 MΩ时，应干燥处理，如绝缘老化可刷浸绝缘漆或更换绕组。

(2)操作设备的养护应遵守下列规定：

①开关箱应经常打扫，保持箱内整洁；设置在露天的开关箱应防雨、防潮。

②各种开关、继电保护装置应保持干净，触点良好，接头牢固。

③主令控制器及限位装置应保持定位准确可靠，触点无烧毛现象。

④保险丝必须按规定规格使用，严禁用其他金属丝代替。

(3)输电线路的养护应遵守下列规定:

①各种电力线路、电缆线路、照明线路均应防止发生漏电、短路、断路、虚连等现象。

②线路接头应联接良好，并注意防止铜铝接头锈蚀。

③经常清除架空线路上的树障，保持线路畅通。

④定期测量导线绝缘电阻值，对一次回路、二次回路及导线

间的绝缘电阻值不应小于 0.5 MΩ。

(4)指示仪表及避雷器等均应按供电部门有关规定定期校验。

(5)线路、电动机、操作设备、电缆等维修后必须保持接线相序正确，接地可靠。

(6)自备电源的柴(汽)油发电机应按有关规定定期养护、检修。与电网联网的应按供电部门规定要求执行。

(7)建筑物的防雷设施应遵守下列规定：

①避雷针(线、带)及引下线如锈蚀量超过截面 30%以上时，应予更换。

②导电部件的焊接点或螺栓接头如脱焊、松动应予补焊或旋紧。

③接地装置的接地电阻值应不大于 10 Ω，如超过规定值 20%时，应增设补充接地极。

④电器设备的防雷设施应按供电部门有关规定进行定期校验。

⑤防雷设施的构架上，严禁架设低压线、广播线及通讯线。

第三节　水闸工程维修

一、水闸工程维修应符合下列要求：

(1)岁修、抢修和大修工程，均应以恢复原设计标准或改善局部工程原有结构为原则；在施工过程中应确保工程质量和安全生产。

(2)抢修工程应做到及时、快速、有效，防止险情发展。

(3)岁修、大修工程应按批准的计划施工，影响汛期使用的工程，必须在汛前完成。完工后，应进行技术总结和竣工验收。

(4)养护修理工作应作详细记录。

二、土工建筑物的维修应符合下列要求：

(1)堤(坝)发生渗漏、管涌现象时，应按照“上裁、下排”原则及时进行处理。

(2)非滑动性的内部深层裂缝，宜采用灌浆处理；对自表层延伸至堤(坝)深部的裂缝，宜采用上部开挖回填与下部灌浆相结合的方法处理。裂缝灌浆宜采用重力或低压灌浆，并不宜在雨季或高水位时进行。当裂缝出现滑动迹象时，则严禁灌浆。

(3)堤(坝)出现滑坡迹象时，应针对产生原因按“上部减载、下部压重”和“迎水坡防渗、背水坡导渗”等原则进行处理。

(4)河床冲刷坑已危及防冲槽或河坡稳定时应立即抢护。一般可采用抛石或沉排等方法处理；不影响工程安全的冲刷坑，可不作处理。

(5)河床淤积影响工程效益时，应及时采用人工开挖、机械疏浚或利用泄水结合机具松土冲刷等方法清除。

三、石工建筑物的维修应符合以下要求：

(1)浆砌块石墙墙身渗漏严重的，可采用灌浆处理；墙身发生倾斜或滑动时，可采用墙后减载或墙前加撑等方法处理；墙基出现冒水冒沙现象，应立即采用墙后降低地下水位和墙前增设的反滤设施等办法处理。

(2)水闸的防冲设施(防冲槽、海漫等)遭受冲刷破坏时，一般可加筑消能设施或抛石笼、柳石枕和抛石等办法处理。

(3)水闸的反滤设施、减压井、导渗沟、排水设施等应保持畅通，如有堵塞、损坏，应予疏通、修复。

四、混凝土建筑物的维修应符合以下要求：

(1)钢筋的混凝土保护层受到侵蚀损坏时，应根据侵蚀情况分别采用涂料封闭、沙浆抹面或喷浆等措施进行处理，并应严格掌握修补质量。

(2)混凝土结构脱壳、剥落和机械损坏时，可根据损坏情况，分别采用沙浆抹补、喷浆或喷混凝土等措施进行修补，并应严格掌握修补质量。

(3)混凝土建筑物出现裂缝后，应加强检查观测，查明裂缝性质、成因及其危害程度，据以确定修补措施。混凝土的微细表面裂缝、浅层缝及缝宽水上区小于 0.2 mm，水下区小于 0.3 mm 时，可不予处理或采用涂料封闭。缝宽大于规定时，则应分别采用表面涂抹、表面粘补、凿槽嵌补、喷浆或灌浆等措施进行修补。

(4)裂缝应在基本稳定后修补，并宜在低温季节开度较大时进行。不稳定裂缝应采用柔性材料修补。

(5)混凝土结构的渗漏，应结合表面缺陷或裂缝进行处理，并应根据渗漏部位、渗漏量大小等情况，分别采用沙浆抹面或灌浆等措施。

(6)伸缩缝填料如有流失，应及时填充。止水设施损坏，可用柔性化材料灌浆，或重新埋设止水予以修复。

五、闸门的维修应符合以下要求：

(1)钢闸门防腐蚀可采用涂装涂料等措施。

实施前，应认真进行表面处理。表面处理等级标准应符合《海港工程钢结构防腐蚀技术规定》(JTJ230—89)中规定。

(2)钢闸门采用涂料作防腐蚀涂层时，应符合下列要求：

①涂料品种应根据钢闸门所处环境条件、保护周期等情况选用。

②面、(中)、底层必须配套性能良好。

③涂层干膜厚度：淡水环境不宜少于 200 μm，海水环境不宜少于 300 μm。

(3)钢闸门使用过程中，应对表面涂膜进行定期检查，发现局部锈斑、针状锈迹时，应及时补涂涂料。当涂层普遍出现剥落、鼓泡、龟裂、明显粉化等老化现象时，应全部重做新的防腐涂层。

(4)闸门橡皮止水装置应密封可靠，闭门时无翻滚、冒流现象。当门后无水时，应无明显的散射现象，每米长度的漏水量应不大于 0.2 L/s。

当止水橡皮出现磨损、变形或止水橡皮自然老化、失去弹性且漏水量超过规定时，应予更换。更换后的止水装置应达到原设计的止水要求。

(5)钢门体的承载构件发生变化时，应核算其强度和稳定性，并及时矫形、补强或更换。

(6)钢门体的局部构件锈损严重的，应按锈损程度，在其相应部位加固或更换。

(7)闸门行走支承装置的零部件出现下列情况时应更换。更换的零部件规格和安装质量应符合原设计要求：

①压合胶木滑道损伤或滑动面磨损严重。

②轴和轴套出现裂纹、压陷、变形、磨损严重。

③主轨道变形、断裂、磨损严重或瓷砖轨道掉块、裂缝、釉面剥落。

(8)吊耳板、吊座、绳套出现变形、裂纹或锈损严重时应更换。

六、启闭机的维修应符合以下要求：

(1)制动装置进行维修时，应符合下列要求：

①闸瓦退距和电磁铁行程调整后，应符合《水工建筑物金属结构制造、安装及验收规范》(SLJ、DLJ201—80)附录十三中的有关规定。

②制动轮出现裂纹、砂眼等缺隐，必须进行整修或更换。

③制动带磨损严重，应予更换。制动带的铆钉或螺钉断裂、脱落，应立即更换补齐。

④主弹簧变形，失去弹性时，应予更换。

(2)钢丝绳维修时应符合下列要求：

①钢丝绳每节距断丝根数超过《超重机械用钢丝绳检验和报废实用规范》(GB5972—86)的规定时，应更换。

②钢丝绳与闸门连接一端有断丝超标，其断丝范围不超过预绕圈长度的1/2时，允许调头使用。

③更换钢丝绳时，缠绕在卷筒上的预绕圈数，应符合设计要求。无规定时，应大于5圈，如压板螺栓设在卷筒翼缘侧面又用鸡心铁挤压时，则应大于2.5圈。

④绳套内浇注块发现粉化、松动时，应立即重浇。

⑤更换的钢丝绳规格应符合设计要求,并应有出厂质保资料。

(3)螺杆启闭机的承重螺母，出现裂纹或螺纹齿宽磨损量超过设计值的20%时，应更换。

第十五章　附属工程维修养护

第一节　排水工程维修养护

一、排水设施检查应符合以下要求：

(1)排水沟进口处有无孔洞暗沟、沟身有无沉陷、断裂、接头漏水、阻塞，出口有无冲坑悬空。

(2)减压井井口工程是否完好，有无积水流入井内。减压井、排渗沟是否淤堵。

(3)排水导渗体或滤体有无淤塞现象。

二、排水设施养护应符合以下要求：

(1)应修复排水设施进口处的孔洞暗沟、出口处的冲坑悬空，清除排水沟内的淤泥、杂物及冰塞，确保排水体系畅通。

(2)排水孔排水不畅，应及时进行疏通。每年汛前、汛后应普遍清理一次。清理时，不应损坏其反滤设施。

(3)减压井周围发现积水，应及时排干，填平坑洼，保持地面低于井口。

(4)减压井井盖损坏，应修复或更换，防止积水流入井内；排渗沟保护层损坏，应及时恢复。

第二节　道路及通信设施维修养护

一、交通与通信设施检查应符合以下要求：

(1)堤防工程交通道路的路面是否平整、坚实，是否符合有关标准要求。

(2)堤防工程道路上有无打场、晒粮等现象。

(3)未硬化的堤顶道路有无交通卡等管护措施。

(4)堤顶交通道路所设置的安全、管理设施及路口所设置的安全标志是否完好。

(5)堤防工程通信网的各种设施是否完好，能否正常运行。

(6)堤防通信网的可通率是否符合要求。

(7)堤防通信设施和通信设备的配置是否符合要求。

二、交通道路养护修理应符合以下要求：

(1)已硬化的堤顶道路、路肩及上、下堤辅道，参照公路养护修理有关规定，进行洒水、清扫保洁、开挖回填修补等养护修理工作。

(2)抢险道路发生老化、坑洼、裂缝和沉陷等损坏，应参照公路养护修理有关规定及时修理。

(3)与交通道路配套的交通闸口，如有损坏应及时修理。

三、堤防工程通信网络，应参照通信部门有关规定进行养护修理。

第三节 观测设施及桩志维护

一、观测设施检查应符合以下要求：

(1)各种观测设施是否完好，能否正常观测。

(2)观测设施的标志、盖锁、围栅或观测房是否丢失或损坏。

(3)观测设施及其周围有无动物巢穴。

二、技术要求较高的专用设施、仪器、工具，应由专业人员操作使用，并由具备养护修理资格的人员对其进行养护与修理。

三、观测设施应由专业人员定期检查校正，若发生变形或损坏，应及时修复、校测。

四、各种桩志应结构完整，发现损坏与丢失，应及时修复或补设。

第四节 生产管理和生活设施维修养护

一、堤防沿线的护堤屋(防汛哨所)或管理房有无损坏、漏雨等情况。

二、生产和生活区的建筑或设施，包括办公室、动力配电房、机修车间、设备材料仓库、宿舍、食堂，应保持整洁，可参照工业与民用建筑物有关规定进行养护修理。

三、生产和生活区的庭院工程和环境绿化、美化设施，可参照有关规定进行养护修理。

四、堤防工程设置的各种标志牌，应定期进行检查和刷新，若发现损坏和丢失，应及时进行修复和补设。

五、大型或主要机械设备，应专人管理，人机固定，进行定期检查和养护，及时修理设备故障；小型或次要机械设备，使用后应进行检查、养护，发现故障及时修理，设备应处于正常状态。

第十六章　抢险设施及物料维护

第一节　防汛抢险设施维护

一、防汛抢险设施检查应符合以下要求：

(1)重点堤段是否按规定备有土料、沙石料、编织袋等防汛抢险物料。

(2)重要堤段是否按规定备(配)有防汛抢险的照明设施、探测仪器和运载交通工具。

(3)各种防汛抢险设施是否处于完好待用状态。

二、防汛抢险配备的车辆、机械设备应按相应要求进行养护，定期检查，发现故障及时修理，保持正常运行状态。

三、防汛屋与一线防守区房屋应保持整洁，发现损坏及时修理。

四、在江、河、湖堤堤坡或平台(戗台)上修筑的土台、块石料台和沙、碎(卵)石存储池发生损坏，应及时修复。

第二节　抢险物料养护

一、堤顶、堤坡或平台(戗台)上存储的物料应位置适宜、存放规整、取用方便，有防护措施。应及时清除抢险物料及相应的防护设施上的杂草杂物，保持物料整洁完好。

二、仓库内存储的物料，应按有关规定妥善保管，批量存放的应定期进行清点、检查，及时补充、更换。

三、备防石垛发生沉陷或倒塌，应按原标准进行码方。

四、备防土料出现水沟或残缺部位，应按原存放标准对水沟和残缺部位进行修复。

第十七章　生物防护及动物危害防治

第一节　林带养护

一、应经常检查防浪林带、护堤林带的树木有无老化和缺损现象；是否有人为破坏、病虫害及缺水等现象。

二、林带养护宜符合下列要求：

(1)在早春、干旱期或结冻前浇水。施肥以氮、磷、钾肥为主，施肥量和肥料比例应视情况而定，施肥时间于叶芽开始分化以前为宜。结合水、肥管理，可适当地进行中耕、锄草和种植绿肥。

(2)经常防治树木病虫害，合理疏枝，形成分布均匀的树冠，随时清除遭受病虫害致死的树株。

(3)林木缺损率宜小于5%。

(4)树木涂石灰水以秋季为宜。

三、林带修理应符合下列要求：

(1)对于已开始老化的树木，应根据实际情况采伐更新。林木更新应按适地适林的原则选择树种，宜采用混交林种植模式。

(2)对于树木缺损较多的林带，应适时补植或改植其他适宜树种。

(3)对防浪林应保持适当树冠高度和枝条密度，提高削浪效果。

第二节　草皮养护修理

一、草皮护坡是否被雨水冲刷，人畜损坏或干枯坏死。草皮护坡中是否有荆棘、杂草或灌木。

二、草皮护坡应经常修整、清除杂草，保持完整美观；干旱时，宜适时洒水养护。

三、草皮遭雨水冲刷流失或干枯坏死，应及时还原坡面，采用补植或更新的方法进行修理。

四、补植或更新草皮时，应符合下列要求：

(1)补植草皮宜选用适宜的品种。

(2)更新草皮宜选择适合当地生长条件的品种，并宜选择低茎蔓延的草种。

(3)补植草皮宜带土成块移植，移植时间应适宜。

(4)移植时，宜扒松坡面土层，洒水铺植，贴紧拍实，定期洒水，确保成活。

五、草皮中有大量杂草或灌木时，宜采用人工挖除或化学药剂除杂草的方法进行清除。

第三节　堤防工程动物危害防治

一、防治范围应包括堤防工程的管理范围、保护范围和害堤动物可能影响堤防安全的范围。

二、堤防工程动物危害防治每年应编制年度防治计划，做好普查、防治和隐患处理。

三、獾、狐危害防治应符合下列要求：

(1)每年冬季和汛前进行两次普查。对草丛、料垛、坝头等隐蔽处和獾、狐多发堤段，应加强普查，进行群众访问调查。

(2)及时清除堤坡上的树丛、高秆杂草、旧房台等，整理备防土料、备防石料垛，消除便于獾、狐生存、活动的环境条件。

(3)作好獾、狐防治记录。内容应包括捕捉獾、狐的时间、堤防桩号、洞穴位置、尺寸、周围环境及处理情况等。

(4)因地制宜，采用器械捕捉、药物诱捕、开挖追捕、锥探灌浆、烟熏网捕等方法。

四、鼠类防治应符合下列要求：

(1)破坏鼠类的生活环境与条件，使其不能正常觅食、栖息和繁殖，逐渐减少鼠类数量直至局部灭绝。

(2)因地制宜，采用人工捕杀、器械捕捉、药物诱捕、薰蒸洞道、化学绝育等方法。

五、对堤身内的洞穴应及时采取开挖回填或充填灌浆等方法处理。开挖回填宜符合本编第十二章第三节第五条的规定，充填灌浆宜符合本编第十二章第三节第六条的规定。

第四编　工程质量评定与验收

第十八章　工程施工的项目划分

第一节　一般规定

一、河南黄河维修养护专项工程施工应按照《水利水电工程施工质量评定规程》的要求进行项目划分；日常维修养护可参照执行。

二、项目划分由项目法人或委托监理单位组织设计及施工等单位共同商定，同时确定主要单位工程、主要分部工程。项目划分结果宜报相应工程质量监督机构认定。

第二节　单位工程及分部工程划分

一、单位工程根据设计及施工部署和便于质量管理等原则进行划分。

(1)河南黄河维修养护专项工程一般分为堤防、河道整治、水闸及其他交叉联接建筑物、管理设施等单位工程。在仅有单项加高加固、基础防渗处理等项目时，也可单独划分为单位工程。

(2)根据实际情况，维修养护专项工程应按下述原则划分单位工程。

①一个工程项目由若干项目法人负责组织建设时，每一项目法人所负责的工程可划分为一个单位工程。

②一个项目法人所负责组织建设的工程，可视工程规模按照堤段、控导工程划分为若干个单位工程。

③水闸及其他交叉联接建筑物可以每一独立建筑物划分为一个单位工程。

④管理设施的每一独立发挥作用的项目划为一个单位工程。

(3)每个水管单位每年度日常维修项目，可将堤防、河道整治、水闸各划分为一个单位工程。

二、分部工程应按功能进行划分。同一单位工程中，同类型的各分部工程的工程量不宜相差太大，不同类型的各分部工程的投资段不宜相关太大。

(1)维修养护专项工程的分部工程划分：

①堤防单位工程可划分为堤基处理、堤身加培、防渗处理、填塘固基、压漫平台(堤背放淤)、堤身防护、堤脚防护等分部工程。

②河道整治单位工程可划分为坝基填筑、护坡、护脚等分部工程。

③水闸及其他交叉联接建筑单位工程根据各建筑物特点并参照相关规程划分分部工程。

④管理设施单位工程可分为观测设施、生产生活设施、交通、通信等分部工程。

(2)日常维修养护项目的分部工程划分：

①堤防日常维修养护，可以每 10~15 km 堤线长度为一个分部工程，少于 10 km 时也可以作为一个分部工程。

②控导工程日常维修养护，可以每个险工或控导工程为一个分部工程。

③水闸工程日常维修养护，可以按照第一编表 1-30 中第一级项目作为分部工程。

第三节　单元工程划分

一、堤防工程(含河道整治工程的坝基填筑)维修养护专项：

(1)堤基处理单元工程与相应堤身单元工程划分一致。每个单元工程长度不宜超过 100 m，一般为 60 ~ 80 m。

(2)堤身加培、填塘固基及压浸平台分部工程一般按层、段划分单元工程，加高培厚按堤段填筑量 1 000 ~ 2 000 m^3 为一个单元工程。

(3)放淤固堤分部工程按一个吹填堰区段(仓)或按堤轴线长100～500 m划分为一个单元工程。

(4)防渗分部工程，对于采用各种工法建造的垂直防渗墙：深层搅拌防渗墙沿墙轴线每 6～8 m 为一个单元工程；薄形抓斗、射水法、锯槽机成槽的每一个浇筑槽段为一个单元工程；高压喷射灌浆、振动切槽成墙每9～11 m成墙段划分一个单元工程。锥探灌浆沿堤轴线每50 m划分一个单元工程。

二、河道整治工程(含堤防工程的堤身防护及堤脚防护)维修养护专项：

(1)护脚分部工程包括脚槽、根石台、根石、沉排，按施工段划分单元工程，每个单元工程长度不宜超过100 m，一般为60～80 m。

(2)护坡分部工程包括垫层、干砌石、混凝土预制块护坡等按坝、垛划分单元工程，单元工程长度不宜超过100 m，一般为60～80 m。

三、水闸、公路桥、穿堤管道等交叉联接建筑工程的维修养护专项按《水利水电工程施工质量评定规程》附录A、B的规定划分各建筑物的单元工程。

四、管理设施工程的维修养护专项：

(1)观测设施分部工程，每个测孔为一个单元工程。

(2)生产生活设施、交通、通信等分部工程按《水利水电工程施工质量评定规程》附录A、B的规定划分单元工程。

五、工程日常维修养护，以第一编第二章第二节项目构成，每个月堤防、河道整治的工程量分别作为一个单元工程；水闸工程日常维修养护，可以按第一编表2-9中第二级项目作为单元工程。

第十九章　质量检查与检测

第一节　一般规定

一、维修养护质量检查与检测项目应符合各工程《质量评定标准》及其附表的规定。

二、施工单位的质检员应持证上岗，计量器具应经计量认证单位检定。

三、一般质量事故由施工单位调查并提出处理意见，报建设或监理单位同意后实施，建设单位报质量监督机构核备；重大质量事故由建设单位组织调查并提出处理方案，报主管部门批准后由施工单位实施，报上级主管部门核查。

第二节　维修养护质量检查

一、在维修养护过程中，参建单位应根据《质量评定规程》的要求，检查工程使用的土石料、施工工序、操作方法以及难以量化的质量要素，是否符合规程、规范、设计文件的要求。

二、维修养护质量检查项目的检查结果分为符合、基本符合、不符合质量标准三种情况，其中基本符合质量标准是指检查项目与质量标准有出入，但不影响安全运行和设计效益。

第三节　维修养护质量检测

一、维修养护质量检测是通过实际测量或检验，检查原材料、中间产品、机电设备及工程实体，有多少实际测量点或检验点符合质量标准要求。

二、土建工程项目检测点合格率不小于70%为合格，不小于90%为优良；金属结构工程项目检测点合格率不小于80%为合格，不小于 95%为优良。

三、每个检测项目必须达到合格要求，不合格的原材料或产品不得用于工程中，不合格的单元工程，应按设计要求及时进行处理，合格后才能进行后续单元工程施工。

第二十章　施工质量评定

第一节　单元工程质量评定

一、单元工程质量评定应在施工单位自评基础上，由监理单位核定，重要隐蔽工程及工程关键部位在施工单位自评后，由项目法人或委托监理单位组织设计、施工、管理、监督等单位共同核定。

二、项目法人或监理单位在核定单元工程质量时，除应检查工程现场外，还应对该单元工程的施工原始纪录、质量检验纪录等资料进行查验，确认单元工程质量评定表所填写的数据、内容的真实和完整性，必要时可进行抽验。单元工程质量评定表中应明确记载项目法人或监理单位对单元工程质量等级的核定意见。

三、单元工程质量等级评定标准应按照各种工程《施工质量评定规程》执行。

四、单元工程质量等级评定标准按表 20-1 执行。

表 20-1　单元工程质量等级评定标准

质量等级	主要检查检测项目	其他检查项　目	其他检测项目的测点合格率	
			土建工程	金属结构
合格	全部符合	基本符合	70%	80%
优良	全部符合	符合	90%	95%

五、单元工程或工序质量达不到合格标准时，必须及时处理，其质量等级按下列规定确定：

(1)全部返工重做的，可重新评定质量等级。

(2)经加固补强并经鉴定能达到设计要求的，其质量只能评定为合格。

(3)经鉴定达到设计要求，但项目法人认为能基本满足安全和使用功能要求的，可不加固补强，或经加固补强后，造成外形尺寸改变或永久性缺陷的，经项目法人认为基本满足设计要求，其质量可按合格处理。

第二节　分部工程质量评定

一、分部工程质量评定是在施工单位自评的基础上，由监理单位复核其质量等级。评定人员必须在质量等级评定意见后签名，如有保留意见应明确记载。

二、分部工程质量评定标准：

(1)合格标准：

①单元工程质量全部合格。

②原材料及中间产品质量全部合格，金属结构及起闭机制造质量合格，机电产品质量合格。

(2)优良标准：

①单元工程质量全部合格，其中有50%以上达到优良，主要单元工程、重要隐蔽工程及关键部位的单元工程质量优良，且未发生过质量事故。

②中间产品质量全部合格,其中混凝土拌和物质量达到优良。原材料质量、金属结构、起闭机及机电产品质量合格。

第三节　单位工程质量评定

一、单位工程质量评定在施工单位自评的基础上，由监理单位复核，报质量监督机构核定。

二、单位工程质量评定标准：

(1)合格标准：

①分部工程质量全部合格。

②原材料及中间产品质量全部合格，金属结构、起闭机制造

及机电产品质量合格。

③外观质量得分率达到 70%以上。

④施工质量检验资料齐全。

(2)优良标准：

①分部工程质量全部合格，其中 50%以上达到优良，主要分部工程质量优良，且施工中未发生过重大质量事故。

②中间产品质量全部合格,其中混凝土拌和物质量达到优良，原材料、金属机构、起闭机制造及机电产品质量合格。

③外观质量得分率达到 85%以上。

④施工质量检验资料齐全。

第四节　工程项目质量评定

一、工程项目的质量等级由该项目质量监督机构在单位工程质量评定的基础上，提出质量等级评定意见，由竣工验收委员会确定工程项目质量等级。

二、工程项目质量评定标准：

(1)合格标准：单位工程质量全部合格。

(2)优良标准：单位工程质量全部合格，其中 50%以上单位工程质量优良，且主要单位工程质量优良。

第二十一章　工程验收

第一节　一般规定

一、按月或按季签订养护合同的日常养护项目，合同期满后，应按第二编第四章第一节第一条的要求进行月度或季度验收。

二、按年度签订养护合同的日常养护项目，合同期满后，应按照第二编第二章第八条的要求，进行年度验收。

三、维修养护专项工程的验收应符合《水利水电建设工程验收规程》的规定，分为分部工程验收、单位工程验收和竣工验收。

第二节　分部工程验收

一、分部工程验收应具备的条件是该分部工程所有的单元工程已经完建且质量全部合格。

二、分部工程验收由项目法人或监理主持，组织设计、施工及运行管理单位有关专业技术人员进行。

三、分部工程验收的主要工作：

(1)鉴定工程是否达到设计标准。

(2)按现行国家或行业技术标准，评定工程质量等级。

(3)对验收遗留问题提出处理意见。

四、分部工程验收的成果是《分部工程验收签证》，其验收图纸及资料必须按竣工验收标准制备。

第三节　单位工程验收

一、单位工程验收应具备的条件是分部工程已经全部完建并验收合格。

二、单位工程验收由项目法人主持，验收委员会由监理、设计、施工、运行管理等单位专业技术人员组成，每个单位以2~3人为宜。

三、单位工程验收的主要工作：

(1)检查工程是否按批准设计完成。

(2)检查工程质量，评定质量等级。

(3)对工程缺陷、验收遗留问题提出处理要求。

(4)按照合同规定，施工单位向项目法人移交工程。

四、单位工程验收的成果是《单位工程验收鉴定书》。

五、需要提前投入使用的单位工程，在投入使用前应进行投入使用验收。投入使用验收由竣工验收主持单位或其委托单位主持，验收委员会由项目法人、设计、施工、监理、质量监督、运行管理以及有关上级主管单位组成，必要时应邀请地方政府及有关部门参加验收委员会。投入使用验收工作程序可参照竣工验收的有关规定施行。

第四节　竣工验收前质量抽检

一、工程竣工验收前，项目法人应委托经过质量监督部门计量认证的工程质量检测单位对工程质量进行一次抽检。

二、土料填筑工程质量抽检主要内容为干密度和外观尺寸，并满足以下要求：

(1)每2 000 m堤长至少抽检一个断面。

(2)每个断面至少抽检二层，每层不少于3点，且不得在堤防顶层取样。

(3)每个单位工程抽检样本总数不得少于20个。

三、干砌石、浆砌石工程质量抽检主要内容为厚度、密实程度和平整度，并满足以下要求：

(1)每2 000 m堤长至少抽检3点。

(2)每个单位工程至少抽检3点。

四、混凝土预制块砌筑工程质量抽检主要内容为预制块厚度、平整度和缝宽，并满足以下要求：

(1)每 2 000 m 堤长至少抽检一组，每组 3 点。

(2)每个单位工程至少抽检一组。

五、垫层工程质量抽检主要内容为垫层厚度及垫层铺设情况，并满足以下要求：

(1)每 2 000 m 堤长至少抽检 3 点。

(2)每个单位工程至少抽检 3 点。

六、堤、坝护脚工程质量抽检主要内容为断面复核，并满足以下要求：

(1)每 2 000 m 堤、坝至少抽检 3 个断面。

(2)每个单位工程至少抽检 3 个断面。

七、混凝土工程质量抽检主要内容为混凝土强度，并满足以下要求：

(1)每个单位工程至少抽检一组(3 块)。

(2)重要部位每种标号的混凝土至少抽检一组。

八、凡抽检不合格的工程，不得进行验收，必须按有关规定进行处理。处理完毕后，由项目法人提交处理报告连同质量检测报告一并提交竣工验收委员会。

第五节　初步验收

一、初步验收应具备以下条件：

(1)工程主要建设内容已按批准设计全部完成。

(2)工程投资已基本到位，并具备财务决算条件。

(3)有关验收报告已准备就绪。

二、初步验收由初步验收工作组负责。初步验收工作组由项目法人主持，由设计、施工、监理、质量监督、运行管理、有关上级主管单位代表以及有关专家组成。

三、初步验收的主要工作：

(1)审查有关单位的工作报告。

(2)检查工程建设情况，鉴定工程质量。

(3)检查历次验收中的遗留问题和已投入使用单位工程在运行中所发现问题的处理情况。

(4)确定尾工内容清单、完成期限及责任单位等。

(5)对重大技术问题作出评价。

(6)检查工程档案资料准备情况。

(7)根据专业技术组的要求，对工程质量做必要的抽检。

(8)起草《竣工验收鉴定书》初稿。

四、初步验收会工作程序：

(1)召开预备会，确定初步验收工作组成员，成立初步验收各专业技术组。

(2)召开大会，宣布验收会议议程、初步验收工作组和各专业技术组成员名单，听取参建单位的工作报告，检查工程声像资料及文字资料。

(3)各专业技术组检查工程，讨论并形成各专业技术组工作报告。

(4)召开初步验收工作组会议，听取各专业技术组工作报告。讨论并形成《初步验收工作报告》，讨论并修改《竣工验收鉴定书》初稿。

(5)召开大会，宣读《初步验收工作报告》，验收工作组成员在《初步验收工作报告》上签字。

第六节　竣工验收

一、竣工验收应具备以下条件：

(1)工程已按批准设计规定的内容全部建成。

(2)各单位工程能正常运行。

(3)历次验收所发现的问题已基本处理完毕。

(4)归档资料符合工程档案资料管理的有关规定。

(5)工程建设征地补偿及移民安置等问题已基本处理完毕。

(6)工程投资已全部到位，竣工决算已经完成并通过竣工审计。

二、竣工验收的主持单位按黄委有关规定执行。

三、竣工验收工作由竣工验收委员会负责。竣工验收委员会由主持单位代表担任主任委员，设副主任委员若干名。竣工验收委员会由主持单位、地方政府、水行政主管部门、质量监督等单位代表和有关专家组成。工程项目法人、设计、施工、监理、运行管理单位作为被验收单位列席会议，负责解答验收委员会的质疑。

四、竣工验收的主要工作：

(1)审查项目法人《工程建设管理工作报告》和初步验收工作组《初步验收工作报告》。

(2)检查工程建设和运行情况。

(3)协调处理有关问题。

(4)讨论并通过《竣工验收鉴定书》。

五、竣工验收会一般工作程序：

(1)召开预备会，听取项目法人有关验收会准备情况汇报，确定竣工验收委员会成员名单。

(2)召开大会，宣布验收会议议程和竣工验收委员会委员名单，听取项目法人《工程建设管理工作报告》，听取初步验收工作组《初步验收工作报告》，看工程声像资料和文字资料。

(3)检查工程。

(4)召开验收委员会会议，协调处理有关问题，讨论并通过《竣工验收鉴定书》。

(5)召开大会，宣读《竣工验收鉴定书》，竣工验收委员会成员在《竣工验收鉴定书》上签字，被验收单位代表在《竣工验收鉴定书》上签字。

六、竣工验收遗留问题，由竣工验收委员会责成有关单位妥善处理。项目法人应负责督促和检查遗留问题的处理，及时将处理结果报告竣工验收主持单位。

第二十二章　验收资料及报告编制大纲

第一节　验收应准备的备查资料

分部工程验收、单位工程验收、初步验收及竣工验收应准备的备查字目录如表22-1所示。

表22-1　验收应准备的备查资料目录

序号	资料名称	分部工程验收	单位工程验收	竣工验收		提供单位
				初步验收	竣工验收	
1	设计及批复文件		√	√	√	设计单位
2	工程招投标文件		√	√	√	项目法人
3	工程合同及协议书		√	√	√	项目法人
4	单元工程质量评定资料	√	√	√	√	施工单位
5	分部工程质量评定资料		√	√	√	项目法人
6	单位工程质量评定资料			√	√	项目法人
7	会议纪录及大事记	√	√	√	√	项目法人
8	工程建设监理资料	√	√	√	√	监理单位
9	工程运用及调度方案		√	√	√	设计单位
10	施工图纸、设计变更、施工技术说明	√	√	√	√	设计单位
11	竣工图纸		√	√	√	施工单位
12	重大事故处理纪录	√	√	√	√	施工单位
13	原材料及设备产品质量检测资料	√	√	√	√	施工单位
14	征地批文及补偿安置资料		√	√	√	项目法人
15	竣工决算报告及有关资料				√	项目法人
16	竣工审计资料				√	项目法人
17	其他有关资料	√	√	√	√	有关单位

第二节　验收应提供的资料

单位工程验收、初步验收及竣工验收应提供的资料目录如表22-2所示。

表 22-2　验收应提供的资料目录

序号	资料名称	单位工程验收	竣工验收		提供单位
			初步验收	竣工验收	
1	工程建设管理工作报告及大事记	√	√	√	项目法人
2	工程清单及未完成工程安排	√	√	√	项目法人
3	初步验收工作报告			√	项目法人
4	验收鉴定书(草稿)			√	项目法人
5	工程运用及调度方案	√	√	√	项目法人
6	工程建设监理工作报告	√	√	√	监理单位
7	工程设计工作报告	√	√	√	设计单位
8	水利工程质量评定报告			√	质量监督单位
9	工程施工管理工作报告	√	√	√	施工单位
10	工程运行管理准备工作报告	√	√	√	管理、施工单位
11	工程建设征地和移民工作报告	√	√	√	项目法人等
12	工程档案资料自检报告		√	√	项目法人

第三节　竣工验收主要报告编制大纲

一、工程建设管理工作报告

(1)工程概况。工程位置、工程布置、主要技术经济指标、主要建设内容、设计文件的批复过程等。

(2)主要项目施工过程及重大问题处理。

(3)项目管理。参建各单位机构设置及工作情况、主要项目招投标过程、工程概算与执行情况、合同管理、材料及设备供应、价款结算、征地补偿及移民安置等。

(4)工程质量。工程质量管理体系、主要工程质量控制标准、单元工程和分部工程质量数据统计、质量事故处理结果等。

(5)工程初期运用及效益。

(6)历次验收情况、工程移交及遗留问题处理。

(7)竣工决算。竣工决算结论、批准设计与实际完成的主要工程量对比、竣工审计结论等。

(8)附件。项目法人的机构设置及主要工作人员情况表、设计批准文件及调整批准文件、历次验收鉴定书、施工主要图纸、工程建设大事纪等。

二、工程设计工作报告

(1)工程概况。

(2)工程规划设计要点。

(3)重大设计变更。

(4)设计文件质量管理。

(5)设计为工程建设服务。

(6)附件：设计机构设置和主要工作人员情况表、重大设计变更与原设计对比等。

三、工程施工管理工作报告

(1)工程概况。

(2)工程投标及标书编制原则。

(3)施工总布置、总进度和完成的主要工程量等。

(4)主要施工方法及主要项目施工情况。

(5)施工质量管理。施工质量保证体系及实施情况、质量事故及处理、工程施工质量自检情况等。

(6)文明施工与安全生产。

(7)财务管理与价款结算。

(8)附件：施工管理机构设置及主要工作人员对照表、投标时计划投入资源与施工实际投入资源对照表、工程施工管理大事纪。

四、工程建设监理工作报告

(1)工程概况、工程特性、工程项目组成、合同目标等。

(2)监理规划。包括组织机构及人员、监理制度、检测办法等。

(3)监理过程。包括监理合同履行情况。

(4)监理效果。质量、投资及进度控制工作成效及综合评价。施工安全与环境保护监理工作成效及综合评价。

(5)经验、建议，其他需要说明的事项。

(6)附件：监理机构设置与主要工作人员情况表、工程建设大事纪。

五、水利工程质量评定报告

(1)工程概况。工程名称及规模、开工及完工日期、参加工程建设的单位。

(2)工程设计及批复情况。工程主要设计指标及效益、主管部门的批复文件。

(3)质量监督情况。人员配备、办法及手段。

(4)质量数据分析。工程质量评定项目划分、分部及单位工程的优良品率、中间产品质量分析计算结果。

(5)质量事故及处理情况。

(6)遗留问题的说明。

(7)报告附件目录。

(8)工程质量评定意见。

六、初步验收工作报告

(1)前言。

(2)初步验收工作情况。

(3)初步验收发现的主要问题及处理意见。

(4)对竣工验收的建议。

(5)初步验收工作组成员签字表。

(6)附件：专业组工作报告、重大技术问题专题或咨询报告、竣工验收鉴定书(初稿)。

七、工程竣工验收申请报告

(1)工程完成情况。

(2)验收条件检查结果。

(3)验收组织准备情况。

(4)建议验收时间、地点和参加单位。

附　录　工程维修养护用表

附录 A.1　工程建设管理程序用表

______工程____年____月维修养护任务通知书

致：____________工程维修养护有限公司

根据上级主管部门要求、工程管理总体安排、以及____月份水利工程运行观测情况，现将___月份水利工程维修养护任务通知如下：

1. ____工程__年__月维修养护工程量清单见附表(项目分为堤防、河道整治、水闸)。

2. 说明(对当前工程存在的问题以及水雨毁情况进行简要说明；对当月维修养护工作提出具体要求)。

发包人：______________河务局

审　定：___　______年__月__日

审　核：___　______年__月__日

编　制：___　______年__月__日

说明：本通知及附表一式___份，由发包人填写，养护单位一份、监理单位一份。

____工程___年___月维修养护工程量清单

项目	单　位	工作 (工程)量	单价 (元)	费用 (元)	备　注 (核减工程量)

______工程管理大事记

<table>
<tr><td>内容:

签名:
年　　月　　日</td></tr>
<tr><td>内容:

签名:
年　　月　　日</td></tr>
<tr><td>内容:

签名:
年　　月　　日</td></tr>
<tr><td>内容:

签名:
年　　月　　日</td></tr>
<tr><td>内容:

签名:　　年　　月　　日</td></tr>
</table>

会议纪要

(_____月份)

会议时间	年　　月　　日	会议地点	
会议主题			
组织单位			
主持人		记录人	
参加单位:		参加人员(签名):	
会议主要内容:			
会议结论:			

工 程 检 查 记 录

时间：　　　　年　　月　　日

工程检查项目	
检查情况	
处理意见	
评比结果	
参加人员： 记录人： 日　期：　　　　年　　月　　日	

月度验收签证

编号

工程名称：

<table>
<tr><td>
致：(养护单位)
根据_____年__月《维修养护任务通知书》和有关技术标准，维修养护验收组于____年__月__日，对你公司完成的水利工程维修养护工作进行了验收。经验收，你公司完成了本月维修养护任务，质量合格。
附：1._____月份维修养护工程量验收表
2._____月份维修养护验收组成员签字表

水管单位：
签 发 人：
日　　期：　　年　　月　　日
</td></tr>
<tr><td>
养护单位：
项目负责人：
日　　期：　　年　　月　　日
</td></tr>
</table>

______工程___月份维修养护工程量验收表

序号	维修养护项目	单位	计划量	核查量	质量情况		备注
					合格	不合格	

______月份维修养护验收组成员签字表

验收组人　员	姓名	单位	职务/职称	签名	备注
组长					
副组长					
副组长					
成员					
成员					
成员					
成员					
成员					
成员					
成员					

水管单位(支)付款审核书

(水管〔　　〕月付　　号)

合同名称：　　　　　　　　　　　　　　　　合同编号：

<table>
<tr><td>根据总监理工程师_____年___月___日的工程价款月付款证书，核定后支付承包人工程价款金额计(大写)____________________圆，(小写)________元。</td></tr>
<tr><td>工程管理科审核意见：

签字：
年　月　日</td></tr>
<tr><td>财务科审核意见：

签字：
年　月　日</td></tr>
<tr><td>工程管理主管副局长审核意见：

签字：
年　月　日</td></tr>
<tr><td>局长审定意见：

签字：
年　月　日</td></tr>
</table>

说明：本表一式四份，由水管单位填写，水管单位二份，监理机构、维修养护单位各一份，办理结算时使用。

工程价款月付款证书

(监理〔 〕月付 号)

合同名称： 合同编号：

致：(水管单位) 承包人的____年__月维修养护工程价款支付申请书已经审核，本月应支付给承包人的工程价款金额共计为(大写)______________圆，(小写)______元。 根据施工合同约定，请贵方在收到此证书后的_____天之内完成审批，将上述工程价款支付给承包人。 附件：____年__月工程价款支付申请书 监 理 机 构： 总监理工程师： 日 期： 年 月 日

说明：本表一式____份，由监理机构填写。监理机构、承包人各1份，发包人2份。

编号：

黄河水利工程维修养护

分部工程验收签证

分部工程名称：

年　　月　　日

一、开工、完工日期：

二、工程内容及施工经过：

三、完成主要工程(工作)量：

四、质量事故及缺陷处理：

五、主要工程质量指标：

六、质量评定：

七、存在问题及处理意见：

八、验收结论：

九、保留意见：

保留意见人签字：

十、参验单位：

(封面格式)

黄河水利工程
维修养护专项验收

鉴 定 书

年 月 日

______市(地)局专项验收委员会

(扉页格式)

黄河水利工程
维修养护专项验收

鉴　定　书

验收主持单位：
质量监督机构：
监理单位：
设计单位：
维修养护单位：

验收日期：　　　年　月　日至　年　月　日
验收地点：

____工程专项验收鉴定书(编写大纲)

前言(简述验收主持单位、参加单位、时间、地点等)

1．维修养护概况

1.1 维修养护项目名称

1.2 维修养护专项审批情况

包括计划、设计批准机关及文号、批准工期、合同项目、投资等。

1.3 参加验收单位

包括水管、设计、监理、维修养护单位和质量监督机构名称及其资质。

1.4 维修养护实施情况

包括工程开工日期及完工日期、发现的主要问题及处理情况等。

1.5 完成情况和主要工程量

包括验收时工程形象面貌、实际完成工程量与批准计划(设计)工程量对比等。

2．质量评定

工程质量评定结果。

3．存在的主要问题及处理意见

包括验收遗留问题及处理责任单位、完成时间，存在问题的处理建议等。

4．验收结论

包括对维修养护项目、进度、质量、经费控制能否按批准计划(设计)投入使用，以及工程档案资料整理等做出明确的结论(质量合格、还是不合格，维修养护经费控制合理、基本合理、还是不合理)。

5．验收组签字表

验收组成员	姓名	单位全称	职务和职称	签字	备注
组长					
副组长					
副组长					
成员					
成员					
成员					
成员					
成员					
成员					
成员					
成员					
成员					
成员					
成员					

(封面格式)

黄河水利工程
维修养护年度验收

鉴　定　书

______市(地)局年度验收委员会

年　　月　　日

(扉页格式)

黄河水利工程
维修养护年度验收

鉴 定 书

验收主持单位：
水管单位：
质量监督机构：
监理单位：
维修养护单位：

验收日期：　　　年　　月　　日至　　年　　月　　日
验收地点：

____工程维修养护年度验收鉴定书(编写大纲)

前言(简述验收主持单位、参加单位、时间、地点等)

1．维修养护概况

1.1 维修养护项目名称及位置

1.2 维修养护项目审批情况

包括计划、设计批准机关及文号、批准工期、投资、资金来源等。

1.3 参加验收单位

包括水管、监理、维修养护单位和质量监督机构名称及其资质。

1.4 维修养护实施情况

包括工程开工日期及完工日期、发现的主要问题及处理情况等。

1.5 完成情况和主要工程量

包括验收时工程形象面貌、实际完成工程量与批准计划工程量对比等。

2．年度维修养护投资计划执行情况

包括年度投资计划执行、预算及调整、决算和财务审计等情况。

3．历次检查和专项验收情况

包括检查时间、单位、遗留问题处理和专项验收情况。

4．质量评定

包括检查情况、专项验收质量情况，鉴定工程质量。

5．存在的主要问题及处理意见

包括验收遗留问题及处理责任单位、完成时间、处理建议等。

6．验收结论

包括对维修养护项目、进度、质量、经费能否按批准计划使用，以及工程档案资料整理是否符合规定等做出明确的结论(质量合格、还是不合格，维修经费使用合理、基本合理、还是不合理)。

7．验收委员会委员签字表

8．被验单位代表签字表

验收委员会委员签字表

验收委员会	姓名	单位(全称)	职务和职称	签字	备注
主任委员					
副主任委员					
副主任委员					
委员					
委员					
委员					
委员					

被验单位代表签字表

姓名	单位(全称)	职务和职称	签字	备注
	水管单位:			
	监理单位:			
	设计单位:			
	维修养护单位:			

附录 A.2　运行观测科日常用表

____工程运行观测日志

天气：
工程运行观测情况：
工程维修养护情况：
备注：

记录：　　　　　　审核：　　　　　　班组长：

防汛物资管理日志

仓库位置：　　　　　　　　日期：　　年　月　日　　　天气：

备注	

记录人：

通信岗位管理日志

日期：　　年　月　日　　　　　　　　　天气：

<table>
<tr><td colspan="2">一、值班情况：

二、出现问题：

三、问题处理：

四、其他：

</td></tr>
<tr><td>备
注</td><td></td></tr>
</table>

记录人：

____工程___年___月___管理班组普查记录清单

序号	项　目	位　置	内　容	长(m)	宽(m)	高(m)	工程量		普查日期
							单位	工程量	

普查者：　　　　日期：_____年___月___日　　　　审核者：　　　　日期：_____年___月___日

____工程___年___月____管理班组普查统计汇总清单

序号	项　目	位　置	内　容	工程量		备　注
				单位	工程量	

普查者：　　　日期：_____年___月___日　　　　　　　审核者：　　　日期：_____年___月___日

____工程___年____月普查统计汇总清单

序号	项　目	工程量		备　注
		单位	工程量	

统计人：　　　　　____年__月__日　审核人：　　　　　____年__月__日

附录 A.3　维修养护施工单位用表

黄河水利工程维修养护日志

天气：	日期：　　年　　月　　日
养护内容、地点，完成工作(工程)量	
人工工日	
机械名称、台班	
备注	

记录：　　　　　　　　审核：　　　　　　　　项目负责人：

______工程养护大事记

内容:

签名: 年 月 日

内容:

签名: 年 月 日

内容:

签名: 年 月 日

内容:

签名: 年 月 日

内容:

签名: 年 月 日

月度维修养护实施方案申报表

(养护〔　　〕施案　　号)

合同名称：　　　　　　　　　　　　合同编号：

<table>
<tr><td>致：(监理机构)
　　今提交____工程的维修养护实施方案进度计划(　年　月)
　　请予审批

养护单位：
项目负责人：
日　　期：　　年　月　日</td></tr>
<tr><td>监理机构审批意见

监理机构：
签 收 人：
日　　期：　　年　月　日</td></tr>
</table>

说明：本表一式____份，承包人、监理机构、发包人各执1份。

维修养护施工进度计划表(____年____月)

序号	项目	单位	本月计划量	日期																														
				1	2	3	4	5	6	7	8	9	10	11	12	13	14	15	16	17	18	19	20	21	22	23	24	25	26	27	28	29	30	31
施工单位：									承包人：															日期：　　　年　　月　　日										

说明：此表由施工单位填写，报送监理和水管单位各 1 份。

YH

报送维修养护月报的函

(养护〔　　〕月报　　号)

合同名称：　　　　　　　　　　　　　　　　　　　　合同编号：

<table>
<tr><td>致：(监理机构)
　　现将我方_____年____月维修养护月报报去，请予审查。
附件：
____年____月维修养护月报表

　　　　　　　　　　养护单位：(全称及盖章)
　　　　　　　　　　项目负责人：(签名)
　　　　　　　　　　日　　期：　　年　月　日</td></tr>
<tr><td>　　今已收到________________________________(承包人全称)所报_____年____月的施工月报及附件共____份。

　　　　　　　　　　监理机构：(全称及盖章)
　　　　　　　　　　签收人：(签名)
　　　　　　　　　　日　　期：　　年　月　日</td></tr>
</table>

说明：维修养护月报由承包人编写，一式____份，每月__日前报监理机构，监理机构签收后，承包人，监理机构、发包人各执1份。

维修养护月报表(____年____月)

(总第　　号)　　　　合同编号：

序号	项目	单位	工程量				人工		机械设备										材料																		备注
			合同	至上月累计完成	本月完成	至本月累计完成	本月投入人工(人)	至本月累计投入人工(人)	本月投入				至本月累计投入						本月投入									至本月累计投入									
									名称	台时	名称	台时	名称	台时	名称	台时	名称	台时	名称	单位	数量	名称	单位	数量	名称	单位	数量	名称	单位	数量	名称	单位	数量	名称	单位	数量	

承包人：　　　　编报人：　　　　日　期：________年____月____日

月度验收申请书

编　号_____

工程名称：　　　　　　　　　　施工单位：

<table>
<tr><td>致：(水管单位)
　　我方按照维修养护月任务通知书和规范有关技术标准，已完成______年____月份水利工程维修养护工作，报请验收。

养护单位：
项目负责人：
日　期：　　　年　　月　　日</td></tr>
<tr><td>待工程验收后，水管单位另行签发月度验收签证。

水管单位：
申请书签收人：
日　期：　　　年　　月　　日</td></tr>
</table>

工程价款月支付申请书(____年____月)

(养护〔　　〕月付　　号)

合同名称：　　　　　　　　　　　　　　　　合同编号：

<table>
<tr><td>
致：(监理机构)
　　今申请支付_____年____月工程价款金额共计(大写)________圆，(小写)________元，请予审核。

附表：1．工程价款月支付汇总表
　　　2．工程价款月支付表
　　　3．合同新增项目月支付明细表

养护单位：(全称及盖章)
项目负责人：(签名)
日　期：　　年　　月　　日
</td></tr>
<tr><td>
待审核后，监理机构将另行签发月付款证书。

监理机构：(全称及盖章)
申请书签收人：(签名)
日　　期：　　年　　月　　日
</td></tr>
</table>

说明：本表一式____份，由承包人填写，监理机构审批后，随同审批意见承包人、监理机构、发包人各1份。

YH

工程价款月支付汇总表

(养护〔　　　〕月总　　　号)

合同名称：　　　　　　　　　　　　　　合同编号：

<table>
<tr><td colspan="2">工程或费用名称</td><td>本期前累计完成金额(元)</td><td>本期申请金额(元)</td><td>本期末累计完成金额(元)</td><td>备注</td></tr>
<tr><td rowspan="6">应支付金额</td><td>合同单价项目</td><td></td><td></td><td></td><td></td></tr>
<tr><td>合同新增项目</td><td></td><td></td><td></td><td></td></tr>
<tr><td>材料预付款</td><td></td><td></td><td></td><td></td></tr>
<tr><td>价格调整</td><td></td><td></td><td></td><td></td></tr>
<tr><td>延期付款得息</td><td></td><td></td><td></td><td></td></tr>
<tr><td>其他</td><td></td><td></td><td></td><td></td></tr>
<tr><td colspan="2">应付款金额合计</td><td></td><td></td><td></td><td></td></tr>
<tr><td rowspan="5">扣除金额</td><td>工程预付款</td><td></td><td></td><td></td><td></td></tr>
<tr><td>材料预付款</td><td></td><td></td><td></td><td></td></tr>
<tr><td>保留金</td><td></td><td></td><td></td><td></td></tr>
<tr><td>违约赔偿</td><td></td><td></td><td></td><td></td></tr>
<tr><td>其他</td><td></td><td></td><td></td><td></td></tr>
<tr><td colspan="2">扣除金额合计</td><td></td><td></td><td></td><td></td></tr>
<tr><td colspan="6">月总支付金额：　佰　拾　万　仟　佰　拾　元　角　分</td></tr>
<tr><td colspan="6">养护单位：(全称及盖章)
项目负责人：(签名)
日　期：______年_____月_____日</td></tr>
<tr><td colspan="6">监理机构将另行签发审核意见。
监理机构：(全称及盖章)
签 收 人：(签名)
日　　期：______年_____月_____日</td></tr>
</table>

说明： 本表一式_____份，由承包人填写。作为月付的附表，一同流转，审批结算时用。

工程价款月支付表

(养护〔　　〕月支　　号)

合同名称：　　　　　　　　　　　　　　　　　　　　合同编号：

序号	项目	单位	合同数量		本月申报数量			本月核准数量			截至本月底累计完成		备注
			工程量	合价(万元)	工程量	单价(元)	合价(万元)	工程量	单价(元)	合价(万元)	工程量	合价(万元)	
	合计												

经审核，本月应支付合同单价项目工程价款总金额(大写)＿＿＿＿＿＿＿＿圆，(小写)＿＿＿＿元。

监理机构：(全称及盖章)

总监理工程师：(签名)

日　期：　　年　　月　　日

说明：本表一式＿＿份，由承包人填写，一同流转、审批结算时用。

合同新增项目月支付明细表

(养护〔　　〕新增　　号)

合同名称：　　　　　　　　　　　　　　　　合同编号：

致：(监理机构)

根据____变更指示(监理〔　　〕变指　　号)/□监理通知(监理〔　　〕通知　号)，我方现申请_____年__月已完成新增项目的工程价款总金额为(大写)____________万圆，(小写)____________万元，请审核。

附件：1．施工质量合格证明；
2．工程测量、计算数据和必要说明。
3．变更项目价格签认单。

养护单位：(全称及盖章)
项目负责人：(签名)
日　期：　　　年　　月　　日

序号	工程名称	单位	核准单价	申报工程量	申报合价	审定工程量	审定合价
合计							

监理单位审核意见：

经审核，本月合同新增项目工程价款总金额为(大写)__________圆，(小写)__________元。

监理机构：(全称及盖章)
总监理工程师：(签名)
日　　期：　　年　　月　　日

说明：本表一式_____份，由承包人填写，一同流转、审批结算时用。

YH

合同项目开工申请表

(养护〔　　〕合开工　　号)

合同名称：　　　　　　　　　　　　　　　　　　　　合同编号：

<table>
<tr><td>致：(监理机构)
　　我方承担的________________________合同项目工程，已完成了各项准备工作，具备了开工条件，现申请开工，请贵方审批。
附件：1．开工申请报告
　　　2．已具备开工条件的证明文件

养护单位：(全称及盖章)
项目负责人：(签名)
申报日期：　　年　　月　　日</td></tr>
<tr><td>审批后另行签发合同项目开工令。

监理机构：(全称及盖章)
签 收 人：(签名)
日　　期：　　年　　月　　日</td></tr>
</table>

说明：本表一式____份，由承包人填写。监理机构审签后，随同“合同项目开工令”，承包人、监理机构、发包人各一份。

维修养护技术方案申报表

(养护〔　　〕技案　　号)

合同名称：　　　　　　　　　　　　　　　　　　合同编号：

<table>
<tr><td>致：(监理机构)
　　现报上______________________的维修养护技术方案、方案详细说明和图表见附件，请予审查批准。
　　附件：1. 维修养护技术方案
　　　　　2.

养护单位：(全称及盖章)
项目负责人：(签名)
日　期：　　年　　月　　日</td></tr>
<tr><td>监理工程师审查意见：
□ 同意
□ 修改后再报(见附言)
□ 不同意

监理机构　：(全称及盖章)
监理工程师：(签名)
日　　期：　　年　　月　　日</td></tr>
<tr><td>总监理工程师审查意见：　　　　　　　　附言：
□ 同意
□ 修改后再报(见附言)
□ 不同意

监 理 机 构：(全程及盖章)
总监理工程师：(签名)
日　　期：　　年　　月　　日</td></tr>
<tr><td>附注：特殊技术、工艺方案要经总监理工程师批准，一般由监理工程师审批。</td></tr>
</table>

说明：本表一式____份，由承包人填写。监理机构审签后，随同审批意见，承包人、监理机构、发包人各1份。

YH

材料进场报验单

(养护〔　　　〕材验　　　号)

合同名称：　　　　　　　　　　　　　　　　　　　　　　合同编号：

致：(监理机构)

下列建筑材料经自检试验符合技术规范要求，报请验证并准予使用。

附件：

养护单位：(全称及盖章)
项目负责人：(签名)
日　　期：　年　月　日

材料名称				
材料来源、产地				
材料规格				
用　　途				
本批材料数量				
施工单位的试验	试样来源			
	取样地点、日期			
	试验日期、操作人			
	试验结果			
材料预计进场日期				

致：(施工单位)

上述材料的取样、试验等是符合/不符合规程要求的，经抽样复查试验的结果表明，这些材料符合/不符合合同技术规范要求，可以/不可以使用在指定工程部位上。

监理机构　：(全称及盖章)
监理工程师：(签名)
日　　期：　年　月　日

说明：本表一式____份，由承包人填写。监理机构审签后，承包人2份，监理机构、发包人各1份。

YH

施工设备进场报验单

(养护〔　　〕设备　　号)

合同名称：　　　　　　　　　　　　　　　　　　　　合同编号：

致：(监理机构)

下列施工设备已按合同规定进场，请查验签证，准予使用。

养护单位：(全称及盖章)
项目负责人：(签名)
日　　期：　　年　　月　　日

设备名称	规格型号	数量	进场日期	技术状况	拟用何处	备注

致：(养护单位)

经查验，

1.性能、数量能满足需要的设备：

2.性能不符合施工技术要求的设备：

3.数量、能力不足的设备：

请你方尽快按施工进度要求，配足所需设备。

监理机构：(全称及盖章)
监理工程师(签名)：
日　　期：　　年　　月　　日

说明： 本表一式__份，由承包人填写。监理机构审签后，承包人、监理机构、发包人各1份。

YH

现场组织机构及主要人员报审表

(养护〔　　〕机人　　号)

合同名称：　　　　　　　　　　　　　　　　合同编号：

<table>
<tr><td>本工程
担任职务</td><td>姓名</td><td>性别</td><td>年龄</td><td>文化程度</td><td>技术职称</td><td>证件名称
及编号</td><td>备注</td></tr>
<tr><td>项目
负责人</td><td></td><td></td><td></td><td></td><td></td><td></td><td></td></tr>
<tr><td>技术
负责人</td><td></td><td></td><td></td><td></td><td></td><td></td><td></td></tr>
<tr><td>施工
负责人</td><td></td><td></td><td></td><td></td><td></td><td></td><td></td></tr>
<tr><td>质量
负责人</td><td></td><td></td><td></td><td></td><td></td><td></td><td></td></tr>
<tr><td>安全
负责人</td><td></td><td></td><td></td><td></td><td></td><td></td><td></td></tr>
<tr><td>作业队施工
负责人</td><td></td><td></td><td></td><td></td><td></td><td></td><td></td></tr>
<tr><td>作业队施工
负责人</td><td></td><td></td><td></td><td></td><td></td><td></td><td></td></tr>
<tr><td>作业队施工
负责人</td><td></td><td></td><td></td><td></td><td></td><td></td><td></td></tr>
<tr><td colspan="8">情况说明：</td></tr>
<tr><td colspan="4">养护单位：(全称及盖章)
项目负责人：(签名)
日　期：　年　月　日</td><td colspan="4">监理机构：(全称及盖章)
监理工程师：(签名)
日期：　年　月　日</td></tr>
</table>

说明：本表一式__份，由承包人填写。监理机构审签后，随同审核意见，承包人、监理机构、发包人各1份。

YH

施工进度计划申报表

(养护〔　　〕进度　　号)

合同名称：　　　　　　　　　　　　　　　　　　　　合同编号：

<table>
<tr><td>致：(监理机构)
　　我方今提交________________________________工程(名称及编码)的：
　　□工程进度计划

　　请贵方审批。

　　附件：1．施工进度计划
　　　　　2．图表、说明书共_____页。
　　　　　3．

养护单位：(全称及盖章)
项目负责人：(签名)
日期：　　年　　月　　日</td></tr>
<tr><td>　　监理机构将另行签发审批意见。

监理机构：(全称及盖章)
签收人：(签名)
日期：　　年　　月　　日</td></tr>
</table>

说明：本表一式____份，由承包人填写，监理机构审核后，随同审批意见，承包人、监理机构、发包人、设计代表各1份。

施工放样报验单

(养护〔　　〕放样　　号)

合同名称：　　　　　　　　　　　　　　　　合同编号：

致：(监理机构)

根据合同要求，我们已完成______________________的施工放样工作，请查验。

附件：测量放样资料

序号或位置	工程或部位名称	放样内容	备　注

自检结果：

养护单位：(全称及盖章)
技术负责人：(签名)
项目负责人：(签字)：
日期：　　年　　月　　日

核验意见：

监理机构：（全称及盖章）
监理工程师：(签名)
日期：　　年　　月　　日

说明： 本表一式___份，由承包人填写，监理机构审核后，承包人2份，监理机构、发包人各1份。

YH

分部工程开工申请表

(养护〔　　〕分开工　号)

合同名称：　　　　　　　　　　　　　　　　合同编号：

<table>
<tr><td colspan="4">致：(监理单位)
本分部工程已具备开工条件，施工准备工作已就绪，请贵方审批。</td></tr>
<tr><td colspan="2">申请开工
分部工程名称</td><td colspan="2">分部工程名称[分部工程编码]</td></tr>
<tr><td colspan="2">申请开工日期</td><td>___年___月___日</td><td>计划工期　___年___月___日
至___年___月___日</td></tr>
<tr><td rowspan="9">承包人施工准备工作自检记录</td><td>序号</td><td>检查内容</td><td></td></tr>
<tr><td>1</td><td>施工图纸、技术标准、施工技术交底情况</td><td>已完成</td></tr>
<tr><td>2</td><td>主要施工设备到位情况</td><td>主要施工设备已到位</td></tr>
<tr><td>3</td><td>施工安全和质量保证措施落实情况</td><td>各项保证措施已落实到位</td></tr>
<tr><td>4</td><td>材料、构配件质量及检验情况</td><td>已完成</td></tr>
<tr><td>5</td><td>现场施工人员安排情况</td><td>安排到位</td></tr>
<tr><td>6</td><td>水、电等必须的辅助生产设施准备情况</td><td>辅助生产设施准备完备</td></tr>
<tr><td>7</td><td>场地平整、交通、临时设施准备情况</td><td>按施工要求准备</td></tr>
<tr><td>8</td><td>测量及试验情况</td><td>已完成</td></tr>
<tr><td colspan="4">养护单位：
项目负责人：
日　　期：　年　月　日</td></tr>
<tr><td colspan="4">开工申请通过审批后，另行签发开工通知。
监理机构：
签 收 人：
日　　期：　年　月　日</td></tr>
</table>

说明：本表一式__份，由承包人填写。监理机构审签后，随同“分部工程开工通知”，承包人、监理机构、发包人各1份。

YH

单元工程报验单

(养护〔　　〕质报　　号)

合同名称：　　　　　　　　　　　　　　　　　　　　合同编号：

<table>
<tr><td>
致：(监理机构)
　　__________单元工程已按合同要求完成施工，经自检合格，报请核验。

附：__________单元工程质量评定表

养护单位：(全称及盖章)
项目负责人：(签名)
日　期：　　年　　月　　日
</td></tr>
<tr><td>
　　经核验，__________单元工程的质量：
□ 合格
□ 不合格

附言：

监理机构：(全称及盖章)
监理工程师：(签名)
日期：　　年　　月　　日
</td></tr>
</table>

说明：本表一式___份，由承包人填写，监理机构审签后，承包人 2 份，监理机构、发包人各 1 份。

YH

暂停施工申请

(养护〔　　〕暂停　　号)

合同名称：　　　　　　　　　　　　　　　　　　合同编号：

<table>
<tr><td colspan="2">致：(监理机构)
由于发生本申请所列原因造成工程无法正常施工，依据有关合同约定，我方申请对所列工程项目暂停施工。</td></tr>
<tr><td>暂停施工
工程项目</td><td></td></tr>
<tr><td>暂停施工原因</td><td></td></tr>
<tr><td>引用合同条款</td><td></td></tr>
<tr><td>附注</td><td></td></tr>
<tr><td colspan="2">养护单位：(全称及盖章)
项目负责人：(签名)
日　期：　　年　　月　　日</td></tr>
<tr><td colspan="2">监理机构将另行签发审批意见。
监理机构：(全称及盖章)
签收人：(签名)
日　期：　　年　　月　　日</td></tr>
</table>

说明：本表一式_____份，由承包人填写，监理机构审批后，随同审批意见，承包人、监理机构、发包人各1份。

YH

复工申请表

(养护〔　　〕复工　　号)

合同名称：　　　　　　　　　　　　　　　　合同编号：

<table>
<tr><td>致：(监理机构)
　　______________________工程项目，接到监理〔　　〕停工_____号暂停施工通知后，已于_______年_______月_______日时暂停施工。鉴于______________________________工程的停工因素已经消除，复工准备工作业已就绪，特报请批准于______年月_____日_____时复工。

附件：具备复工条件的情况说明

养护单位：(全称及盖章)
项目负责人：(签名)
日期：　　年　　月　　日</td></tr>
<tr><td>监理机构将另行签发审批意见。

监理机构：(全称及盖章)
签收人：(签名)
日期：　　年　　月　　日</td></tr>
</table>

说明：本表一式____份，由承包人填写，报送监理机构审批后，随同审批意见，承包人、监理机构、发包人各1份。

YH

计日工单价报审表

(养护〔　　〕计价　　号)

合同名称：　　　　　　　　　　　　　　　　　　　　　　　合同编号：

序号	计日工内容	单位	申报单价	监理机构审核单价	发包人核准单价
1					
2					
3					
4					
5					
6					
7					
8					
9					

附件：□单价分析表
□

养护单位：(全称及盖章)
项目负责人：(签名)
日　期：　　年　　月　　日

审核意见：

监理机构：(全称及盖章)
总监理工程师：(签名)
日　　期：　　年　　月　　日

核准意见：

发包人：(全称及盖章)
授权人：(签名)
日　期：　　年　　月　　日

说明：本表一式____份，由承包人填写，针对施工合同中未明确约定单价的计日工，报监理机构审核、发包人核准后，发包人、监理机构各1份，承包人2份，结算时用作附件。

YH

计日工工程量签证单

(养护〔　　〕计签　　号)

合同名称：　　　　　　　　　　　　　　合同编号：

序号	工程项目名称	计日工内容	单位	申报工程量	核准工程量	说明
1						
2						
3						
4						
5						
6						

现申报计日工工程量，请审核。

养护单位：(全称及盖章)
项目负责人：(签名)
日　期：　　年　　月　　日

审核意见：

监理机构：(全称及盖章)
监理工程师：(签名)
日　期：　　年　　月　　日

说明：本表一式____份，由承包人每个工作日完成后填写，经监理机构验证后，监理机构、发包人各1份，退返承包人2份，作结算时使用。

计日工项目月支付明细表

(养护〔　　〕计日付　　号)

合同名称：　　　　　　　　　　　　　　　　　　　　合同编号：

序号	计日工内容	核准工程量	单位	单价(元)	本月完成金额(元)	累计完成金额(元)	备注
计日工项目月总支付金额：　佰　拾　万　仟　佰　拾　元							

致：(监理机构)

现申报本月完成计日工项目工程价款总金额为(大写)＿＿＿＿＿＿圆，(小写)＿＿＿＿＿元，请审核。

附件：1. 计日工工作量月汇总表

2. 计日工单价报审表

养护单位：(全称及盖章)

项目负责人：(签名)

日　期：　　　年　　月　　日

经审核，本月计日工项目工程价款总金额为(大写)＿＿＿＿＿＿圆，(小写)＿＿＿＿＿元。

监理机构：(全称及盖章)

总监理工程师：(签名)

日　　期：　　年　　月　　日

说明：1. 本表一式＿份，由承包人填写，一同流转、审批结算时用。

2. 本表的单价依据合同或计日工单价报审表，工程量依据计日工工程量月汇总表。

YH

计日工程量月汇总表

(养护〔　　〕计日量　号)

合同名称：　　　　　　　　　　　　　　　　合同编号：

序号	计日工内容	单位	申报工作量	核准工程量	说明
1					
2					
3					
4					
5					
6					
7					
8					
9					
10					

致：(监理机构)

依据经监理机构签认的计日工工程量签证单，汇总为本表，请审核。

附件：计日工工程量签证单

养护单位：(全称及盖章)

项目负责人：(签名)

日　期：　　年　月　日

审核意见：

监理机构：(全称及盖章)

监理工程师：(签名)

日　　期：　　年　　月　　日

说明：本表一式_____份，由承包人在每个结算月完成后汇总计日工工程量签证单填写，经监理机构审核后，作结算用附件。

YH

验收申请报告

(养护〔　　〕验报　　号)

合同名称：　　　　　　　　　　　　　　　　　　　　合同编号：

<table>
<tr><td colspan="3">致：(监理机构)
　　__________________工程项目已经按计划于______年____月____日基本完工，零星未完工程及缺陷修复拟按申报计划实施，验收文件也已准备就绪，现申请验收。</td></tr>
<tr><td rowspan="2">□分部工程验收
□单位工程验收</td><td>验收工程名称、编码</td><td>申请验收时间</td></tr>
<tr><td></td><td></td></tr>
<tr><td colspan="3">附件：
　　1．零星未完工程施工计划
　　2．缺陷修复计划
　　3．验收报告、资料

养护单位：(全称及盖章)
项目负责人：(签名)
日　期：　　年　　月　　日</td></tr>
<tr><td colspan="3">监理机构将另行签发审核意见。

监理机构：(全称及盖章)
签收人：(签名)
日　　期：　　年　　月　　日</td></tr>
</table>

说明：本表一式____份，由承包人填写，监理机构审核后，随同审核意见，承包人、监理机构、发包人、设计代表各1份。

YH

报 告 单

(养护〔　　〕报告　　号)

合同名称：　　　　　　　　　　　　　　　　合同编号：

<table>
<tr><td>报告事由：

养护单位：(全称及盖章)
项目负责人：(签名)
日　　期：　　年　月　日</td></tr>
<tr><td>监理机构意见：

监理机构：(全称及盖章)
总监理工程师：(签名)
日　　期：　　年　月　日</td></tr>
<tr><td>发包人意见：

发包人：(全称及盖章)
负责人：(签名)
日　　期：　　年　月　日</td></tr>
</table>

说明：本表一式___份，由承包人填写，监理机构、发包人审批后，承包人 2 份，监理机构、发包人各 1 份。

YH

完工/最终付款申请表

(养护〔　　〕付申　号)

合同名称：　　　　　　　　　　　　　合同编号：

<table>
<tr><td colspan="5">致：(监理机构)
依据施工合同约定，我方已完成合同项目________工程的施工，并□已通过工程验收/□工程移交证书已签发。现申请该工程的□完工付款/□最终付款。
经核计，我方共应获得总价为(大写)____圆，(小写)____元的□完工付款/□最终付款。请审核。</td></tr>
<tr><td>工程名称</td><td colspan="4"></td></tr>
<tr><td>合同价</td><td colspan="2"></td><td>已完成工程总价</td><td></td></tr>
<tr><td>保留金</td><td>扣留总额</td><td></td><td>应返还总额</td><td></td></tr>
<tr><td rowspan="2">其他</td><td>应获得额</td><td></td><td>已获得额</td><td></td></tr>
<tr><td>应扣除额</td><td></td><td>已扣除额</td><td></td></tr>
<tr><td rowspan="2">合计</td><td>应获得总额</td><td></td><td>已获得总额</td><td></td></tr>
<tr><td>应扣除总额</td><td></td><td>已扣除总额</td><td></td></tr>
<tr><td colspan="5">完工付款/最终付款总额：　佰　拾　万　仟　佰　拾　元</td></tr>
<tr><td colspan="5">附件：计算资料、证明文件

养护单位：(全称及盖章)
项目负责人：(签名)
日　　期：　　年　　月　　日</td></tr>
<tr><td colspan="5">监理机构将另行签发审核意见。

监理机构：(全称及盖章)
签 收 人：(签名)
日　　期：　　年　　月　　日</td></tr>
</table>

说明： 本表一式____份，由承包人填写，监理机构审批后，随同审批意见返承包人2份，监理机构、发包人各1份。

附录 A.4　维修养护监理单位工作用表

JL

合同项目开工令

(监理〔　　　〕合开工　　　号)

合同名称：　　　　　　　　　　　　　　　　　　　合同编号：

<table>
<tr><td>致：(养护单位)
　　你方_____年___月___日报送的______________________工程项目开工申请已通过审核。你方从即日起，按施工计划安排施工。
　　确定此合同项目的实际开工日期为_____年___月___日。

监 理 机 构：
总监理工程师：
日　　期：　　　年　　月　　日</td></tr>
<tr><td>　　今已收到合同项目开工令。

养护单位：
项目负责人：
日　　期：　　　年　　月　　日</td></tr>
</table>

分部工程开工通知

(监理〔　　〕合开工　号)

合同名称：　　　　　　　　　　　　　　　　　　合同编号：

<table>
<tr><td>致：(养护公司)
　　你方______年___月___日报送的______(分部工程名称[编码])分部工程开工申请表(养护〔　　〕分开工　号)已经通过审核，确定该分部工程的开工日期为____年__月__日。

　　附　件：

监理机构：

总监理工程师：
日　　　期：　　年　　月　　日</td></tr>
<tr><td>　　今已收到分部工程的开工通知。

养护单位：
项目负责人：
日　　期：　　年　　月　　日</td></tr>
</table>

说明： 本表一式___份，由承包人填写。监理机构审签后，随同“合同项目开工令”，承包人、监理机构、发包人各1份。

工程检验认可证书

编号：

工程名称： 项目：

致（施工单位） 事由：
第　　　　号工程报验单所报的(工程项目内容)
工程，经查验为合格／不合格工程。
施工放样认可：
材料试验认可：
施工质量认可：
备注：
监理工程师： 年　　月　　日

注：本表一式二份，批复后，存监理部一份，退养护单位一份。

附录B　单元工程检查记录表填写说明

B.1 堤防单元工程质量检查记录填表说明

B.1.1 堤顶维修养护

B.1.1.1 堤顶养护土方：每 30 ~ 50 m^3 应检查一个点次，工程量少于 30 ~ 50 m^3 的，也应检查一个点次。检查项目点数合格率不低于 90%的评为合格,否则评为不合格。

B.1.1.2 边埂整修：每 1 000 m 为一个检查堤段，每个堤段应检查 100 m。检查点数合格率不低于 90%的评为合格,否则评为不合格。

B.1.1.3 堤顶洒水：每 1 000 m 为一个检查堤段，每堤段检查 100m。检查点数合格率不低于 90%的评为合格,否则评为不合格。

B.1.1.4 堤顶刮平

B.1.1.4.1 未硬化堤顶刮平：每 1 000 m 为一个检查堤段，每堤段检查 100 m，工程量小于 1 000 m 的，也应按 10%的比例进行检查。检查点数合格率不低于 90%的评为合格,否则评为不合格。

B.1.1.4.2 泥结碎石路面堤顶刮平：每 1 000 m 为一个检查堤段，每堤段检查 100 m。检查点数合格率不低于 90%的评为合格,否则评为不合格。

B.1.1.5 堤顶行道林养护：每 1 000 m 为一个检查堤段，每堤段检查 100 m。检查点数合格率不低于 90%的评为合格,否则评为不合格。

B.1.1.6 硬化堤顶维修

B.1.1.6.1 碎石路面堤顶：每 1 000 m 为一个检查堤段，每堤段检查 100 m，也应按 10%的比例进行检查。检查点数合格率不低于 90%的评为合格,否则评为不合格。

B.1.1.6.2 沥青柏油路面顶：①正常维护路面每 1 000 m 为一个检查堤段，每堤段检查 100 m。检查点数合格率不低于 90%的评为合格,否则评为不合格。②翻修路面每 20 m^2 为一检测点，检查点数合格率不低于 90%的评为合格,否则评为不合格。

B.1.1.7 堤顶排水沟：①日常维护：按维护长度 10%的比例进行检查。②翻修部分：按翻修长度每 10 m 检查一处。检查点数合格率不低于 90%的评为合格,否则评为不合格。

B.1.2 堤坡维修养护

B.1.2.1 堤坡养护土方：每 100 m^3 应为一个检查点，工程量小于 100 m^3，要求按 10%的比例进行检查。检查点数合格率不低于 90%的评为合格,否则评为不合格。

B.1.2.2 排水沟翻修：①正常维护：沿堤轴线每 1 000 m 抽检 1 条；②翻修部分：按翻修长度每 10 m 检查一处。检查点数合格率不低于 90%的评为合格,否则评为不合格。

B.1.2.3 上堤路口养护土方：每 30 ~ 50 m^3 应为一个检查堤段，工程量小于 30 ~ 50 m^3 的，要求按 10%的比例进行检查。检查点数合格率不低于 90%的评为合格,否则评为不合格。

B.1.2.4 草皮养护及补植：①正常维护：每 1 000 m 应为一个检查堤段，每个堤段要求检查 100 m。②补植：按补植工程量 10%的比例进行检查。检查点数合格率不低于 90%的评为合格,否则评为不合格。

B.1.3 附属设施维修养护

B.1.3.1 标志牌维护：按工程量 10%的比例进行检查。检查点数合格率不低于 90%的评为合格,否则评为不合格。

B.1.3.2 护堤地埂整修：每 1 000 m 应为一个检查堤段，每堤段检查 100 m，检查点数合格率不低于 90%的评为合格,否则评为不合格。

B.1.4 护堤林带养护

每 15 亩应检查 1 亩，工程量小于 15 亩的，要求按 10%的比例进行检查。检查点数合格率不低于 90%的评为合格,否则评为不合格。

B.1.5 防浪林养护

每 100 亩应检查 1 亩，工程量小于 100 亩的，要求按 10%的比例进行检查。检查点数合格率不低于 90%的评为合格,否则评为不合格。

B.1.6 淤区维修养护

B.1.6.1 维修养护土方：每 100 m^3 应为一个检查堤段，工程量小于 100 m^3 的，要求按 10%的比例进行检查。检查点数合格率不低于 90%的评为合格,否则评为不合格。

B.1.6.2 围格堤整修：每 1 000 m 应为一个检查堤段，工程量小于 1 000 m 的，要求按 10%的比例进行检查。检查点数合格率不低于 90%的评为合格,否则评为不合格。

B.1.6.3 护堤林带养护：每 100 亩应检查 1 亩，工程量小于 100 亩的，要求按 10%的比例进行检查。检查点数合格率不低于 90%的评为合格,否则评为不合格。

B.1.6.4 排水沟翻修：①正常维护：沿堤轴线每 1 000 m 应抽查 1 条。②翻修部分：按翻修长度每 10 m 检查一处。检查点数合格率不低于 90%的评为合格,否则评为不合格。

B.1.7 前戗维修养护

与 B.1.6 项目说明相同，此处从略。

B.1.8 土牛维修养护

每 500 m 应检查一个堤段，检查点数合格率不低于 90%的评为合格,否则评为不合格。

B.1.9 备防石整修

每 10 垛检查三垛，达不到 10 垛的，要求按 10%的比例进行检查。检查点数合格率不低于 90%的评为合格,否则评为不合格。

B.1.10 管理房维修

每处管理房都进行检查，检查点数合格率不低于 90%的评为合格，否则评为不合格。

B.1.11 害堤动物防治

每 1 000 m 应为一个检查堤段，每堤段检查 100 m，检查点数合格率不低于 90%的评为合格,否则评为不合格。

B.2 河道整治单元工程质量检查记录填表说明

B.2.1 坝顶维修养护

B.2.1.1 坝顶养护土方：原则上丁坝每 5 道坝、联坝每 1 000 m 应检查一个点次,每个点次检查 30 ~ 50 m^3,工程量少于 30 ~ 50 m^3 的，要求按 10%的比例进行检查；检查点数合格率不低于 90%的评为合格,否则评为不合格。

B.2.1.2 坝顶沿子石翻修：每 5 道坝应检查 1 道坝(为一点次)，施工位置少于 5 道坝的，检查点次、工程量视情况定，不能漏检。检查点数合格率不低于 90%的评为合格,否则评为不合格。

B.2.1.3 坝顶洒水：每 1 000 m 应为一个检查断面,每断面检查 100 m，检查点数合格率不低于 90%的评为合格,否则评为不合格。

B.2.1.4 坝顶刮平：每 1 000 m 应为一个检查断面,每断面检查 100 m，检查点数合格率不低于 90%的评为合格,否则评为不合格。

B.2.1.5 坝顶边埂整修：每 1 000 m 应为一个检查断面,每断面检查 100 m，工程量少于 1 000 m 的，检查点次、工程量视情况定，不能漏检。检查点数合格率不低于 90%的评为合格,否则评为不合格。

B.2.1.6 坝顶备防石整修：每 5 道坝应检查 1 道坝，施工位置小于 5 道坝的，要求检查 1 点道坝，检查点次、工程量视情况定，不能漏检。检查点数合格率不低于 90%的评为合格,否则评为不合格。

B.2.1.7 坝顶碎石路面：每 1 000 m 应为一个检查断面,每断面检查 100 m，检查点数合格率不低于 90%的评为合格,否则评为不合格。

B.2.1.8 坝顶行道林养护：每 1 000 m 为一个检查断面，每断面检查 100 m，工程量少于 1 000 m 的，检查点次、工程量视情况定，不能漏检。检查点数合格率不低于 90%的评为合格,否则评为不合格。

B.2.2 坝坡维修养护

B.2.2.1 坝坡养护土方：每 100 m^3 应为一个点次，工程量小于 100 m^3 的，检查点次、工程量视情况定，不能漏检。检查点数合格率不低于 90%的评为合格,否则评为不合格。

B.2.2.2 坝坡养护石方：每 5 道坝检查 1 道坝(为一点次)，施工位置小于 5 道坝的，要求检查 1 点道坝，检查点数合格率不低于 90%的评为合格,否则评为不合格。

B.2.2.3 排水沟翻修：每 5 道坝检查 1 道坝(为一点次)，施工位置小于 5 道坝的，要求检查 1 点道坝，检查点数合格率不低于 90%的评为合格,否则评为不合格。

B.2.2.4 草皮养护及补植：每 5 道坝检查 1 道坝(为一点次)，施工位置小于 5 道坝的，要求检查 1 点道坝。检查点数合格率不低于 90%的评为合格,否则评为不合格。

B.2.3 根石维修养护

B.2.3.1 根石加固：每道坝都要检查，检查点数合格率不低于 90%的评为合格,否则评为不合格。

B.2.3.2 根石平整：每 5 道坝检查 1 道坝(为一点次)，施工位置小于 5 道坝的，要求检查 1 点道坝，不能漏检。检查点数合格率不低于 90%的评为合格,否则评为不合格。

B.2.4 附属设施维修养护

B.2.4.1 管理房维修养护：每处管理房都要进行检查，所有项目应全部合格，一处不合格视为不合格。

B.2.4.2 标志(碑)牌维护：每 5 道坝检查 1 道坝(为一点次)，

施工位置小于 5 道坝的，要求检查 1 点道坝，不能漏检。检查点数合格率不低于 90%的评为合格,否则评为不合格。

B.2.4.3 护坝地埂整修：每 1 000 m 应为一个检查断面,每断面检查 100 m，工程量少于 1 000 m 的，检查点次、工程量视情况定，不能漏检。检查点数合格率不低于 90%的评为合格,否则评为不合格。

B.2.4.4 护坝林：每 100 亩应检查 1 亩，工程量小于 100 亩的，要求按 10%的比例进行检查。检查点数合格率不低于 90%的评为合格，否则评为不合格。

B.2.5 上坝路

①正常维护路面：每 1 000 m 为一个检查段,每段检查 100 m。检查点数合格率不低于 90%的评为合格，否则评为不合格。②翻修路面：每 50 m^2 为一检测单位，检查点数合格率不低于 90%的评为合格,否则评为不合格。

注：水闸、泵站检查记录表填写方法参照执行。

附录 C.1　堤防单元工程质量检查记录表

C.1.1.1

堤顶养护土方检查记录表

施工单位：　　　　　　　　　　　　检查日期：　　年　　月　　日

<table>
<tr><td>单位工程
【编码】</td><td colspan="2"></td><td colspan="2">分部工程
【编码】</td><td></td><td>单元工程
【编码】</td><td></td></tr>
<tr><td>施工位置</td><td colspan="2"></td><td colspan="2">施工
日期</td><td>年　月　日
至　年　月　日</td><td>工程量</td><td></td></tr>
<tr><td>质量标准</td><td colspan="7">盖顶为黏土覆盖，土质合格；补土平垫夯实；堤顶平整，堤肩线平顺规整，饱满平坦，无明显坑洼现象</td></tr>
<tr><td rowspan="17">检
查
情
况</td><td>桩号
或位置</td><td>土质</td><td colspan="2">补土是否
平垫夯实</td><td>有无坑洼
积水现象</td><td>堤线平顺规整
饱满平坦</td><td>检查结果</td></tr>
<tr><td></td><td></td><td colspan="2"></td><td></td><td></td><td></td></tr>
<tr><td></td><td></td><td colspan="2"></td><td></td><td></td><td></td></tr>
<tr><td></td><td></td><td colspan="2"></td><td></td><td></td><td></td></tr>
<tr><td></td><td></td><td colspan="2"></td><td></td><td></td><td></td></tr>
<tr><td></td><td></td><td colspan="2"></td><td></td><td></td><td></td></tr>
<tr><td></td><td></td><td colspan="2"></td><td></td><td></td><td></td></tr>
<tr><td></td><td></td><td colspan="2"></td><td></td><td></td><td></td></tr>
<tr><td></td><td></td><td colspan="2"></td><td></td><td></td><td></td></tr>
<tr><td></td><td></td><td colspan="2"></td><td></td><td></td><td></td></tr>
<tr><td></td><td></td><td colspan="2"></td><td></td><td></td><td></td></tr>
<tr><td></td><td></td><td colspan="2"></td><td></td><td></td><td></td></tr>
<tr><td></td><td></td><td colspan="2"></td><td></td><td></td><td></td></tr>
<tr><td></td><td></td><td colspan="2"></td><td></td><td></td><td></td></tr>
<tr><td></td><td></td><td colspan="2"></td><td></td><td></td><td></td></tr>
<tr><td></td><td></td><td colspan="2"></td><td></td><td></td><td></td></tr>
<tr><td></td><td></td><td colspan="2"></td><td></td><td></td><td></td></tr>
</table>

检查人：　　　　　　　记录人：　　　　　　　审核人：

C.1.1.2

边埂整修检查记录表

施工单位：　　　　　　　　　　　　　　检查日期：　　年　　月　　日

<table>
<tr><td>单位工程
【编码】</td><td colspan="2"></td><td>分部工程
【编码】</td><td colspan="2"></td><td colspan="2">单元工程
【编码】</td><td></td></tr>
<tr><td>施工位置</td><td colspan="2"></td><td>施工日期</td><td colspan="2">年　月　日
至　年　月　日</td><td colspan="2">工程量</td><td></td></tr>
<tr><td>质量标准</td><td colspan="8">1. 有边埂堤肩：表面平整，边线顺直，无杂草
2. 无边埂堤肩：无明显坑洼，平顺规整，植草防护</td></tr>
<tr><td rowspan="15">检
查
情
况</td><td rowspan="2">桩号
或位置</td><td colspan="3">有边埂堤肩</td><td colspan="3">无边埂堤肩</td><td rowspan="2">检查
结果</td></tr>
<tr><td>表面是否平整</td><td>边线是否顺直</td><td>有无杂草</td><td>有无明显坑洼</td><td>是否平顺规整</td><td>有无植草防护</td></tr>
<tr><td></td><td></td><td></td><td></td><td></td><td></td><td></td><td></td></tr>
<tr><td></td><td></td><td></td><td></td><td></td><td></td><td></td><td></td></tr>
<tr><td></td><td></td><td></td><td></td><td></td><td></td><td></td><td></td></tr>
<tr><td></td><td></td><td></td><td></td><td></td><td></td><td></td><td></td></tr>
<tr><td></td><td></td><td></td><td></td><td></td><td></td><td></td><td></td></tr>
<tr><td></td><td></td><td></td><td></td><td></td><td></td><td></td><td></td></tr>
<tr><td></td><td></td><td></td><td></td><td></td><td></td><td></td><td></td></tr>
<tr><td></td><td></td><td></td><td></td><td></td><td></td><td></td><td></td></tr>
<tr><td></td><td></td><td></td><td></td><td></td><td></td><td></td><td></td></tr>
<tr><td></td><td></td><td></td><td></td><td></td><td></td><td></td><td></td></tr>
<tr><td></td><td></td><td></td><td></td><td></td><td></td><td></td><td></td></tr>
<tr><td></td><td></td><td></td><td></td><td></td><td></td><td></td><td></td></tr>
<tr><td></td><td></td><td></td><td></td><td></td><td></td><td></td><td></td></tr>
</table>

检查人：　　　　　　　　　记录人：　　　　　　　　　审核人：

C.1.1.3

堤顶洒水检查记录表

施工单位：

<table>
<tr><td>单位工程
【编码】</td><td></td><td>分部工程
【编码】</td><td></td><td>单元工程
【编码】</td><td></td></tr>
<tr><td>施工位置</td><td></td><td>施工日期</td><td>年　月　日
至　年　月　日</td><td>工程量</td><td></td></tr>
<tr><td>质量标准</td><td colspan="5">喷洒均匀，到边，无积水</td></tr>
<tr><td rowspan="15">检
查
情
况</td><td>柱号或位置</td><td>喷洒是否均匀、到边</td><td>有无积水</td><td>检查时间</td><td>检查结果</td></tr>
<tr><td></td><td></td><td></td><td></td><td></td></tr>
<tr><td></td><td></td><td></td><td></td><td></td></tr>
<tr><td></td><td></td><td></td><td></td><td></td></tr>
<tr><td></td><td></td><td></td><td></td><td></td></tr>
<tr><td></td><td></td><td></td><td></td><td></td></tr>
<tr><td></td><td></td><td></td><td></td><td></td></tr>
<tr><td></td><td></td><td></td><td></td><td></td></tr>
<tr><td></td><td></td><td></td><td></td><td></td></tr>
<tr><td></td><td></td><td></td><td></td><td></td></tr>
<tr><td></td><td></td><td></td><td></td><td></td></tr>
<tr><td></td><td></td><td></td><td></td><td></td></tr>
<tr><td></td><td></td><td></td><td></td><td></td></tr>
<tr><td></td><td></td><td></td><td></td><td></td></tr>
<tr><td></td><td></td><td></td><td></td><td></td></tr>
</table>

检查人：　　　　　　　　记录人：　　　　　　　　审核人：

C.1.1.4.1

未硬化堤顶刮平检查记录表

施工单位：

<table>
<tr><td>单位工程
【编码】</td><td></td><td>分部工程
【编码】</td><td></td><td>单元工程
【编码】</td><td colspan="2"></td></tr>
<tr><td>施工位置</td><td></td><td>施工日期</td><td>年　月　日
至　年　月　日</td><td>工程量</td><td colspan="2"></td></tr>
<tr><td>质量标准</td><td colspan="6">未硬化堤顶应保持花鼓顶达到饱满平整，无车槽及明显凸凹、起伏；降雨期间及雨后无积水；平均每 5.0 m 长堤段纵向高差不应大于 0.1 m,横向坡度宜保持在 2% ~ 3%</td></tr>
<tr><td rowspan="15">检
查
情
况</td><td>桩号
或位置</td><td>花鼓顶是否饱满无车槽及明显凸凹、起伏</td><td>降雨期间
及雨后
有无积水</td><td>纵向高差及横向坡比是否符合标准</td><td>检查
时间</td><td>检查
结果</td></tr>
<tr><td></td><td></td><td></td><td></td><td></td><td></td></tr>
<tr><td></td><td></td><td></td><td></td><td></td><td></td></tr>
<tr><td></td><td></td><td></td><td></td><td></td><td></td></tr>
<tr><td></td><td></td><td></td><td></td><td></td><td></td></tr>
<tr><td></td><td></td><td></td><td></td><td></td><td></td></tr>
<tr><td></td><td></td><td></td><td></td><td></td><td></td></tr>
<tr><td></td><td></td><td></td><td></td><td></td><td></td></tr>
<tr><td></td><td></td><td></td><td></td><td></td><td></td></tr>
<tr><td></td><td></td><td></td><td></td><td></td><td></td></tr>
<tr><td></td><td></td><td></td><td></td><td></td><td></td></tr>
<tr><td></td><td></td><td></td><td></td><td></td><td></td></tr>
<tr><td></td><td></td><td></td><td></td><td></td><td></td></tr>
<tr><td></td><td></td><td></td><td></td><td></td><td></td></tr>
<tr><td></td><td></td><td></td><td></td><td></td><td></td></tr>
</table>

检查人：　　　　　　　记录人：　　　　　　　审核人：

C.1.1.4.2

泥结碎石路面堤顶刮平检查记录表

施工单位：

单位工程【编码】		分部工程【编码】			单元工程【编码】	
施工位置		施工日期	年 月 日 至 年 月 日		工程量	
质量标准	未硬化堤顶应保持花鼓顶达到饱满平整，无车槽及明显凸凹、起伏；降雨期间及雨后无积水；平均每 5.0 m 长堤段纵向高差不应大于 0.1 m，横向坡度宜保持在 2%～3%					
检查情况	桩号或位置	顶面是否平顺	有无明显凸凹、起伏		检查时间	检查结果

检查人： 记录人： 审核人：

C.1.1.4.3

硬化路面堤顶养护检查记录表

施工单位：　　　　　　　　　　　　　　检查日期：　　年　　月　　日

<table>
<tr><td>单位工程
【编码】</td><td></td><td>分部工程
【编码】</td><td></td><td>单元工程
【编码】</td><td></td></tr>
<tr><td>施工位置</td><td></td><td>施工日期</td><td>年　月　日
至　年　月　日</td><td>工程量</td><td></td></tr>
<tr><td>质量标准</td><td colspan="5">1．正常维护路面：保持路面无损坏、裂缝、翻浆、脱皮、泛油、龟裂现象
2．翻修路面：基础开挖夯实、沥青混凝土拌和物合格，养护及时、喷油均匀</td></tr>
<tr><td rowspan="16">检
查
情
况</td><td rowspan="2">桩号
或位置</td><td>正常维修</td><td colspan="2">翻修</td><td rowspan="2">检查结果</td></tr>
<tr><td>路面有无损坏、裂缝、翻浆、脱皮、泛油、龟裂等现象发生</td><td colspan="2">基础开挖夯实、沥青混凝土拌和物合格，养护及时、喷油均匀</td></tr>
<tr><td></td><td></td><td colspan="2"></td><td></td></tr>
<tr><td></td><td></td><td colspan="2"></td><td></td></tr>
<tr><td></td><td></td><td colspan="2"></td><td></td></tr>
<tr><td></td><td></td><td colspan="2"></td><td></td></tr>
<tr><td></td><td></td><td colspan="2"></td><td></td></tr>
<tr><td></td><td></td><td colspan="2"></td><td></td></tr>
<tr><td></td><td></td><td colspan="2"></td><td></td></tr>
<tr><td></td><td></td><td colspan="2"></td><td></td></tr>
<tr><td></td><td></td><td colspan="2"></td><td></td></tr>
<tr><td></td><td></td><td colspan="2"></td><td></td></tr>
<tr><td></td><td></td><td colspan="2"></td><td></td></tr>
<tr><td></td><td></td><td colspan="2"></td><td></td></tr>
<tr><td></td><td></td><td colspan="2"></td><td></td></tr>
<tr><td></td><td></td><td colspan="2"></td><td></td></tr>
</table>

检查人：　　　　　　　　记录人：　　　　　　　　审核人：

C.1.1.5

堤顶行道林养护检查记录表

施工单位：　　　　　　　　　　　　　　检查日期：　　年　　月　　日

单位工程【编码】		分部工程【编码】		单元工程【编码】	
施工位置		施工日期	年　月　日 至　年　月　日	工程量	
质量标准	行道林按时挖坑施肥浇水；按时修剪、打药除虫、除草，保持林木整齐美观无枯枝、病虫害；保持林木涂白均匀并满足高度要求，整齐美观；保持林木无杂草。林木补植品种优良，成活率达98%以上				

检查情况	坝号或位置	浇水、施肥、打药是否及时	是否修剪及时，是否及时消除病虫害	是否及时清除杂草，涂白均匀满足调度	补植数量(棵)	成活数量(棵)	成活率(%)	检查结果

检查人：　　　　　　　　记录人：　　　　　　　　审核人：

C.1.1.6

堤顶碎石路面养护检查记录表

施工单位：

<table>
<tr><td>单位工程
【编码】</td><td></td><td>分部工程
【编码】</td><td colspan="2"></td><td>单元工程
【编码】</td><td colspan="2"></td></tr>
<tr><td>施工位置</td><td></td><td>施工日期</td><td colspan="2">年 月 日
至 年 月 日</td><td>工程量</td><td colspan="2"></td></tr>
<tr><td>质量标准</td><td colspan="7">米石子质地坚硬，铺撒均匀；堤线顺直弧圆,堤顶路面饱满平坦，无明显坑洼、积水现象</td></tr>
<tr><td></td><td>桩号或位置</td><td>堤顶路面是否饱满平坦</td><td>米石子铺撒是否均匀</td><td>有无坑洼积水现象</td><td>堤线是否顺直弧圆</td><td>米石子是否质地坚硬</td><td>检查结果</td></tr>
<tr><td rowspan="14">检
查
情
况</td><td></td><td></td><td></td><td></td><td></td><td></td><td></td></tr>
<tr><td></td><td></td><td></td><td></td><td></td><td></td><td></td></tr>
<tr><td></td><td></td><td></td><td></td><td></td><td></td><td></td></tr>
<tr><td></td><td></td><td></td><td></td><td></td><td></td><td></td></tr>
<tr><td></td><td></td><td></td><td></td><td></td><td></td><td></td></tr>
<tr><td></td><td></td><td></td><td></td><td></td><td></td><td></td></tr>
<tr><td></td><td></td><td></td><td></td><td></td><td></td><td></td></tr>
<tr><td></td><td></td><td></td><td></td><td></td><td></td><td></td></tr>
<tr><td></td><td></td><td></td><td></td><td></td><td></td><td></td></tr>
<tr><td></td><td></td><td></td><td></td><td></td><td></td><td></td></tr>
<tr><td></td><td></td><td></td><td></td><td></td><td></td><td></td></tr>
<tr><td></td><td></td><td></td><td></td><td></td><td></td><td></td></tr>
<tr><td></td><td></td><td></td><td></td><td></td><td></td><td></td></tr>
<tr><td></td><td></td><td></td><td></td><td></td><td></td><td></td></tr>
</table>

检查人： 记录人： 审核人：

C.1.1.7

堤顶排水沟翻修检查记录表

施工单位：　　　　　　　　　　　　　　检查日期：　　年　　月　　日

<table>
<tr><td>单位工程
【编码】</td><td></td><td>分部工程
【编码】</td><td colspan="2"></td><td>单元工程
【编码】</td><td colspan="2"></td></tr>
<tr><td>施工位置</td><td></td><td>施工日期</td><td colspan="2">年　月　日
至　年　月　日</td><td>工程量</td><td colspan="2"></td></tr>
<tr><td>质量标准</td><td colspan="7">1．正常维护部分：排水沟完好，无损坏，无空洞暗沟，沟身无蛰陷、断裂，接头无漏水、阻塞，出口无冲坑悬空，沟内无淤泥杂物
2．翻修部分：基础处理须回填夯实，原材料符合质量标准，洒水保养；按照原有结构尺寸修复</td></tr>
<tr><td rowspan="15">检查情况</td><td rowspan="2">桩号或位置</td><td colspan="2">正常维护</td><td colspan="3">翻修</td><td rowspan="2">检查结果</td></tr>
<tr><td>排水沟内部清理干净,无杂物,有无雨水冲蚀工程</td><td>基础是否回填夯实</td><td>原材料是否合格、有无养护</td><td>是否按照原有结构尺寸修复</td><td>排水沟内部清理干净,无杂物,有无雨水冲蚀工程</td></tr>
<tr><td></td><td></td><td></td><td></td><td></td><td></td><td></td></tr>
<tr><td></td><td></td><td></td><td></td><td></td><td></td><td></td></tr>
<tr><td></td><td></td><td></td><td></td><td></td><td></td><td></td></tr>
<tr><td></td><td></td><td></td><td></td><td></td><td></td><td></td></tr>
<tr><td></td><td></td><td></td><td></td><td></td><td></td><td></td></tr>
<tr><td></td><td></td><td></td><td></td><td></td><td></td><td></td></tr>
<tr><td></td><td></td><td></td><td></td><td></td><td></td><td></td></tr>
<tr><td></td><td></td><td></td><td></td><td></td><td></td><td></td></tr>
<tr><td></td><td></td><td></td><td></td><td></td><td></td><td></td></tr>
<tr><td></td><td></td><td></td><td></td><td></td><td></td><td></td></tr>
<tr><td></td><td></td><td></td><td></td><td></td><td></td><td></td></tr>
<tr><td></td><td></td><td></td><td></td><td></td><td></td><td></td></tr>
<tr><td></td><td></td><td></td><td></td><td></td><td></td><td></td></tr>
</table>

检查人：　　　　　　　　记录人：　　　　　　　　审核人：

C.1.2.1

堤坡养护土方检查记录表

施工单位：　　　　　　　　　　　　　　检查日期：　　年　　月　　日

<table>
<tr><td>单位工程【编码】</td><td colspan="2"></td><td colspan="2">分部工程【编码】</td><td colspan="2"></td><td>单元工程【编码】</td><td></td></tr>
<tr><td>施工位置</td><td colspan="2"></td><td colspan="2">施工日期</td><td colspan="2">年　月　日
至　年　月　日</td><td>工程量</td><td></td></tr>
<tr><td>质量标准</td><td colspan="8">堤坡应保持竣工验收时的坡度,坡面平顺,土质合格、无虚土、无残缺、水沟浪窝、陡坎、洞穴、陷坑、杂草杂物，无违章垦植及取土现象，堤脚线明确</td></tr>
<tr><td rowspan="19">检查情况</td><td>桩号或位置</td><td>坡度是否符合验收要求</td><td colspan="2">有无残缺、水沟浪窝、杂草杂物等</td><td>有无违章垦植及取土现象</td><td>堤脚线是否明确</td><td>是否清除虚土，分层夯实</td><td>检查结果</td></tr>
<tr><td></td><td></td><td colspan="2"></td><td></td><td></td><td></td><td></td></tr>
<tr><td></td><td></td><td colspan="2"></td><td></td><td></td><td></td><td></td></tr>
<tr><td></td><td></td><td colspan="2"></td><td></td><td></td><td></td><td></td></tr>
<tr><td></td><td></td><td colspan="2"></td><td></td><td></td><td></td><td></td></tr>
<tr><td></td><td></td><td colspan="2"></td><td></td><td></td><td></td><td></td></tr>
<tr><td></td><td></td><td colspan="2"></td><td></td><td></td><td></td><td></td></tr>
<tr><td></td><td></td><td colspan="2"></td><td></td><td></td><td></td><td></td></tr>
<tr><td></td><td></td><td colspan="2"></td><td></td><td></td><td></td><td></td></tr>
<tr><td></td><td></td><td colspan="2"></td><td></td><td></td><td></td><td></td></tr>
<tr><td></td><td></td><td colspan="2"></td><td></td><td></td><td></td><td></td></tr>
<tr><td></td><td></td><td colspan="2"></td><td></td><td></td><td></td><td></td></tr>
<tr><td></td><td></td><td colspan="2"></td><td></td><td></td><td></td><td></td></tr>
<tr><td></td><td></td><td colspan="2"></td><td></td><td></td><td></td><td></td></tr>
<tr><td></td><td></td><td colspan="2"></td><td></td><td></td><td></td><td></td></tr>
<tr><td></td><td></td><td colspan="2"></td><td></td><td></td><td></td><td></td></tr>
<tr><td></td><td></td><td colspan="2"></td><td></td><td></td><td></td><td></td></tr>
<tr><td></td><td></td><td colspan="2"></td><td></td><td></td><td></td><td></td></tr>
<tr><td></td><td></td><td colspan="2"></td><td></td><td></td><td></td><td></td></tr>
</table>

检查人：　　　　　　　　记录人：　　　　　　　　审核人：

C.1.2.2

堤坡排水沟翻修检查记录表

施工单位：　　　　　　　　　　　　　　　　检查日期：　　年　　月　　日

<table>
<tr><td>单位工程
【编码】</td><td></td><td>分部工程
【编码】</td><td colspan="2"></td><td>单元工程
【编码】</td><td colspan="2"></td></tr>
<tr><td>施工位置</td><td></td><td>施工日期</td><td colspan="2">年　月　日
至　年　月　日</td><td>工程量</td><td colspan="2"></td></tr>
<tr><td>质量标准</td><td colspan="7">1．正常维护部分：排水沟完好，无损坏，无空洞暗沟，沟身无蛰陷、断裂，接头无漏水、阻塞，出口无冲坑悬空，沟内无淤泥杂物
2．翻修部分：基础处理须回填夯实，原材料符合质量标准，洒水保养，按照原有结构尺寸修复</td></tr>
<tr><td rowspan="19">检
查
情
况</td><td rowspan="2">桩号或位置</td><td>正常维护</td><td colspan="4">翻修</td><td rowspan="2">检查结果</td></tr>
<tr><td>排水沟内部清理干净,无杂物,有无雨水冲蚀工程</td><td>基础是否回填夯实</td><td>原材料是否合格、有无养护</td><td>是否按照原有结构尺寸修复</td><td>排水沟内部清理干净,无杂物,有无雨水冲蚀工程</td></tr>
<tr><td></td><td></td><td></td><td></td><td></td><td></td><td></td></tr>
<tr><td></td><td></td><td></td><td></td><td></td><td></td><td></td></tr>
<tr><td></td><td></td><td></td><td></td><td></td><td></td><td></td></tr>
<tr><td></td><td></td><td></td><td></td><td></td><td></td><td></td></tr>
<tr><td></td><td></td><td></td><td></td><td></td><td></td><td></td></tr>
<tr><td></td><td></td><td></td><td></td><td></td><td></td><td></td></tr>
<tr><td></td><td></td><td></td><td></td><td></td><td></td><td></td></tr>
<tr><td></td><td></td><td></td><td></td><td></td><td></td><td></td></tr>
<tr><td></td><td></td><td></td><td></td><td></td><td></td><td></td></tr>
<tr><td></td><td></td><td></td><td></td><td></td><td></td><td></td></tr>
<tr><td></td><td></td><td></td><td></td><td></td><td></td><td></td></tr>
<tr><td></td><td></td><td></td><td></td><td></td><td></td><td></td></tr>
<tr><td></td><td></td><td></td><td></td><td></td><td></td><td></td></tr>
<tr><td></td><td></td><td></td><td></td><td></td><td></td><td></td></tr>
<tr><td></td><td></td><td></td><td></td><td></td><td></td><td></td></tr>
<tr><td></td><td></td><td></td><td></td><td></td><td></td><td></td></tr>
<tr><td></td><td></td><td></td><td></td><td></td><td></td><td></td></tr>
</table>

检查人：　　　　　　　　记录人：　　　　　　　　审核人：

C.1.2.3

上堤路口养护土方检查表

施工单位：　　　　　　　　　　　　　　检查日期：　　年　　月　　日

单位工程【编码】		分部工程【编码】		单元工程【编码】	
施工位置		施工日期	年　月　日 至　年　月　日	工程量	
质量标准	路面平整、夯实、刮平坑凹、无残缺、无冲沟裂缝、陷坑、无蚕食堤身现象				

检查情况	桩号或位置	土质	路面是否平整、夯实、刮平坑凹	有无残缺、冲沟裂缝等现象	检查结果

检查人：　　　　　　　　记录人：　　　　　　　　审核人：

C.1.2.4

堤坡草皮养护及补植检查记录表

施工单位：　　　　　　　　　　　　　　检查日期：　　年　　月　　日

<table>
<tr><td>单位工程
【编码】</td><td></td><td colspan="2">分部工程
【编码】</td><td colspan="2"></td><td colspan="2">单元工程
【编码】</td><td colspan="3"></td></tr>
<tr><td rowspan="3">施工位置</td><td rowspan="3"></td><td colspan="2" rowspan="3">施工日期</td><td colspan="2" rowspan="3">年　月　日
至　年　月　日</td><td colspan="2">项目</td><td colspan="3">工程量</td></tr>
<tr><td colspan="2">草皮养护</td><td colspan="3"></td></tr>
<tr><td colspan="2">草皮补植</td><td colspan="3"></td></tr>
<tr><td>质量标准</td><td colspan="10">1．草皮养护：草皮整洁美观，覆盖率达 95%以上，打草高度不大于 10 cm，无高秆杂草
2．草皮补植：应选用适宜品种，补植株距不大于 25 cm/株，定期浇水确保成活率达到 98%以上</td></tr>
<tr><td rowspan="15">检
查
情
况</td><td rowspan="2">桩号或位置</td><td colspan="3">草皮养护</td><td colspan="5">草皮补植</td><td rowspan="2">检查结果</td></tr>
<tr><td>覆盖率(%)</td><td>打草高度(cm)</td><td>有无高秆杂草</td><td>是否定期浇水</td><td>株距(cm)</td><td>补植(棵)</td><td>成活(棵)</td><td>成活率(%)</td></tr>
<tr><td></td><td></td><td></td><td></td><td></td><td></td><td></td><td></td><td></td><td></td></tr>
<tr><td></td><td></td><td></td><td></td><td></td><td></td><td></td><td></td><td></td><td></td></tr>
<tr><td></td><td></td><td></td><td></td><td></td><td></td><td></td><td></td><td></td><td></td></tr>
<tr><td></td><td></td><td></td><td></td><td></td><td></td><td></td><td></td><td></td><td></td></tr>
<tr><td></td><td></td><td></td><td></td><td></td><td></td><td></td><td></td><td></td><td></td></tr>
<tr><td></td><td></td><td></td><td></td><td></td><td></td><td></td><td></td><td></td><td></td></tr>
<tr><td></td><td></td><td></td><td></td><td></td><td></td><td></td><td></td><td></td><td></td></tr>
<tr><td></td><td></td><td></td><td></td><td></td><td></td><td></td><td></td><td></td><td></td></tr>
<tr><td></td><td></td><td></td><td></td><td></td><td></td><td></td><td></td><td></td><td></td></tr>
<tr><td></td><td></td><td></td><td></td><td></td><td></td><td></td><td></td><td></td><td></td></tr>
<tr><td></td><td></td><td></td><td></td><td></td><td></td><td></td><td></td><td></td><td></td></tr>
<tr><td></td><td></td><td></td><td></td><td></td><td></td><td></td><td></td><td></td><td></td></tr>
<tr><td></td><td></td><td></td><td></td><td></td><td></td><td></td><td></td><td></td><td></td></tr>
</table>

检查人：　　　　　　　　　　记录人：　　　　　　　　　　审核人：

C.1.3.1

标志牌(碑)维护检查记录表

施工单位：　　　　　　　　　　　　　检查日期：　　年　　月　　日

<table>
<tr><td>单位工程
【编码】</td><td colspan="2"></td><td colspan="2">分部工程
【编码】</td><td colspan="2"></td><td>单元工程
【编码】</td><td colspan="2"></td></tr>
<tr><td>施工位置</td><td colspan="2"></td><td colspan="2">施工日期</td><td colspan="2">年　月　日
至　年　月　日</td><td>工程量</td><td colspan="2"></td></tr>
<tr><td>质量标准</td><td colspan="9">确保标志牌(碑)埋设坚固，布局合理，尺度规范，文字、图标清晰，醒目美观；及时维修更新，无涂层脱落、无损坏和丢失</td></tr>
<tr><td rowspan="17">检
查
情
况</td><td>桩号或位置</td><td>是否完好齐全</td><td>有无涂层脱落</td><td>有无损坏和丢失</td><td>是否定期清洗、刷漆</td><td>布局是否合理、醒目美观</td><td>有无及时维修更新</td><td colspan="2">检查结果</td></tr>
<tr><td></td><td></td><td></td><td></td><td></td><td></td><td></td><td colspan="2"></td></tr>
<tr><td></td><td></td><td></td><td></td><td></td><td></td><td></td><td colspan="2"></td></tr>
<tr><td></td><td></td><td></td><td></td><td></td><td></td><td></td><td colspan="2"></td></tr>
<tr><td></td><td></td><td></td><td></td><td></td><td></td><td></td><td colspan="2"></td></tr>
<tr><td></td><td></td><td></td><td></td><td></td><td></td><td></td><td colspan="2"></td></tr>
<tr><td></td><td></td><td></td><td></td><td></td><td></td><td></td><td colspan="2"></td></tr>
<tr><td></td><td></td><td></td><td></td><td></td><td></td><td></td><td colspan="2"></td></tr>
<tr><td></td><td></td><td></td><td></td><td></td><td></td><td></td><td colspan="2"></td></tr>
<tr><td></td><td></td><td></td><td></td><td></td><td></td><td></td><td colspan="2"></td></tr>
<tr><td></td><td></td><td></td><td></td><td></td><td></td><td></td><td colspan="2"></td></tr>
<tr><td></td><td></td><td></td><td></td><td></td><td></td><td></td><td colspan="2"></td></tr>
<tr><td></td><td></td><td></td><td></td><td></td><td></td><td></td><td colspan="2"></td></tr>
<tr><td></td><td></td><td></td><td></td><td></td><td></td><td></td><td colspan="2"></td></tr>
<tr><td></td><td></td><td></td><td></td><td></td><td></td><td></td><td colspan="2"></td></tr>
<tr><td></td><td></td><td></td><td></td><td></td><td></td><td></td><td colspan="2"></td></tr>
<tr><td></td><td></td><td></td><td></td><td></td><td></td><td></td><td colspan="2"></td></tr>
</table>

检查人：　　　　　　　　记录人：　　　　　　　　审核人：

C.1.3.2

护堤地边埂整修检查记录表

施工单位：　　　　　　　　　　　　　　检查日期：　　年　　月　　日

<table>
<tr><td>单位工程
【编码】</td><td colspan="2"></td><td>分部工程
【编码】</td><td colspan="2"></td><td>单元工程
【编码】</td><td></td></tr>
<tr><td>施工位置</td><td colspan="2"></td><td>施工日期</td><td colspan="2">年　月　日
至　年　月　日</td><td>工程量</td><td></td></tr>
<tr><td>质量标准</td><td colspan="7">地面平整，边界明确，界沟、界埂规整平顺，无杂物</td></tr>
<tr><td rowspan="15">检
查
情
况</td><td>桩号或
位置</td><td>边埂地面
是否平整</td><td colspan="2">边界是否
明确</td><td>界沟、界埂是
否规整平顺</td><td>有无
杂物</td><td>检查
结果</td></tr>
<tr><td></td><td></td><td colspan="2"></td><td></td><td></td><td></td></tr>
<tr><td></td><td></td><td colspan="2"></td><td></td><td></td><td></td></tr>
<tr><td></td><td></td><td colspan="2"></td><td></td><td></td><td></td></tr>
<tr><td></td><td></td><td colspan="2"></td><td></td><td></td><td></td></tr>
<tr><td></td><td></td><td colspan="2"></td><td></td><td></td><td></td></tr>
<tr><td></td><td></td><td colspan="2"></td><td></td><td></td><td></td></tr>
<tr><td></td><td></td><td colspan="2"></td><td></td><td></td><td></td></tr>
<tr><td></td><td></td><td colspan="2"></td><td></td><td></td><td></td></tr>
<tr><td></td><td></td><td colspan="2"></td><td></td><td></td><td></td></tr>
<tr><td></td><td></td><td colspan="2"></td><td></td><td></td><td></td></tr>
<tr><td></td><td></td><td colspan="2"></td><td></td><td></td><td></td></tr>
<tr><td></td><td></td><td colspan="2"></td><td></td><td></td><td></td></tr>
<tr><td></td><td></td><td colspan="2"></td><td></td><td></td><td></td></tr>
<tr><td></td><td></td><td colspan="2"></td><td></td><td></td><td></td></tr>
</table>

检查人：　　　　　　　　记录人：　　　　　　　　审核人：

C.1.4

护堤林带养护检查记录表

施工单位：　　　　　　　　　　　　　检查日期：　　年　　月　　日

<table>
<tr><td>单位工程
【编码】</td><td></td><td>分部工程
【编码】</td><td colspan="2"></td><td>单元工程
【编码】</td><td colspan="3"></td></tr>
<tr><td>施工位置</td><td></td><td>施工日期</td><td colspan="2">年　月　日
至　年　月　日</td><td>工程量</td><td colspan="3"></td></tr>
<tr><td>质量标准</td><td colspan="8">整齐美观，浇水、修剪、喷药、施肥及时，无病虫害，无高杆杂草，无砍伐和人畜破坏；保持现有树株不缺损。补植株行距适宜，成活率达到95%以上</td></tr>
<tr><td rowspan="15">检
查
情
况</td><td>桩号或位置</td><td>浇水施肥除虫除草修剪是否及时</td><td>有无砍伐和人畜破坏</td><td>喷药是否及时</td><td>单位面积补植棵数(棵/亩)</td><td>单位面积成活棵数(棵/亩)</td><td>成活率(%)</td><td>检查结果</td></tr>
<tr><td></td><td></td><td></td><td></td><td></td><td></td><td></td><td></td></tr>
<tr><td></td><td></td><td></td><td></td><td></td><td></td><td></td><td></td></tr>
<tr><td></td><td></td><td></td><td></td><td></td><td></td><td></td><td></td></tr>
<tr><td></td><td></td><td></td><td></td><td></td><td></td><td></td><td></td></tr>
<tr><td></td><td></td><td></td><td></td><td></td><td></td><td></td><td></td></tr>
<tr><td></td><td></td><td></td><td></td><td></td><td></td><td></td><td></td></tr>
<tr><td></td><td></td><td></td><td></td><td></td><td></td><td></td><td></td></tr>
<tr><td></td><td></td><td></td><td></td><td></td><td></td><td></td><td></td></tr>
<tr><td></td><td></td><td></td><td></td><td></td><td></td><td></td><td></td></tr>
<tr><td></td><td></td><td></td><td></td><td></td><td></td><td></td><td></td></tr>
<tr><td></td><td></td><td></td><td></td><td></td><td></td><td></td><td></td></tr>
<tr><td></td><td></td><td></td><td></td><td></td><td></td><td></td><td></td></tr>
<tr><td></td><td></td><td></td><td></td><td></td><td></td><td></td><td></td></tr>
<tr><td></td><td></td><td></td><td></td><td></td><td></td><td></td><td></td></tr>
</table>

检查人：　　　　　　　记录人：　　　　　　　审核人：

C.1.5

防浪林养护检查记录表

施工单位：　　　　　　　　　　　　　　检查日期：　　年　　月　　日

<table>
<tr><td>单位工程
【编码】</td><td></td><td>分部工程
【编码】</td><td colspan="3"></td><td>单元工程
【编码】</td><td colspan="2"></td></tr>
<tr><td>施工位置</td><td></td><td>施工日期</td><td colspan="3">年　月　日
至　年　月　日</td><td>工程量</td><td colspan="2"></td></tr>
<tr><td>质量标准</td><td colspan="8">防浪林整齐美观，修剪、浇水、喷药、施肥、除草及时,无病虫害,无高杆杂草，无砍伐和人畜破坏；保持现有树株不缺损。补植株行距适宜，成活率达到95%以上</td></tr>
<tr><td rowspan="13">检
查
情
况</td><td>桩号或位置</td><td>浇水施肥除虫除草修剪是否及时</td><td>有无砍伐和人畜破坏</td><td>喷药是否及时</td><td>单位面积补植棵数(棵/亩)</td><td>单位面积成活棵数(棵/亩)</td><td>成活率(%)</td><td>检查结果</td></tr>
<tr><td></td><td></td><td></td><td></td><td></td><td></td><td></td><td></td></tr>
<tr><td></td><td></td><td></td><td></td><td></td><td></td><td></td><td></td></tr>
<tr><td></td><td></td><td></td><td></td><td></td><td></td><td></td><td></td></tr>
<tr><td></td><td></td><td></td><td></td><td></td><td></td><td></td><td></td></tr>
<tr><td></td><td></td><td></td><td></td><td></td><td></td><td></td><td></td></tr>
<tr><td></td><td></td><td></td><td></td><td></td><td></td><td></td><td></td></tr>
<tr><td></td><td></td><td></td><td></td><td></td><td></td><td></td><td></td></tr>
<tr><td></td><td></td><td></td><td></td><td></td><td></td><td></td><td></td></tr>
<tr><td></td><td></td><td></td><td></td><td></td><td></td><td></td><td></td></tr>
<tr><td></td><td></td><td></td><td></td><td></td><td></td><td></td><td></td></tr>
<tr><td></td><td></td><td></td><td></td><td></td><td></td><td></td><td></td></tr>
<tr><td></td><td></td><td></td><td></td><td></td><td></td><td></td><td></td></tr>
</table>

检查人：　　　　　　　　记录人：　　　　　　　　审核人：

C.1.6.1

淤区养护土方检查记录表

施工单位： 检查日期： 年 月 日

<table>
<tr><td>单位工程
【编码】</td><td></td><td>分部工程
【编码】</td><td></td><td>单元工程
【编码】</td><td></td></tr>
<tr><td>施工位置</td><td></td><td>施工日期</td><td>年 月 日
至 年 月 日</td><td>工程量</td><td></td></tr>
<tr><td>质量标准</td><td colspan="5">按标准开挖回填，分层夯实；顶平、坡面平顺，无残缺</td></tr>
<tr><td rowspan="15">检
查
情
况</td><td>桩号或位置</td><td>土方回填
是否合格</td><td>顶、坡
是否平顺</td><td>有无残缺</td><td>检查结果</td></tr>
<tr><td></td><td></td><td></td><td></td><td></td></tr>
<tr><td></td><td></td><td></td><td></td><td></td></tr>
<tr><td></td><td></td><td></td><td></td><td></td></tr>
<tr><td></td><td></td><td></td><td></td><td></td></tr>
<tr><td></td><td></td><td></td><td></td><td></td></tr>
<tr><td></td><td></td><td></td><td></td><td></td></tr>
<tr><td></td><td></td><td></td><td></td><td></td></tr>
<tr><td></td><td></td><td></td><td></td><td></td></tr>
<tr><td></td><td></td><td></td><td></td><td></td></tr>
<tr><td></td><td></td><td></td><td></td><td></td></tr>
<tr><td></td><td></td><td></td><td></td><td></td></tr>
<tr><td></td><td></td><td></td><td></td><td></td></tr>
<tr><td></td><td></td><td></td><td></td><td></td></tr>
<tr><td></td><td></td><td></td><td></td><td></td></tr>
</table>

检查人： 记录人： 审核人：

C.1.6.2

淤区边埂整修检查记录表

施工单位： 检查日期： 年 月 日

单位工程【编码】		分部工程【编码】		单元工程【编码】	
施工位置		施工日期	年 月 日 至 年 月 日	工程量	
质量标准	边埂拍实，顶面踩上无陷坑；保持顺直，顶平坡顺；埂面干净，无杂草杂物				
检查情况	桩号或位置	有无陷坑、杂草杂物	是否顶平坡顺，保持顺直	检查结果	

检查人： 记录人： 审核人：

C.1.6.3

淤区护堤林带养护检查记录表

施工单位：　　　　　　　　　　　　　　　　检查日期：　　年　　月　　日

<table>
<tr><td>单位工程
【编码】</td><td></td><td>分部工程
【编码】</td><td colspan="2"></td><td colspan="2">单元工程
【编码】</td><td colspan="2"></td></tr>
<tr><td>施工位置</td><td></td><td>施工日期</td><td colspan="2">年　月　日
至　年　月　日</td><td colspan="2">工程量</td><td colspan="2"></td></tr>
<tr><td>质量标准</td><td colspan="8">整齐美观，浇水、喷药、施肥及时,无病虫害,无高杆杂草，无砍伐和人畜破坏；保持现有树株不缺损。补植株行距适宜，成活率达到 95%以上</td></tr>
<tr><td rowspan="15">检查情况</td><td>桩号
或位置</td><td>补植浇水施肥除虫除草是否及时</td><td>有无砍伐和人畜破坏</td><td>喷药是否及时</td><td>单位面积补植棵数
(棵/亩)</td><td>单位面积成活棵数
(棵/亩)</td><td>成活率
(%)</td><td>检查结果</td></tr>
<tr><td></td><td></td><td></td><td></td><td></td><td></td><td></td><td></td></tr>
<tr><td></td><td></td><td></td><td></td><td></td><td></td><td></td><td></td></tr>
<tr><td></td><td></td><td></td><td></td><td></td><td></td><td></td><td></td></tr>
<tr><td></td><td></td><td></td><td></td><td></td><td></td><td></td><td></td></tr>
<tr><td></td><td></td><td></td><td></td><td></td><td></td><td></td><td></td></tr>
<tr><td></td><td></td><td></td><td></td><td></td><td></td><td></td><td></td></tr>
<tr><td></td><td></td><td></td><td></td><td></td><td></td><td></td><td></td></tr>
<tr><td></td><td></td><td></td><td></td><td></td><td></td><td></td><td></td></tr>
<tr><td></td><td></td><td></td><td></td><td></td><td></td><td></td><td></td></tr>
<tr><td></td><td></td><td></td><td></td><td></td><td></td><td></td><td></td></tr>
<tr><td></td><td></td><td></td><td></td><td></td><td></td><td></td><td></td></tr>
<tr><td></td><td></td><td></td><td></td><td></td><td></td><td></td><td></td></tr>
<tr><td></td><td></td><td></td><td></td><td></td><td></td><td></td><td></td></tr>
<tr><td></td><td></td><td></td><td></td><td></td><td></td><td></td><td></td></tr>
</table>

检查人：　　　　　　　　记录人：　　　　　　　　审核人：

C.1.6.4

淤区排水沟翻修检查记录表

施工单位：　　　　　　　　　　　　　　　　　检查日期：　　年　　月　　日

<table>
<tr><td>单位工程
【编码】</td><td></td><td>分部工程
【编码】</td><td></td><td>单元工程
【编码】</td><td></td></tr>
<tr><td>施工位置</td><td></td><td>施工日期</td><td>年　月　日
至　年　月　日</td><td>工程量</td><td></td></tr>
<tr><td>质量标准</td><td colspan="5">1．正常维护部分：排水沟完好，无损坏，无空洞暗沟，沟身无蛰陷、断裂，接头无漏水、阻塞，出口无冲坑悬空，沟内无淤泥杂物
2．翻修部分：基础处理须回填夯实，原材料符合质量标准，洒水保养；按照原有结构尺寸修复</td></tr>
</table>

<table>
<tr><td rowspan="14">检
查
情
况</td><td rowspan="2">桩号或位置</td><td colspan="2">正常维护</td><td colspan="3">翻修</td><td rowspan="2">检查结果</td></tr>
<tr><td>排水沟内部清理干净，无杂物</td><td>排水沟是否完好，无损坏，无空洞暗沟，沟身无蛰陷，断裂</td><td>基础是否回填夯实</td><td>原材料是否合格、有无养护</td><td>是否按照原有结构尺寸修复</td></tr>
<tr><td></td><td></td><td></td><td></td><td></td><td></td><td></td></tr>
<tr><td></td><td></td><td></td><td></td><td></td><td></td><td></td></tr>
<tr><td></td><td></td><td></td><td></td><td></td><td></td><td></td></tr>
<tr><td></td><td></td><td></td><td></td><td></td><td></td><td></td></tr>
<tr><td></td><td></td><td></td><td></td><td></td><td></td><td></td></tr>
<tr><td></td><td></td><td></td><td></td><td></td><td></td><td></td></tr>
<tr><td></td><td></td><td></td><td></td><td></td><td></td><td></td></tr>
<tr><td></td><td></td><td></td><td></td><td></td><td></td><td></td></tr>
<tr><td></td><td></td><td></td><td></td><td></td><td></td><td></td></tr>
<tr><td></td><td></td><td></td><td></td><td></td><td></td><td></td></tr>
<tr><td></td><td></td><td></td><td></td><td></td><td></td><td></td></tr>
<tr><td></td><td></td><td></td><td></td><td></td><td></td><td></td></tr>
</table>

检查人：　　　　　　　　　记录人：　　　　　　　　　审核人：

C.1.7.1

前(后)戗养护土方检查记录表

施工单位：　　　　　　　　　　　　检查日期：　　年　　月　　日

单位工程【编码】		分部工程【编码】			单元工程【编码】	
施工位置		施工日期	年　月　日 至　年　月　日		工程量	
质量标准	按标准开挖回填,分层夯实;顶平、坡面平顺，无残缺					
检查情况	桩号或位置	土方回填是否合格		顶、坡是否平顺	有无残缺	检查结果

检查人：　　　　　　　　记录人：　　　　　　　　审核人：

C.1.7.2

前(后)戗边埂整修检查记录表

施工单位：　　　　　　　　　　　　检查日期：　　年　　月　　日

<table>
<tr><td>单位工程
【编码】</td><td></td><td>分部工程
【编码】</td><td></td><td>单元工程
【编码】</td><td></td></tr>
<tr><td>施工位置</td><td></td><td>施工日期</td><td>年　月　日
至　年　月　日</td><td>工程量</td><td></td></tr>
<tr><td>质量标准</td><td colspan="5">边埂拍实，顶面踩上无陷坑；保持顺直，顶平坡顺；埂面干净，无杂草杂物</td></tr>
<tr><td rowspan="15">检
查
情
况</td><td>桩号或位置</td><td colspan="2">有无陷坑、杂草杂物</td><td>是否顶平坡顺</td><td>检查结果</td></tr>
<tr><td></td><td colspan="2"></td><td></td><td></td></tr>
<tr><td></td><td colspan="2"></td><td></td><td></td></tr>
<tr><td></td><td colspan="2"></td><td></td><td></td></tr>
<tr><td></td><td colspan="2"></td><td></td><td></td></tr>
<tr><td></td><td colspan="2"></td><td></td><td></td></tr>
<tr><td></td><td colspan="2"></td><td></td><td></td></tr>
<tr><td></td><td colspan="2"></td><td></td><td></td></tr>
<tr><td></td><td colspan="2"></td><td></td><td></td></tr>
<tr><td></td><td colspan="2"></td><td></td><td></td></tr>
<tr><td></td><td colspan="2"></td><td></td><td></td></tr>
<tr><td></td><td colspan="2"></td><td></td><td></td></tr>
<tr><td></td><td colspan="2"></td><td></td><td></td></tr>
<tr><td></td><td colspan="2"></td><td></td><td></td></tr>
<tr><td></td><td colspan="2"></td><td></td><td></td></tr>
</table>

检查人：　　　　　　　　记录人：　　　　　　　　审核人：

C.1.7.3

前(后)戗护堤林带养护检查记录表

施工单位：　　　　　　　　　　　　检查日期：　　年　　月　　日

单位工程【编码】			分部工程【编码】			单元工程【编码】		
施工位置			施工日期	年　月　日 至　年　月　日		工程量		
质量标准	整齐美观，浇水、喷药、施肥及时，无病虫害，无高秆杂草，无砍伐和人畜破坏；保持现有树株不缺损。补植株行距适宜，成活率达到95%以上							
检查情况	桩号或位置	补植浇水施肥除虫除草是否及时	有无砍伐和人畜破坏	喷药是否及时	单位面积补植棵数(棵/亩)	单位面积成活棵数(棵/亩)	成活率(%)	检查结果

检查人：　　　　　　　记录人：　　　　　　　审核人：

C.1.7.4

前(后)戗排水沟翻修检查记录表

施工单位：　　　　　　　　　　　　　检查日期：　　年　　月　　日

<table>
<tr><td>单位工程【编码】</td><td></td><td>分部工程【编码】</td><td></td><td>单元工程【编码】</td><td></td></tr>
<tr><td>施工位置</td><td></td><td>施工日期</td><td>年　月　日
至　年　月　日</td><td>工程量</td><td></td></tr>
<tr><td>质量标准</td><td colspan="5">1. 正常维护部分：排水沟完好,无损坏,无空洞暗沟,沟身无蛰陷、断裂，接头无漏水、阻塞，出口无冲坑悬空，沟内无淤泥杂物
2. 翻修部分：基础处理须回填夯实，原材料符合质量标准，洒水保养；按照原有结构尺寸修复</td></tr>
</table>

<table>
<tr><td rowspan="14">检查情况</td><td rowspan="2">桩号或位置</td><td colspan="2">正常维护</td><td colspan="3">翻修</td><td rowspan="2">检查结果</td></tr>
<tr><td>排水沟内部清理干净,无杂物</td><td>排水沟是否完好,无损坏,无空洞暗沟,沟身无蛰陷、断裂</td><td>基础是否回填夯实</td><td>原材料是否合格、有无养护</td><td>是否按照原有结构尺寸修复</td></tr>
<tr><td></td><td></td><td></td><td></td><td></td><td></td><td></td></tr>
<tr><td></td><td></td><td></td><td></td><td></td><td></td><td></td></tr>
<tr><td></td><td></td><td></td><td></td><td></td><td></td><td></td></tr>
<tr><td></td><td></td><td></td><td></td><td></td><td></td><td></td></tr>
<tr><td></td><td></td><td></td><td></td><td></td><td></td><td></td></tr>
<tr><td></td><td></td><td></td><td></td><td></td><td></td><td></td></tr>
<tr><td></td><td></td><td></td><td></td><td></td><td></td><td></td></tr>
<tr><td></td><td></td><td></td><td></td><td></td><td></td><td></td></tr>
<tr><td></td><td></td><td></td><td></td><td></td><td></td><td></td></tr>
<tr><td></td><td></td><td></td><td></td><td></td><td></td><td></td></tr>
<tr><td></td><td></td><td></td><td></td><td></td><td></td><td></td></tr>
<tr><td></td><td></td><td></td><td></td><td></td><td></td><td></td></tr>
</table>

检查人：　　　　　　　　记录人：　　　　　　　　审核人：

C.1.8

土牛维修养护检查记录表

施工单位：　　　　　　　　　　　　检查日期：　　年　　月　　日

单位工程【编码】		分部工程【编码】		单元工程【编码】	
施工位置		施工日期	年　月　日 至　年　月　日	工程量	
质量标准	顶平坡顺，边角整齐，规整划一，面净无杂草杂物				
检查情况	桩号或位置	是否顶平坡顺，边角整齐，规整划一	有无杂草杂物	检查结果	

检查人：　　　　　　　记录人：　　　　　　　审核人：

C.1.9

备防石整修检查记录表

施工单位：　　　　　　　　　　　　　　检查日期：　　年　　月　　日

<table>
<tr><td>单位工程
【编码】</td><td></td><td>分部工程
【编码】</td><td></td><td>单元工程
【编码】</td><td></td></tr>
<tr><td>施工位置</td><td></td><td>施工日期</td><td>年　月　日
至　年　月　日</td><td>工程量</td><td></td></tr>
<tr><td>质量标准</td><td colspan="5">摆放整齐,便于管理与抢险车辆通行；无坍垛、无杂草杂物；坝、垛号、方量等标注清晰</td></tr>
<tr><td rowspan="15">检
查
情
况</td><td>桩号或位置</td><td>是否摆放整齐</td><td>有无坍垛、杂草杂物</td><td>标注是否清晰明了</td><td>检查结果</td></tr>
<tr><td></td><td></td><td></td><td></td><td></td></tr>
<tr><td></td><td></td><td></td><td></td><td></td></tr>
<tr><td></td><td></td><td></td><td></td><td></td></tr>
<tr><td></td><td></td><td></td><td></td><td></td></tr>
<tr><td></td><td></td><td></td><td></td><td></td></tr>
<tr><td></td><td></td><td></td><td></td><td></td></tr>
<tr><td></td><td></td><td></td><td></td><td></td></tr>
<tr><td></td><td></td><td></td><td></td><td></td></tr>
<tr><td></td><td></td><td></td><td></td><td></td></tr>
<tr><td></td><td></td><td></td><td></td><td></td></tr>
<tr><td></td><td></td><td></td><td></td><td></td></tr>
<tr><td></td><td></td><td></td><td></td><td></td></tr>
<tr><td></td><td></td><td></td><td></td><td></td></tr>
<tr><td></td><td></td><td></td><td></td><td></td></tr>
</table>

检查人：　　　　　　　　记录人：　　　　　　　　审核人：

C.1.10

管理房维修检查记录表

施工单位：　　　　　　　　　　　　　　　检查日期：　　　年　　月　　日

单位工程【编码】		分部工程【编码】		单元工程【编码】	
施工位置		施工日期	年　月　日 至　年　月　日	工程量	
质量标准	坚固完整、门窗齐全，无损坏；墙体无裂缝，墙皮无脱落，房顶不漏水				
检查情况	桩号或位置	是否坚固完整	门窗是否齐全无损坏	墙体、墙皮、房顶是否完好无损坏	检查结果

检查人：　　　　　　　　　　记录人：　　　　　　　　　　审核人：

C.1.11

害堤动物防治检查记录表

施工单位：　　　　　　　　　　　　　检查日期：　　年　　月　　日

单位工程【编码】		分部工程【编码】		单元工程【编码】	
施工位置		施工日期	年　月　日 至　年　月　日	工程量	
质量标准	清除害堤动物，确保无动物洞穴；洞穴处理应先开挖回填夯实，然后向内灌浆填充				
检查情况	桩号或位置	有无害堤动物	有无动物洞穴	洞穴处理是否合理	检查结果

检查人：　　　　　　　　　记录人：　　　　　　　　　审核人：

附录 C.2　河道整治单元工程质量检查记录表

C.2.1.1

坝顶养护土方检查记录表

施工单位：　　　　　　　　　　　　检查日期：　　年　　月　　日

<table>
<tr><td>单位工程
【编码】</td><td></td><td>分部工程
【编码】</td><td colspan="2"></td><td>单元工程
【编码】</td><td></td></tr>
<tr><td>施工位置</td><td></td><td>施工日期</td><td colspan="2">年　月　日
至　　年　月　日</td><td>工程量</td><td></td></tr>
<tr><td>质量标准</td><td colspan="6">盖顶为黏土覆盖，土质合格；补土平垫夯实；堤顶平整，堤肩线平顺规整，饱满平坦，无明显坑洼现象</td></tr>
<tr><td rowspan="15">检
查
情
况</td><td>桩号或位置</td><td>土质</td><td>补土是否
平垫夯实</td><td>有无坑洼
积水现象</td><td>堤线平顺规
整饱满平坦</td><td>检查结果</td></tr>
<tr><td></td><td></td><td></td><td></td><td></td><td></td></tr>
<tr><td></td><td></td><td></td><td></td><td></td><td></td></tr>
<tr><td></td><td></td><td></td><td></td><td></td><td></td></tr>
<tr><td></td><td></td><td></td><td></td><td></td><td></td></tr>
<tr><td></td><td></td><td></td><td></td><td></td><td></td></tr>
<tr><td></td><td></td><td></td><td></td><td></td><td></td></tr>
<tr><td></td><td></td><td></td><td></td><td></td><td></td></tr>
<tr><td></td><td></td><td></td><td></td><td></td><td></td></tr>
<tr><td></td><td></td><td></td><td></td><td></td><td></td></tr>
<tr><td></td><td></td><td></td><td></td><td></td><td></td></tr>
<tr><td></td><td></td><td></td><td></td><td></td><td></td></tr>
<tr><td></td><td></td><td></td><td></td><td></td><td></td></tr>
<tr><td></td><td></td><td></td><td></td><td></td><td></td></tr>
<tr><td></td><td></td><td></td><td></td><td></td><td></td></tr>
</table>

检查人：　　　　　　　　记录人：　　　　　　　　审核人：

C.2.1.2

坝顶沿子石翻修检查记录表

施工单位：　　　　　　　　　　　　检查日期：　　年　　月　　日

单位工程【编码】		分部工程【编码】		单元工程【编码】	
施工位置		施工日期	年　月　日 至　年　月　日	工程量	
质量标准	沿子石规整、无缺损、无沟缝脱落；眉子土(边埂)平整，无缺损				
检查情况	桩号或位置	沿子石是否规整	有无缺损、沟缝脱落	眉子土是否平整、无缺损	检查结果

检查人：　　　　　　　记录人：　　　　　　　审核人：

C.2.1.3

坝顶洒水检查记录表

施工单位：　　　　　　　　　　　　　检查日期：　　年　　月　　日

单位工程【编码】		分部工程【编码】			单元工程【编码】	
施工位置		施工日期	年　月　日 至　年　月　日		工程量	
质量标准	喷洒均匀，到边，无积水					
检查情况	桩号或位置	喷洒是否均匀到边	有无积水	检查时间	检查结果	

检查人：　　　　　　　　记录人：　　　　　　　　审核人：

C.2.1.4

坝顶刮平检查记录表

施工单位：　　　　　　　　　　　　检查日期：　　年　　月　　日

单位工程【编码】		分部工程【编码】		单元工程【编码】				
施工位置		施工日期	年　月　日 至　年　月　日	工程量				
质量标准	刮平坑凹、夯实、坝顶饱满平整、无冲沟裂缝，坝宽、高程主要技术指标符合原设计要求，洒水养护及时							
检查情况	桩号或位置	是否刮平坑凹、夯实	坝顶是否饱满平整	有无冲沟裂缝	坝宽、高程主要技术指标是否符合原设计要求	洒水养护是否及时	检查时间	检查结果

检查人：　　　　　　　　　记录人：　　　　　　　　　审核人：

C.2.1.5

坝顶边埂整修检查记录表

施工单位：　　　　　　　　　　　　　　检查日期：　　年　　月　　日

<table>
<tr><td>单位工程
【编码】</td><td></td><td>分部工程
【编码】</td><td></td><td>单元工程
【编码】</td><td></td></tr>
<tr><td>施工位置</td><td></td><td>施工日期</td><td>年　月　日
至　年　月　日</td><td>工程量</td><td></td></tr>
<tr><td>质量标准</td><td colspan="5">顶面平整顺直；沟、埂整齐；内外缘高差符合设计要求</td></tr>
<tr><td rowspan="14">检
查
情
况</td><td>桩号或位置</td><td>是否顶面平整顺直</td><td>沟、埂是否整齐</td><td>内外缘高差是否符合设计要求</td><td>检查结果</td></tr>
<tr><td></td><td></td><td></td><td></td><td></td></tr>
<tr><td></td><td></td><td></td><td></td><td></td></tr>
<tr><td></td><td></td><td></td><td></td><td></td></tr>
<tr><td></td><td></td><td></td><td></td><td></td></tr>
<tr><td></td><td></td><td></td><td></td><td></td></tr>
<tr><td></td><td></td><td></td><td></td><td></td></tr>
<tr><td></td><td></td><td></td><td></td><td></td></tr>
<tr><td></td><td></td><td></td><td></td><td></td></tr>
<tr><td></td><td></td><td></td><td></td><td></td></tr>
<tr><td></td><td></td><td></td><td></td><td></td></tr>
<tr><td></td><td></td><td></td><td></td><td></td></tr>
<tr><td></td><td></td><td></td><td></td><td></td></tr>
<tr><td></td><td></td><td></td><td></td><td></td></tr>
</table>

检查人：　　　　　　　　记录人：　　　　　　　　审核人：

C.2.1.6

坝顶边埂整修检查记录表

施工单位： 检查日期： 年 月 日

<table>
<tr><td>单位工程
【编码】</td><td colspan="2"></td><td>分部工程
【编码】</td><td colspan="2"></td><td>单元工程
【编码】</td><td></td></tr>
<tr><td>施工位置</td><td colspan="2"></td><td>施工日期</td><td colspan="2">年 月 日
至 年 月 日</td><td>工程量</td><td></td></tr>
<tr><td>质量标准</td><td colspan="7">备防石位置合理、摆放整齐，便于管理与抢险交通；无坍垛、无杂草杂物，坝号、垛号、方量标注清晰</td></tr>
<tr><td rowspan="15">检
查
情
况</td><td>桩号或位置</td><td colspan="2">备防石是否位置合理、摆放整齐</td><td colspan="2">有无坍垛、杂草杂物</td><td>坝号、垛号、方量是否标注清晰</td><td>检查结果</td></tr>
<tr><td></td><td colspan="2"></td><td colspan="2"></td><td></td><td></td></tr>
<tr><td></td><td colspan="2"></td><td colspan="2"></td><td></td><td></td></tr>
<tr><td></td><td colspan="2"></td><td colspan="2"></td><td></td><td></td></tr>
<tr><td></td><td colspan="2"></td><td colspan="2"></td><td></td><td></td></tr>
<tr><td></td><td colspan="2"></td><td colspan="2"></td><td></td><td></td></tr>
<tr><td></td><td colspan="2"></td><td colspan="2"></td><td></td><td></td></tr>
<tr><td></td><td colspan="2"></td><td colspan="2"></td><td></td><td></td></tr>
<tr><td></td><td colspan="2"></td><td colspan="2"></td><td></td><td></td></tr>
<tr><td></td><td colspan="2"></td><td colspan="2"></td><td></td><td></td></tr>
<tr><td></td><td colspan="2"></td><td colspan="2"></td><td></td><td></td></tr>
<tr><td></td><td colspan="2"></td><td colspan="2"></td><td></td><td></td></tr>
<tr><td></td><td colspan="2"></td><td colspan="2"></td><td></td><td></td></tr>
<tr><td></td><td colspan="2"></td><td colspan="2"></td><td></td><td></td></tr>
<tr><td></td><td colspan="2"></td><td colspan="2"></td><td></td><td></td></tr>
</table>

检查人： 记录人： 审核人：

C.2.1.7

坝顶养护碎石路面检查记录表

施工单位：　　　　　　　　　　　　　　检查日期：　　年　　月　　日

<table>
<tr><td>单位工程
【编码】</td><td></td><td>分部工程
【编码】</td><td colspan="3"></td><td>单元工程
【编码】</td><td></td></tr>
<tr><td>施工位置</td><td></td><td>施工日期</td><td colspan="3">年　月　日
至　年　月　日</td><td>工程量</td><td></td></tr>
<tr><td>质量标准</td><td colspan="7">米石子质地坚硬，铺撒均匀；堤线顺直弧圆，堤顶路面饱满平坦，无明显坑洼、积子现象</td></tr>
<tr><td rowspan="15">检
查
情
况</td><td>桩号或位置</td><td>堤顶路面是否饱满平坦</td><td>米石子铺撒是否均匀</td><td>有无坑洼积水现象</td><td>堤线是否顺直弧圆</td><td>米石子是否质地坚硬</td><td>检查结果</td></tr>
<tr><td></td><td></td><td></td><td></td><td></td><td></td><td></td></tr>
<tr><td></td><td></td><td></td><td></td><td></td><td></td><td></td></tr>
<tr><td></td><td></td><td></td><td></td><td></td><td></td><td></td></tr>
<tr><td></td><td></td><td></td><td></td><td></td><td></td><td></td></tr>
<tr><td></td><td></td><td></td><td></td><td></td><td></td><td></td></tr>
<tr><td></td><td></td><td></td><td></td><td></td><td></td><td></td></tr>
<tr><td></td><td></td><td></td><td></td><td></td><td></td><td></td></tr>
<tr><td></td><td></td><td></td><td></td><td></td><td></td><td></td></tr>
<tr><td></td><td></td><td></td><td></td><td></td><td></td><td></td></tr>
<tr><td></td><td></td><td></td><td></td><td></td><td></td><td></td></tr>
<tr><td></td><td></td><td></td><td></td><td></td><td></td><td></td></tr>
<tr><td></td><td></td><td></td><td></td><td></td><td></td><td></td></tr>
<tr><td></td><td></td><td></td><td></td><td></td><td></td><td></td></tr>
<tr><td></td><td></td><td></td><td></td><td></td><td></td><td></td></tr>
</table>

检查人：　　　　　　　　记录人：　　　　　　　　审核人：

C.2.1.8

坝顶行道林养护检查记录表

施工单位：　　　　　　　　　　　　检查日期：　　年　　月　　日

<table>
<tr><td>单位工程
【编码】</td><td></td><td colspan="2">分部工程
【编码】</td><td colspan="2"></td><td colspan="2">单元工程
【编码】</td><td></td></tr>
<tr><td>施工位置</td><td></td><td colspan="2">施工日期</td><td colspan="2">年　月　日
至　年　月　日</td><td colspan="2">工程量</td><td></td></tr>
<tr><td>质量标准</td><td colspan="8">行道林按时挖坑施肥浇水；按时修剪喷药除虫，保持林木整齐美观无枯枝、病虫害；保持林木涂白均匀并满足高度要求，整齐美观；保持林木无杂草。林木补植品种优良，成活率达98%以上</td></tr>
<tr><td rowspan="15">检
查
情
况</td><td>桩号或位置</td><td>浇水施肥修剪是否及时</td><td>是否修剪及时，是否及时消除病虫害</td><td>是否及时清除杂草，涂白均匀满足调度</td><td>补植数量(棵)</td><td>成活数量(棵)</td><td>成活率(%)</td><td>检查结果</td></tr>
<tr><td></td><td></td><td></td><td></td><td></td><td></td><td></td><td></td></tr>
<tr><td></td><td></td><td></td><td></td><td></td><td></td><td></td><td></td></tr>
<tr><td></td><td></td><td></td><td></td><td></td><td></td><td></td><td></td></tr>
<tr><td></td><td></td><td></td><td></td><td></td><td></td><td></td><td></td></tr>
<tr><td></td><td></td><td></td><td></td><td></td><td></td><td></td><td></td></tr>
<tr><td></td><td></td><td></td><td></td><td></td><td></td><td></td><td></td></tr>
<tr><td></td><td></td><td></td><td></td><td></td><td></td><td></td><td></td></tr>
<tr><td></td><td></td><td></td><td></td><td></td><td></td><td></td><td></td></tr>
<tr><td></td><td></td><td></td><td></td><td></td><td></td><td></td><td></td></tr>
<tr><td></td><td></td><td></td><td></td><td></td><td></td><td></td><td></td></tr>
<tr><td></td><td></td><td></td><td></td><td></td><td></td><td></td><td></td></tr>
<tr><td></td><td></td><td></td><td></td><td></td><td></td><td></td><td></td></tr>
<tr><td></td><td></td><td></td><td></td><td></td><td></td><td></td><td></td></tr>
<tr><td></td><td></td><td></td><td></td><td></td><td></td><td></td><td></td></tr>
</table>

检查人：　　　　　　　　记录人：　　　　　　　　审核人：

C.2.2.1

坝坡养护土方检查记录表

施工单位：　　　　　　　　　　　　检查日期：　　年　月　日

<table>
<tr><td>单位工程
【编码】</td><td colspan="2"></td><td>分部工程
【编码】</td><td colspan="2"></td><td>单元工程
【编码】</td><td></td></tr>
<tr><td>施工位置</td><td colspan="2"></td><td>施工日期</td><td colspan="2">年　月　日
至　年　月　日</td><td>工程量</td><td></td></tr>
<tr><td>质量标准</td><td colspan="7">坡面平顺,草皮覆盖完好,无高杆杂草、水沟浪窝、裂缝、洞穴、陷坑；土方回填时应先开膛清除虚土，平整分层夯实，土质合格</td></tr>
<tr><td rowspan="14">检查情况</td><td>桩号或位置</td><td>草皮是否覆盖完好</td><td colspan="2">有无残缺、水沟浪窝、杂草杂物等</td><td>土方回填是否合格</td><td>土质</td><td>检查结果</td></tr>
<tr><td></td><td></td><td colspan="2"></td><td></td><td></td><td></td></tr>
<tr><td></td><td></td><td colspan="2"></td><td></td><td></td><td></td></tr>
<tr><td></td><td></td><td colspan="2"></td><td></td><td></td><td></td></tr>
<tr><td></td><td></td><td colspan="2"></td><td></td><td></td><td></td></tr>
<tr><td></td><td></td><td colspan="2"></td><td></td><td></td><td></td></tr>
<tr><td></td><td></td><td colspan="2"></td><td></td><td></td><td></td></tr>
<tr><td></td><td></td><td colspan="2"></td><td></td><td></td><td></td></tr>
<tr><td></td><td></td><td colspan="2"></td><td></td><td></td><td></td></tr>
<tr><td></td><td></td><td colspan="2"></td><td></td><td></td><td></td></tr>
<tr><td></td><td></td><td colspan="2"></td><td></td><td></td><td></td></tr>
<tr><td></td><td></td><td colspan="2"></td><td></td><td></td><td></td></tr>
<tr><td></td><td></td><td colspan="2"></td><td></td><td></td><td></td></tr>
<tr><td></td><td></td><td colspan="2"></td><td></td><td></td><td></td></tr>
</table>

检查人：　　　　　　　记录人：　　　　　　　审核人：

C.2.2.2.1

坝坡养护石方(散抛石及粗排护坡)检查记录表

施工单位：　　　　　　　　　　检查日期：　　年　　月　　日

单位工程【编码】		分部工程【编码】			单元工程【编码】	
施工位置		施工日期	年　月　日 至　年　月　日		工程量	
质量标准	坡面平顺，无浮石，无游石，无缺石，无明显外凸里凹现象，保持坡面清洁					
检查情况	桩号或位置	有无浮石、游石、缺石	坡面是否平顺	有无明显外凸里凹现象	坡面是否清洁	检查结果

检查人：　　　　　　　　记录人：　　　　　　　　审核人：

C.2.2.2.2

坝坡养护石方(干砌石护坡)检查记录表

施工单位：　　　　　　　　　　　　　检查日期：　　年　　月　　日

单位工程【编码】		分部工程【编码】			单元工程【编码】	
施工位置		施工日期	年　月　日 至　年　月　日		工程量	
质量标准	坡面平顺、砌块完好、砌缝紧密，无松动、塌陷、架空，坡面清洁					
检查情况	桩号或位置	是否做到坡面平顺、砌块完好、砌缝紧密		有无松动、塌陷、架空	坡面是否清洁	检查结果

检查人：　　　　　　　　记录人：　　　　　　　　审核人：

C.2.2.2.3

坝坡养护石方(浆砌石护坡)检查记录表

施工单位：　　　　　　　　　　　　　　检查日期：　　年　　月　　日

单位工程【编码】		分部工程【编码】		单元工程【编码】	
施工位置		施工日期	年　月　日 至　年　月　日	工程量	
质量标准	坡面平顺、清洁，砂浆饱满，灰缝无脱落，无松动、变形				
检查情况	桩号或位置	坡面是否平顺、清洁	砂浆勾缝是否饱满无脱落	有无松动、变形	检查结果

检查人：　　　　　　　　记录人：　　　　　　　　审核人：

C.2.2.3

排水沟翻修检查记录表

施工单位：　　　　　　　　　　　　　　检查日期：　　年　　月　　日

<table>
<tr><td>单位工程【编码】</td><td></td><td>分部工程【编码】</td><td colspan="3"></td><td>单元工程【编码】</td><td></td></tr>
<tr><td>施工位置</td><td></td><td>施工日期</td><td colspan="3">年　月　日
至　年　月　日</td><td>工程量</td><td></td></tr>
<tr><td>质量标准</td><td colspan="7">日常维护排水沟内部完好，畅通无损坏，无空洞暗沟，沟身无蛰陷、断裂，接头无漏水、阻塞，出口无冲坑悬空，沟内无杂物、淤泥。排水沟翻修：基础处理须回填夯实，原材料符合质量标准，洒水保养；按照原有结构尺寸修复</td></tr>
<tr><td rowspan="15">检
查
情
况</td><td>桩号或位置</td><td>有无杂物淤泥</td><td>沟体是否完好</td><td>基础回填情况</td><td>有无洒水保养</td><td>是否按照原有结构尺寸修复</td><td>检查结果</td></tr>
<tr><td></td><td></td><td></td><td></td><td></td><td></td><td></td></tr>
<tr><td></td><td></td><td></td><td></td><td></td><td></td><td></td></tr>
<tr><td></td><td></td><td></td><td></td><td></td><td></td><td></td></tr>
<tr><td></td><td></td><td></td><td></td><td></td><td></td><td></td></tr>
<tr><td></td><td></td><td></td><td></td><td></td><td></td><td></td></tr>
<tr><td></td><td></td><td></td><td></td><td></td><td></td><td></td></tr>
<tr><td></td><td></td><td></td><td></td><td></td><td></td><td></td></tr>
<tr><td></td><td></td><td></td><td></td><td></td><td></td><td></td></tr>
<tr><td></td><td></td><td></td><td></td><td></td><td></td><td></td></tr>
<tr><td></td><td></td><td></td><td></td><td></td><td></td><td></td></tr>
<tr><td></td><td></td><td></td><td></td><td></td><td></td><td></td></tr>
<tr><td></td><td></td><td></td><td></td><td></td><td></td><td></td></tr>
<tr><td></td><td></td><td></td><td></td><td></td><td></td><td></td></tr>
<tr><td></td><td></td><td></td><td></td><td></td><td></td><td></td></tr>
</table>

检查人：　　　　　　　　记录人：　　　　　　　　审核人：

C.2.2.4

草皮养护及补植检查记录表

施工单位：　　　　　　　　　　　　检查日期：　　年　　月　　日

单位工程【编码】		分部工程【编码】		单元工程【编码】	
施工位置		施工日期	年　月　日 至　年　月　日	项目	工程量
				草皮养护	
				草皮补植	
质量标准	1．草皮养护：草皮整洁美观，覆盖率达 95%以上，打草高度不大于 10 cm，无高杆杂草 2．草皮补植：应选用适宜品种，补植株距不大于 25 cm/株，定期洒水确保成活率达到98%以上				

	桩号或位置	草皮养护			草皮补植			检查结果
		覆盖率(%)	打草高度(cm)	有无高杆杂草	株距	有无定期洒水	成活率	
检查情况								

检查人：　　　　　　　　记录人：　　　　　　　　审核人：

C.2.3.1.1

根石(散抛石)加固检查记录表

施工单位：　　　　　　　　　　　　检查日期：　年　月　日

单位工程【编码】		分部工程【编码】		单元工程【编码】	
施工位置		施工日期	年　月　日 至　年　月　日	工程量	
质量标准	质地坚硬，单块石重不小于 30 kg，根石坡度恢复至设计值 1：1.5				

检查情况	桩号或位置	质地是否坚硬	单块石重(kg)	恢复后根石坡度	检查结果

检查人：　　　　　　　　记录人：　　　　　　　　审核人：

C.2.3.1.2

根石(铅丝笼)加固检查记录表

施工单位：　　　　　　　　　　　　　　　　检查日期：　　年　　月　　日

单位工程【编码】		分部工程【编码】		单元工程【编码】	
施工位置		施工日期	年　月　日 至　年　月　日	工程量	
质量标准	铅丝笼饱满，块石符合质量标准				

检查情况	桩号或位置	铅丝笼是否饱满	块石是否符合质量标准	检查结果

检查人：　　　　　　　　记录人：　　　　　　　　审核人：

C.2.3.2

根石平整检查记录表

施工单位：　　　　　　　　　　　　　检查日期：　　年　　月　　日

单位工程【编码】		分部工程【编码】			单元工程【编码】	
施工位置		施工日期	年　月　日 至　年　月　日		工程量	
质量标准	根石顶平、坡顺、高度一致、无缺损					
检查情况	桩号或位置	根石台是否顶平高度一致	坡顺	根石有无缺损	检查结果	

检查人：　　　　　　　　记录人：　　　　　　　　审核人：

C.2.4.1

管理房维修养护检查记录表

施工单位：　　　　　　　　　　　　检查日期：　　年　　月　　日

单位工程【编码】		分部工程【编码】		单元工程【编码】	
施工位置		施工日期	年　月　日 至　年　月　日	工程量	
质量标准	坚固完整、门窗齐全，无损坏；墙体无裂缝，墙皮无脱落，房顶不漏水				
检查情况	桩号或位置	是否坚固完整	门窗是否齐全无损坏	墙体、墙皮、房顶是否完好无损坏	检查结果

检查人：　　　　　　　　记录人：　　　　　　　　审核人：

C.2.4.2

标志牌(碑)维护检查记录表

施工单位：　　　　　　　　　　　　　　　　检查日期：　　年　　月　　日

<table>
<tr><td>单位工程
【编码】</td><td colspan="2"></td><td colspan="2">分部工程
【编码】</td><td colspan="2"></td><td>单元工程
【编码】</td><td></td></tr>
<tr><td>施工位置</td><td colspan="2"></td><td colspan="2">施工日期</td><td colspan="2">年　月　日
至　年　月　日</td><td>工程量</td><td></td></tr>
<tr><td>质量标准</td><td colspan="8">确保标志牌(碑)埋设坚固，布局合理，尺度规范，文字、图标清晰，醒目美观；及时维修更新，无涂层脱落、无损坏和丢失</td></tr>
<tr><td rowspan="15">检查情况</td><td>桩号或位置</td><td>是否完好齐全</td><td>有无涂层脱落</td><td>有无损坏和丢失</td><td>是否定期清洗，刷漆</td><td>布局是否合理,醒目美观</td><td>有无及时维修更新</td><td>检查结果</td></tr>
<tr><td></td><td></td><td></td><td></td><td></td><td></td><td></td><td></td></tr>
<tr><td></td><td></td><td></td><td></td><td></td><td></td><td></td><td></td></tr>
<tr><td></td><td></td><td></td><td></td><td></td><td></td><td></td><td></td></tr>
<tr><td></td><td></td><td></td><td></td><td></td><td></td><td></td><td></td></tr>
<tr><td></td><td></td><td></td><td></td><td></td><td></td><td></td><td></td></tr>
<tr><td></td><td></td><td></td><td></td><td></td><td></td><td></td><td></td></tr>
<tr><td></td><td></td><td></td><td></td><td></td><td></td><td></td><td></td></tr>
<tr><td></td><td></td><td></td><td></td><td></td><td></td><td></td><td></td></tr>
<tr><td></td><td></td><td></td><td></td><td></td><td></td><td></td><td></td></tr>
<tr><td></td><td></td><td></td><td></td><td></td><td></td><td></td><td></td></tr>
<tr><td></td><td></td><td></td><td></td><td></td><td></td><td></td><td></td></tr>
<tr><td></td><td></td><td></td><td></td><td></td><td></td><td></td><td></td></tr>
<tr><td></td><td></td><td></td><td></td><td></td><td></td><td></td><td></td></tr>
<tr><td></td><td></td><td></td><td></td><td></td><td></td><td></td><td></td></tr>
</table>

检查人：　　　　　　　　　记录人：　　　　　　　　　审核人：

C.2.4.3

护坝地边埂整修检查记录表

施工单位：　　　　　　　　　　　　　　检查日期：　　年　　月　　日

单位工程【编码】		分部工程【编码】		单元工程【编码】	
施工位置		施工日期	年　月　日 至　年　月　日	工程量	
质量标准	地面平整，边界明确，界沟、界埂规整平顺，无杂物				

检查情况	桩号或位置	边埂地面是否平整	边界是否明确	界沟、界埂是否规整平顺	有无杂物	检查结果

检查人：　　　　　　　　记录人：　　　　　　　　审核人：

C.2.4.4

护坝林检查记录表

施工单位：　　　　　　　　　　　　检查日期：　　年　　月　　日

<table>
<tr><td>单位工程
【编码】</td><td colspan="2"></td><td colspan="2">分部工程
【编码】</td><td colspan="2"></td><td>单元工程
【编码】</td><td colspan="2"></td></tr>
<tr><td>施工位置</td><td colspan="2"></td><td colspan="2">施工日期</td><td colspan="2">年　月　日
至　年　月　日</td><td>工程量</td><td colspan="2"></td></tr>
<tr><td>质量标准</td><td colspan="9">整齐美观，浇水、修剪、喷药、除草、施肥及时，无病虫害，无高杆杂草，无砍伐和人畜破坏；保持现有树株不缺损。补植株行距适宜，成活率达到95%以上</td></tr>
<tr><td rowspan="15">检
查
情
况</td><td>桩号或位置</td><td>浇水施肥除虫除草修剪是否及时</td><td>有无砍伐和人畜破坏</td><td>喷药是否及时</td><td>单位面积补植棵数(棵/亩)</td><td>单位面积成活棵数(棵/亩)</td><td>成活率(%)</td><td>检查结果</td><td></td></tr>
<tr><td></td><td></td><td></td><td></td><td></td><td></td><td></td><td></td><td></td></tr>
<tr><td></td><td></td><td></td><td></td><td></td><td></td><td></td><td></td><td></td></tr>
<tr><td></td><td></td><td></td><td></td><td></td><td></td><td></td><td></td><td></td></tr>
<tr><td></td><td></td><td></td><td></td><td></td><td></td><td></td><td></td><td></td></tr>
<tr><td></td><td></td><td></td><td></td><td></td><td></td><td></td><td></td><td></td></tr>
<tr><td></td><td></td><td></td><td></td><td></td><td></td><td></td><td></td><td></td></tr>
<tr><td></td><td></td><td></td><td></td><td></td><td></td><td></td><td></td><td></td></tr>
<tr><td></td><td></td><td></td><td></td><td></td><td></td><td></td><td></td><td></td></tr>
<tr><td></td><td></td><td></td><td></td><td></td><td></td><td></td><td></td><td></td></tr>
<tr><td></td><td></td><td></td><td></td><td></td><td></td><td></td><td></td><td></td></tr>
<tr><td></td><td></td><td></td><td></td><td></td><td></td><td></td><td></td><td></td></tr>
<tr><td></td><td></td><td></td><td></td><td></td><td></td><td></td><td></td><td></td></tr>
<tr><td></td><td></td><td></td><td></td><td></td><td></td><td></td><td></td><td></td></tr>
<tr><td></td><td></td><td></td><td></td><td></td><td></td><td></td><td></td><td></td></tr>
</table>

检查人：　　　　　　　　记录人：　　　　　　　　审核人：

C.2.5

上坝路检查记录表

施工单位：　　　　　　　　　　　　检查日期：　　年　　月　　日

<table>
<tr><td>单位工程
【编码】</td><td></td><td>分部工程
【编码】</td><td></td><td>单元工程
【编码】</td><td></td></tr>
<tr><td>施工位置</td><td></td><td>施工日期</td><td>年　月　日
至　年　月　日</td><td>工程量</td><td></td></tr>
<tr><td>质量标准</td><td colspan="5">1. 正常维护路面：上坝路完整、平顺、无沟坎、洼陷；柏油上坝路无积水、无杂物、路面整洁，路面无损坏、啃边等现象
2. 翻修路面：基础开挖夯实、沥青混凝土拌和物合格，养护及时、喷油均匀</td></tr>
<tr><td rowspan="17">检
查
情
况</td><td rowspan="2">桩号或位置</td><td>正常维修</td><td>翻修</td><td rowspan="2">检查结果</td></tr>
<tr><td>上坝路完整、平顺、无沟坎、洼陷，柏油上坝路无积水、无杂物、路面整洁、路面无损坏、啃边等现象</td><td>基础开挖夯实、沥青混凝土拌和物合格、养护及时、喷油均匀</td></tr>
<tr><td></td><td></td><td></td><td></td></tr>
<tr><td></td><td></td><td></td><td></td></tr>
<tr><td></td><td></td><td></td><td></td></tr>
<tr><td></td><td></td><td></td><td></td></tr>
<tr><td></td><td></td><td></td><td></td></tr>
<tr><td></td><td></td><td></td><td></td></tr>
<tr><td></td><td></td><td></td><td></td></tr>
<tr><td></td><td></td><td></td><td></td></tr>
<tr><td></td><td></td><td></td><td></td></tr>
<tr><td></td><td></td><td></td><td></td></tr>
<tr><td></td><td></td><td></td><td></td></tr>
<tr><td></td><td></td><td></td><td></td></tr>
<tr><td></td><td></td><td></td><td></td></tr>
<tr><td></td><td></td><td></td><td></td></tr>
<tr><td></td><td></td><td></td><td></td></tr>
</table>

检查人：　　　　　　　　记录人：　　　　　　　　审核人：

附录 C.3　水闸单元工程质量检查记录表

C.3.1.1

养护土方检查记录表

施工单位：　　　　　　　　　　　　检查日期：　　年　　月　　日

<table>
<tr><td>单位工程
【编码】</td><td colspan="2"></td><td colspan="2">分部工程
【编码】</td><td colspan="2"></td><td>单元工程
【编码】</td><td></td></tr>
<tr><td>施工位置</td><td colspan="2"></td><td colspan="2">施工日期</td><td colspan="2">年　月　日
至　年　月　日</td><td>工程量</td><td></td></tr>
<tr><td>质量标准</td><td colspan="8">无水沟浪窝、塌陷、裂缝、渗漏、滑坡和洞穴；发生干缩裂缝、冰冻裂缝应及时处理</td></tr>
<tr><td rowspan="15">检
查
情
况</td><td>桩号或位置</td><td>有无水沟浪窝</td><td colspan="2">有无塌陷、裂缝</td><td>有无渗漏、滑坡</td><td>有无洞穴</td><td colspan="2">发生干缩裂缝、冰冻裂缝是否及时处理</td><td>检查结果</td></tr>
<tr><td></td><td></td><td colspan="2"></td><td></td><td></td><td colspan="2"></td><td></td></tr>
<tr><td></td><td></td><td colspan="2"></td><td></td><td></td><td colspan="2"></td><td></td></tr>
<tr><td></td><td></td><td colspan="2"></td><td></td><td></td><td colspan="2"></td><td></td></tr>
<tr><td></td><td></td><td colspan="2"></td><td></td><td></td><td colspan="2"></td><td></td></tr>
<tr><td></td><td></td><td colspan="2"></td><td></td><td></td><td colspan="2"></td><td></td></tr>
<tr><td></td><td></td><td colspan="2"></td><td></td><td></td><td colspan="2"></td><td></td></tr>
<tr><td></td><td></td><td colspan="2"></td><td></td><td></td><td colspan="2"></td><td></td></tr>
<tr><td></td><td></td><td colspan="2"></td><td></td><td></td><td colspan="2"></td><td></td></tr>
<tr><td></td><td></td><td colspan="2"></td><td></td><td></td><td colspan="2"></td><td></td></tr>
<tr><td></td><td></td><td colspan="2"></td><td></td><td></td><td colspan="2"></td><td></td></tr>
<tr><td></td><td></td><td colspan="2"></td><td></td><td></td><td colspan="2"></td><td></td></tr>
<tr><td></td><td></td><td colspan="2"></td><td></td><td></td><td colspan="2"></td><td></td></tr>
<tr><td></td><td></td><td colspan="2"></td><td></td><td></td><td colspan="2"></td><td></td></tr>
<tr><td></td><td></td><td colspan="2"></td><td></td><td></td><td colspan="2"></td><td></td></tr>
</table>

检查人：　　　　　　　　记录人：　　　　　　　　审核人：

C.3.1.2

浆砌石护坡勾缝修补检查记录表

施工单位：　　　　　　　　　　　　检查日期：　　年　　月　　日

单位工程 【编码】		分部工程 【编码】		单元工程 【编码】	
施工位置		施工日期	年　月　日 至　年　月　日	工程量	
质量标准	水工建筑物(主要指护坡、护底和挡土墙)浆砌石勾缝局部无脱落；坡面平顺、清洁，无松动、塌陷及不均匀沉陷等现象				
检查情况	桩号或位置	勾缝局部有无脱落	坡面是否平顺、清洁	有无松动、塌陷及不均匀沉陷等现象	检查结果

检查人：　　　　　　　　记录人：　　　　　　　　审核人：

C.3.1.3

砌石护坡翻修石方检查记录表

施工单位：　　　　　　　　　　　　　　　　　　检查日期：　　年　　月　　日

单位工程【编码】		分部工程【编码】		单元工程【编码】	
施工位置		施工日期	年　月　日 至　年　月　日	工程量	
质量标准	干砌石护坡无松动、塌陷、不均匀沉陷、隆起、底部淘空、垫层散失等现象，如果发生应当及时按原状修复				
检查情况	桩号或位置	干砌石护坡有无松动、塌陷、不均匀沉陷、隆起、底部淘空、垫层散失等现象	发生后是否及时修复	检查结果	

检查人：　　　　　　　　记录人：　　　　　　　　审核人：

C.3.1.4

混凝土破损修补检查记录表

施工单位：　　　　　　　　　　　　　　检查日期：　　年　　月　　日

<table>
<tr><td>单位工程
【编码】</td><td></td><td>分部工程
【编码】</td><td></td><td>单元工程
【编码】</td><td></td></tr>
<tr><td>施工位置</td><td></td><td>施工日期</td><td>年　月　日
至　年　月　日</td><td>工程量</td><td></td></tr>
<tr><td>质量标准</td><td colspan="5">混凝土结构或构件无局部破损(包括磨损、剥落空蚀、脱壳、冻融损坏、机械损坏和钢筋损坏)，如若发生应及时按照有关技术标准进行修补</td></tr>
<tr><td rowspan="15">检
查
情
况</td><td>桩号或位置</td><td colspan="2">混凝土结构或构件有无局部破损(包括磨损、剥落空蚀、脱壳、冻融损坏、机械损坏和钢筋损坏)</td><td>发生破损后是否及时按照有关技术标准进行修补</td><td>检查结果</td></tr>
<tr><td></td><td colspan="2"></td><td></td><td></td></tr>
<tr><td></td><td colspan="2"></td><td></td><td></td></tr>
<tr><td></td><td colspan="2"></td><td></td><td></td></tr>
<tr><td></td><td colspan="2"></td><td></td><td></td></tr>
<tr><td></td><td colspan="2"></td><td></td><td></td></tr>
<tr><td></td><td colspan="2"></td><td></td><td></td></tr>
<tr><td></td><td colspan="2"></td><td></td><td></td></tr>
<tr><td></td><td colspan="2"></td><td></td><td></td></tr>
<tr><td></td><td colspan="2"></td><td></td><td></td></tr>
<tr><td></td><td colspan="2"></td><td></td><td></td></tr>
<tr><td></td><td colspan="2"></td><td></td><td></td></tr>
<tr><td></td><td colspan="2"></td><td></td><td></td></tr>
<tr><td></td><td colspan="2"></td><td></td><td></td></tr>
<tr><td></td><td colspan="2"></td><td></td><td></td></tr>
</table>

检查人：　　　　　　　　记录人：　　　　　　　　审核人：

C.3.1.5

裂缝处理检查记录表

施工单位：　　　　　　　　　　　　　检查日期：　　年　　月　　日

<table>
<tr><td>单位工程
【编码】</td><td></td><td>分部工程
【编码】</td><td></td><td>单元工程
【编码】</td><td></td></tr>
<tr><td>施工位置</td><td></td><td>施工日期</td><td>年　月　日
至　年　月　日</td><td>工程量</td><td></td></tr>
<tr><td>质量标准</td><td colspan="5">混凝土建筑物无裂缝，如若发生应及时按照有关技术标准和施工方法进行修补</td></tr>
<tr><td rowspan="15">检
查
情
况</td><td>桩号或位置</td><td>混凝土建筑物有无裂缝</td><td colspan="2">发生后是否及时按照有关技术标准和施工方法进行修补</td><td>检查结果</td></tr>
<tr><td></td><td></td><td colspan="2"></td><td></td></tr>
<tr><td></td><td></td><td colspan="2"></td><td></td></tr>
<tr><td></td><td></td><td colspan="2"></td><td></td></tr>
<tr><td></td><td></td><td colspan="2"></td><td></td></tr>
<tr><td></td><td></td><td colspan="2"></td><td></td></tr>
<tr><td></td><td></td><td colspan="2"></td><td></td></tr>
<tr><td></td><td></td><td colspan="2"></td><td></td></tr>
<tr><td></td><td></td><td colspan="2"></td><td></td></tr>
<tr><td></td><td></td><td colspan="2"></td><td></td></tr>
<tr><td></td><td></td><td colspan="2"></td><td></td></tr>
<tr><td></td><td></td><td colspan="2"></td><td></td></tr>
<tr><td></td><td></td><td colspan="2"></td><td></td></tr>
<tr><td></td><td></td><td colspan="2"></td><td></td></tr>
<tr><td></td><td></td><td colspan="2"></td><td></td></tr>
</table>

检查人：　　　　　　　　记录人：　　　　　　　　审核人：

C.3.1.6

伸缩缝填料填充检查记录表

施工单位：　　　　　　　　　　　　检查日期：　　年　　月　　日

<table>
<tr><td>单位工程
【编码】</td><td colspan="2"></td><td>分部工程
【编码】</td><td colspan="2"></td><td>单元工程
【编码】</td><td></td></tr>
<tr><td>施工位置</td><td colspan="2"></td><td>施工日期</td><td colspan="2">年　月　日
至　年　月　日</td><td>工程量</td><td></td></tr>
<tr><td>质量标准</td><td colspan="7">伸缩缝填料填充无流失、老化脱落现象发生；如若发生应及时进行填充封堵</td></tr>
<tr><td rowspan="15">检
查
情
况</td><td>桩号或位置</td><td colspan="2">伸缩缝填料填充有无流失、老化脱落现象发生</td><td colspan="3">发生后是否及时进行填充封堵</td><td>检查结果</td></tr>
<tr><td></td><td colspan="2"></td><td colspan="3"></td><td></td></tr>
<tr><td></td><td colspan="2"></td><td colspan="3"></td><td></td></tr>
<tr><td></td><td colspan="2"></td><td colspan="3"></td><td></td></tr>
<tr><td></td><td colspan="2"></td><td colspan="3"></td><td></td></tr>
<tr><td></td><td colspan="2"></td><td colspan="3"></td><td></td></tr>
<tr><td></td><td colspan="2"></td><td colspan="3"></td><td></td></tr>
<tr><td></td><td colspan="2"></td><td colspan="3"></td><td></td></tr>
<tr><td></td><td colspan="2"></td><td colspan="3"></td><td></td></tr>
<tr><td></td><td colspan="2"></td><td colspan="3"></td><td></td></tr>
<tr><td></td><td colspan="2"></td><td colspan="3"></td><td></td></tr>
<tr><td></td><td colspan="2"></td><td colspan="3"></td><td></td></tr>
<tr><td></td><td colspan="2"></td><td colspan="3"></td><td></td></tr>
<tr><td></td><td colspan="2"></td><td colspan="3"></td><td></td></tr>
<tr><td></td><td colspan="2"></td><td colspan="3"></td><td></td></tr>
</table>

检查人：　　　　　　　记录人：　　　　　　　审核人：

C.3.1.7

反滤排水设施维修养护检查记录表

施工单位：　　　　　　　　　　　　　　检查日期：　　年　　月　　日

<table>
<tr><td>单位工程
【编码】</td><td></td><td>分部工程
【编码】</td><td></td><td>单元工程
【编码】</td><td></td></tr>
<tr><td>施工位置</td><td></td><td>施工日期</td><td>年　月　日
至　年　月　日</td><td>工程量</td><td></td></tr>
<tr><td>质量标准</td><td colspan="5">水闸的反滤设施、减压井、导流沟、排水设施等须保持畅通，如有堵塞、损坏，应及时疏通、修复</td></tr>
<tr><td rowspan="15">检
查
情
况</td><td>桩号或位置</td><td>水闸的反滤设施、减压井、导流沟、排水设施等是否畅通</td><td colspan="2">堵塞、损坏后是否及时疏通、修复</td><td>检查
结果</td></tr>
<tr><td></td><td></td><td colspan="2"></td><td></td></tr>
<tr><td></td><td></td><td colspan="2"></td><td></td></tr>
<tr><td></td><td></td><td colspan="2"></td><td></td></tr>
<tr><td></td><td></td><td colspan="2"></td><td></td></tr>
<tr><td></td><td></td><td colspan="2"></td><td></td></tr>
<tr><td></td><td></td><td colspan="2"></td><td></td></tr>
<tr><td></td><td></td><td colspan="2"></td><td></td></tr>
<tr><td></td><td></td><td colspan="2"></td><td></td></tr>
<tr><td></td><td></td><td colspan="2"></td><td></td></tr>
<tr><td></td><td></td><td colspan="2"></td><td></td></tr>
<tr><td></td><td></td><td colspan="2"></td><td></td></tr>
<tr><td></td><td></td><td colspan="2"></td><td></td></tr>
<tr><td></td><td></td><td colspan="2"></td><td></td></tr>
<tr><td></td><td></td><td colspan="2"></td><td></td></tr>
</table>

检查人：　　　　　　　　记录人：　　　　　　　　审核人：

C.3.1.8

防冲设施破坏抛石处理检查记录表

施工单位：　　　　　　　　　　　　　检查日期：　　年　　月　　日

<table>
<tr><td>单位工程
【编码】</td><td></td><td>分部工程
【编码】</td><td colspan="2"></td><td>单元工程
【编码】</td><td></td></tr>
<tr><td>施工位置</td><td></td><td>施工日期</td><td colspan="2">年　月　日
至　年　月　日</td><td>工程量</td><td></td></tr>
<tr><td>质量标准</td><td colspan="6">水闸的防冲设施(防冲槽、海漫等)无冲刷破坏；消力池、门槽内无砂石杂物；抛入块石符合质量标准</td></tr>
<tr><td rowspan="15">检
查
情
况</td><td>桩号或位置</td><td>防冲设施有无冲刷破坏</td><td>消力池、门槽内有无砂石杂物</td><td colspan="2">抛入块石是否符合质量标准</td><td>检查结果</td></tr>
<tr><td></td><td></td><td></td><td colspan="2"></td><td></td></tr>
<tr><td></td><td></td><td></td><td colspan="2"></td><td></td></tr>
<tr><td></td><td></td><td></td><td colspan="2"></td><td></td></tr>
<tr><td></td><td></td><td></td><td colspan="2"></td><td></td></tr>
<tr><td></td><td></td><td></td><td colspan="2"></td><td></td></tr>
<tr><td></td><td></td><td></td><td colspan="2"></td><td></td></tr>
<tr><td></td><td></td><td></td><td colspan="2"></td><td></td></tr>
<tr><td></td><td></td><td></td><td colspan="2"></td><td></td></tr>
<tr><td></td><td></td><td></td><td colspan="2"></td><td></td></tr>
<tr><td></td><td></td><td></td><td colspan="2"></td><td></td></tr>
<tr><td></td><td></td><td></td><td colspan="2"></td><td></td></tr>
<tr><td></td><td></td><td></td><td colspan="2"></td><td></td></tr>
<tr><td></td><td></td><td></td><td colspan="2"></td><td></td></tr>
<tr><td></td><td></td><td></td><td colspan="2"></td><td></td></tr>
</table>

检查人：　　　　　　　　记录人：　　　　　　　　审核人：

C.3.1.9

出水底部构件养护检查记录表

施工单位：　　　　　　　　　　　　　　　检查日期：　　年　　月　　日

<table>
<tr><td>单位工程
【编码】</td><td></td><td>分部工程
【编码】</td><td colspan="2"></td><td>单元工程
【编码】</td><td></td></tr>
<tr><td>施工位置</td><td></td><td>施工日期</td><td colspan="2">年　月　日
至　年　月　日</td><td>工程量</td><td></td></tr>
<tr><td>质量标准</td><td colspan="6">上游铺盖等底部钢筋混凝土构件经常露出水面或干湿交替处无腐蚀和受冻；损坏部位及时修补；永久缝充填物无老化脱落，及时充填封堵</td></tr>
<tr><td rowspan="15">检
查
情
况</td><td>桩号或位置</td><td>有无腐蚀和受冻</td><td>损坏部位有无即时修补</td><td colspan="2">永久缝充填物有无老化脱落，及时充填封堵</td><td>检查结果</td></tr>
<tr><td></td><td></td><td></td><td colspan="2"></td><td></td></tr>
<tr><td></td><td></td><td></td><td colspan="2"></td><td></td></tr>
<tr><td></td><td></td><td></td><td colspan="2"></td><td></td></tr>
<tr><td></td><td></td><td></td><td colspan="2"></td><td></td></tr>
<tr><td></td><td></td><td></td><td colspan="2"></td><td></td></tr>
<tr><td></td><td></td><td></td><td colspan="2"></td><td></td></tr>
<tr><td></td><td></td><td></td><td colspan="2"></td><td></td></tr>
<tr><td></td><td></td><td></td><td colspan="2"></td><td></td></tr>
<tr><td></td><td></td><td></td><td colspan="2"></td><td></td></tr>
<tr><td></td><td></td><td></td><td colspan="2"></td><td></td></tr>
<tr><td></td><td></td><td></td><td colspan="2"></td><td></td></tr>
<tr><td></td><td></td><td></td><td colspan="2"></td><td></td></tr>
<tr><td></td><td></td><td></td><td colspan="2"></td><td></td></tr>
<tr><td></td><td></td><td></td><td colspan="2"></td><td></td></tr>
</table>

检查人：　　　　　　　　记录人：　　　　　　　　审核人：

C.3.1.10

止水更换检查记录表

施工单位：　　　　　　　　　　　　　　　　检查日期：　　年　　月　　日

<table>
<tr><td>单位工程
【编码】</td><td></td><td>分部工程
【编码】</td><td colspan="2"></td><td>单元工程
【编码】</td><td></td></tr>
<tr><td>施工位置</td><td></td><td>施工日期</td><td colspan="2">年　月　日
至　年　月　日</td><td>工程量</td><td></td></tr>
<tr><td>质量标准</td><td colspan="6">闸门橡皮止水装置应密封可靠，闭门状态时无翻滚、冒流现象；当后门无水时，应无明显的散射现象。如若止水橡皮出现磨损、变形、断裂或止水橡皮自然老化、失去弹性且漏水量超过规定时应及时按照原设计止水要求予以更换</td></tr>
<tr><td rowspan="15">检查情况</td><td>桩号或位置</td><td>止水装置密封是否可靠</td><td>闭门时有无翻滚、冒流</td><td>后门无水时有无明显散射</td><td>损坏止水是否及时更换</td><td>检查结果</td></tr>
<tr><td></td><td></td><td></td><td></td><td></td><td></td></tr>
<tr><td></td><td></td><td></td><td></td><td></td><td></td></tr>
<tr><td></td><td></td><td></td><td></td><td></td><td></td></tr>
<tr><td></td><td></td><td></td><td></td><td></td><td></td></tr>
<tr><td></td><td></td><td></td><td></td><td></td><td></td></tr>
<tr><td></td><td></td><td></td><td></td><td></td><td></td></tr>
<tr><td></td><td></td><td></td><td></td><td></td><td></td></tr>
<tr><td></td><td></td><td></td><td></td><td></td><td></td></tr>
<tr><td></td><td></td><td></td><td></td><td></td><td></td></tr>
<tr><td></td><td></td><td></td><td></td><td></td><td></td></tr>
<tr><td></td><td></td><td></td><td></td><td></td><td></td></tr>
<tr><td></td><td></td><td></td><td></td><td></td><td></td></tr>
<tr><td></td><td></td><td></td><td></td><td></td><td></td></tr>
<tr><td></td><td></td><td></td><td></td><td></td><td></td></tr>
</table>

检查人：　　　　　　　　　记录人：　　　　　　　　　审核人：

C.3.1.11

闸室清淤检查记录表

施工单位：　　　　　　　　　　　　　　检查日期：　　年　　月　　日

单位工程【编码】		分部工程【编码】		单元工程【编码】	
施工位置		施工日期	年　月　日 至　年　月　日	工程量	
质量标准	闸室无泥砂淤积，闸门运行正常				
检查情况	桩号或位置	闸室有无泥砂淤积	闸门是否运行正常	检查结果	

检查人：　　　　　　　　记录人：　　　　　　　　审核人：

C.3.1.12

闸门防腐处理检查记录表

施工单位：　　　　　　　　　　　　　　检查日期：　　年　　月　　日

单位工程【编码】		分部工程【编码】		单元工程【编码】	
施工位置		施工日期	年　月　日 至　年　月　日	工程量	
质量标准	对表面涂膜(包括金属涂层表面封闭涂层)应进行定期检查，闸门局部或构件无锈蚀、裂纹等现象，如若发生锈斑、针状锈迹或严重锈蚀时应及时补涂涂料或更换构件				
检查情况	桩号或位置	对表面涂膜是否进行定期检查	闸门局部或构件有无锈蚀、裂纹等现象	发生锈蚀或严重锈蚀是否及时采取应对措施	检查结果

检查人：　　　　　　　　　　记录人：　　　　　　　　　　审核人：

C.3.2.1

电动机维修养护检查记录表

施工单位：　　　　　　　　　　　　　　　　　检查日期：　年　月　日

单位工程【编码】		分部工程【编码】		单元工程【编码】	
施工位置		施工日期	年　月　日 至　年　月　日	工程量	
质量标准	电动机应外壳无尘、无污、无锈；轴承、压线螺旋定期清洗换油，松动、磨损应及时更换				
检查情况	桩号或位置	外壳有无灰尘、污物、锈蚀	轴承是否定期清洗换油	轴承、压线螺旋损坏、松动是否及时更换	检查结果

检查人：　　　　　　　　记录人：　　　　　　　　审核人：

C.3.2.2

操作设备维修养护检查记录表

施工单位:　　　　　　　　　　　　　　检查日期:　　年　月　日

单位工程【编码】		分部工程【编码】		单元工程【编码】	
施工位置		施工日期	年　月　日 至　年　月　日	工程量	
质量标准	操作系统应保持干净整洁，损坏应更换新配件，定期检查各项技术指标及配件，出现故障要及时调试准确或更换配件				

检查情况	桩号或位置	操作系统是否保持干净整洁	出现故障是否及时调试或更换	检查结果

检查人:　　　　　　　　记录人:　　　　　　　　审核人:

C.3.2.3

配电设备维修养护检查记录表

施工单位：　　　　　　　　　　　　　　　　检查日期：　　年　　月　　日

单位工程【编码】		分部工程【编码】		单元工程【编码】	
施工位置		施工日期	年　月　日 至　年　月　日	工程量	
质量标准					
检查情况	桩号或位置			检查结果	

检查人：　　　　　　　　记录人：　　　　　　　　审核人：

C.3.2.4

输变电系统维修养护检查记录表

施工单位：　　　　　　　　　　　　　检查日期：　　年　　月　　日

<table>
<tr><td>单位工程
【编码】</td><td colspan="2"></td><td>分部工程
【编码】</td><td></td><td>单元工程
【编码】</td><td></td></tr>
<tr><td>施工位置</td><td colspan="2"></td><td>施工日期</td><td>年　月　日
至　年　月　日</td><td>工程量</td><td></td></tr>
<tr><td>质量标准</td><td colspan="6">线头连接良好，接头无锈蚀，定期检验紧固；经常清除架空线路上的树障和其他杂物</td></tr>
<tr><td rowspan="15">检
查
情
况</td><td>桩号或位置</td><td>线头连接是否良好</td><td colspan="2">接头是否紧固无锈蚀</td><td>架空线路有无树障、杂物</td><td>检查结果</td></tr>
<tr><td></td><td></td><td colspan="2"></td><td></td><td></td></tr>
<tr><td></td><td></td><td colspan="2"></td><td></td><td></td></tr>
<tr><td></td><td></td><td colspan="2"></td><td></td><td></td></tr>
<tr><td></td><td></td><td colspan="2"></td><td></td><td></td></tr>
<tr><td></td><td></td><td colspan="2"></td><td></td><td></td></tr>
<tr><td></td><td></td><td colspan="2"></td><td></td><td></td></tr>
<tr><td></td><td></td><td colspan="2"></td><td></td><td></td></tr>
<tr><td></td><td></td><td colspan="2"></td><td></td><td></td></tr>
<tr><td></td><td></td><td colspan="2"></td><td></td><td></td></tr>
<tr><td></td><td></td><td colspan="2"></td><td></td><td></td></tr>
<tr><td></td><td></td><td colspan="2"></td><td></td><td></td></tr>
<tr><td></td><td></td><td colspan="2"></td><td></td><td></td></tr>
<tr><td></td><td></td><td colspan="2"></td><td></td><td></td></tr>
<tr><td></td><td></td><td colspan="2"></td><td></td><td></td></tr>
</table>

检查人：　　　　　　　　记录人：　　　　　　　　审核人：

C.3.2.5

避雷设施维修养护检查记录表

施工单位：　　　　　　　　　　　　　　　　检查日期：　　年　　月　　日

<table>
<tr><td>单位工程
【编码】</td><td></td><td>分部工程
【编码】</td><td></td><td>单元工程
【编码】</td><td></td></tr>
<tr><td>施工位置</td><td></td><td>施工日期</td><td>年　月　日
至　年　月　日</td><td>工程量</td><td></td></tr>
<tr><td>质量标准</td><td colspan="5">避雷设施应定期校验；防腐涂层有破损应及时修补</td></tr>
<tr><td rowspan="15">检
查
情
况</td><td>桩号或位置</td><td colspan="2">避雷设施是否定期校验</td><td>防腐涂层是否及时修补无破损</td><td>检查结果</td></tr>
<tr><td></td><td colspan="2"></td><td></td><td></td></tr>
<tr><td></td><td colspan="2"></td><td></td><td></td></tr>
<tr><td></td><td colspan="2"></td><td></td><td></td></tr>
<tr><td></td><td colspan="2"></td><td></td><td></td></tr>
<tr><td></td><td colspan="2"></td><td></td><td></td></tr>
<tr><td></td><td colspan="2"></td><td></td><td></td></tr>
<tr><td></td><td colspan="2"></td><td></td><td></td></tr>
<tr><td></td><td colspan="2"></td><td></td><td></td></tr>
<tr><td></td><td colspan="2"></td><td></td><td></td></tr>
<tr><td></td><td colspan="2"></td><td></td><td></td></tr>
<tr><td></td><td colspan="2"></td><td></td><td></td></tr>
<tr><td></td><td colspan="2"></td><td></td><td></td></tr>
<tr><td></td><td colspan="2"></td><td></td><td></td></tr>
<tr><td></td><td colspan="2"></td><td></td><td></td></tr>
</table>

检查人：　　　　　　　　　　记录人：　　　　　　　　　　审核人：

C.3.2.6

配件更换检查记录表

施工单位：　　　　　　　　　　　　检查日期：　　年　　月　　日

<table>
<tr><td>单位工程
【编码】</td><td></td><td>分部工程
【编码】</td><td></td><td>单元工程
【编码】</td><td></td></tr>
<tr><td>施工位置</td><td></td><td>施工日期</td><td>年　月　日
至　年　月　日</td><td>工程量</td><td></td></tr>
<tr><td>质量标准</td><td colspan="5"></td></tr>
<tr><td rowspan="15">检
查
情
况</td><td>桩号或位置</td><td></td><td></td><td></td><td>检查结果</td></tr>
<tr><td></td><td></td><td></td><td></td><td></td></tr>
<tr><td></td><td></td><td></td><td></td><td></td></tr>
<tr><td></td><td></td><td></td><td></td><td></td></tr>
<tr><td></td><td></td><td></td><td></td><td></td></tr>
<tr><td></td><td></td><td></td><td></td><td></td></tr>
<tr><td></td><td></td><td></td><td></td><td></td></tr>
<tr><td></td><td></td><td></td><td></td><td></td></tr>
<tr><td></td><td></td><td></td><td></td><td></td></tr>
<tr><td></td><td></td><td></td><td></td><td></td></tr>
<tr><td></td><td></td><td></td><td></td><td></td></tr>
<tr><td></td><td></td><td></td><td></td><td></td></tr>
<tr><td></td><td></td><td></td><td></td><td></td></tr>
<tr><td></td><td></td><td></td><td></td><td></td></tr>
<tr><td></td><td></td><td></td><td></td><td></td></tr>
</table>

检查人：　　　　　　　　记录人：　　　　　　　　审核人：

C.3.2.7

机体表面防腐处理检查记录表

施工单位：　　　　　　　　　　　　　　　　检查日期：　　年　　月　　日

<table>
<tr><td>单位工程
【编码】</td><td></td><td>分部工程
【编码】</td><td></td><td>单元工程
【编码】</td><td></td></tr>
<tr><td>施工位置</td><td></td><td>施工日期</td><td>年　月　日
至　年　月　日</td><td>工程量</td><td></td></tr>
<tr><td>质量标准</td><td colspan="5">闸门启闭机防护罩、机体表面保持清洁，除转动部位的工作表面外，均应定期采用涂料保护</td></tr>
<tr><td rowspan="15">检
查
情
况</td><td>桩号或位置</td><td colspan="2">闸门启闭机防护罩、机器表面是否保持清洁</td><td>是否定期采用涂料保护</td><td>检查结果</td></tr>
<tr><td></td><td colspan="2"></td><td></td><td></td></tr>
<tr><td></td><td colspan="2"></td><td></td><td></td></tr>
<tr><td></td><td colspan="2"></td><td></td><td></td></tr>
<tr><td></td><td colspan="2"></td><td></td><td></td></tr>
<tr><td></td><td colspan="2"></td><td></td><td></td></tr>
<tr><td></td><td colspan="2"></td><td></td><td></td></tr>
<tr><td></td><td colspan="2"></td><td></td><td></td></tr>
<tr><td></td><td colspan="2"></td><td></td><td></td></tr>
<tr><td></td><td colspan="2"></td><td></td><td></td></tr>
<tr><td></td><td colspan="2"></td><td></td><td></td></tr>
<tr><td></td><td colspan="2"></td><td></td><td></td></tr>
<tr><td></td><td colspan="2"></td><td></td><td></td></tr>
<tr><td></td><td colspan="2"></td><td></td><td></td></tr>
<tr><td></td><td colspan="2"></td><td></td><td></td></tr>
</table>

检查人：　　　　　　　　记录人：　　　　　　　　审核人：

C.3.2.8

钢丝绳维修养护检查记录表

施工单位：　　　　　　　　　　　　　　　检查日期：　　年　　月　　日

单位工程【编码】		分部工程【编码】			单元工程【编码】	
施工位置		施工日期	年　月　日 至　年　月　日		工程量	
质量标准	启闭机钢丝绳应经常涂抹防水油脂，定期清洗保养，除锈上油；发现有断丝超标且不超过预绕圈长度的 1/2 时，予以调头使用；绳套内浇注锌块发生粉化、松动时要立即重浇，防止发生脱套调门事故					
检查情况	桩号或位置	钢丝绳是否定期清洗保养，除锈上油	有无断丝超标现象	绳套内有无锌块粉化、松动现象	检查结果	

检查人：　　　　　　　　记录人：　　　　　　　　审核人：

C.3.2.9

传(制)动系统维修养护检查记录表

施工单位：　　　　　　　　　　　　　检查日期：　　年　　月　　日

单位工程【编码】		分部工程【编码】		单元工程【编码】	
施工位置		施工日期	年　月　日 至　年　月　日	工程量	
质量标准	启闭机的联结机构应保持紧固，不得有松动现象；传动部位应加强润滑，滑动轴承应及时修刮平滑				
检查情况	桩号或位置	联结机构是否保持紧固	有无松动现象	传动部位时有无及时修刮平滑	检查结果

检查人：　　　　　　　　记录人：　　　　　　　　审核人：

C.3.2.10

自备发电机组维修养护检查记录表

施工单位：　　　　　　　　　　　　检查日期：　　年　　月　　日

单位工程【编码】		分部工程【编码】		单元工程【编码】	
施工位置		施工日期	年　月　日 至　年　月　日	工程量	
质量标准	柴油机清洁，转动部位保持润滑；柴油机各部位油位正常、油质合格、及时补油换油；集电环换向器擦拭干净；电刷压力、手动发电机转子、风扇与机罩有卡阻及时调整；机旁控制屏元件和仪表安装紧固，熔断器、开关损坏及时更换				
检查情况	桩号或位置	发电机组是否及时清洁、润滑、补油换油	损坏、故障部位是否及时更换、调整	各部位安装是否紧固	检查结果

检查人：　　　　　　　　记录人：　　　　　　　　审核人：

C.3.3.1

机房及管理房维修养护检查记录表

施工单位：　　　　　　　　　　　　　　检查日期：　　年　　月　　日

单位工程【编码】		分部工程【编码】		单元工程【编码】	
施工位置		施工日期	年　月　日 至　年　月　日	工程量	
质量标准	保持内外墙、屋面、门窗等完好，防止预制构件连接件腐蚀，及时做好钢结构构件脱漆部分的修补				
检查情况	桩号或位置	内外墙、屋面、门窗等是否完好	预制构件连接件有无腐蚀	钢结构构件脱漆是否及时修补	检查结果

检查人：　　　　　　　　记录人：　　　　　　　　审核人：

C.3.3.2

闸区绿化检查记录表

施工单位:　　　　　　　　　　　　　　　　检查日期:　　年　　月　　日

<table>
<tr><td>单位工程
【编码】</td><td></td><td>分部工程
【编码】</td><td></td><td>单元工程
【编码】</td><td></td></tr>
<tr><td>施工位置</td><td></td><td>施工日期</td><td>年　月　日
至　年　月　日</td><td>工程量</td><td></td></tr>
<tr><td>质量标准</td><td colspan="5">根据当地气候、土壤和地形条件,种植花草树木以保持水土、净化环境，创造舒适、安静、卫生和雅致的生活工作环境</td></tr>
<tr><td rowspan="15">检
查
情
况</td><td>桩号或位置</td><td colspan="2">有无种植花草树木</td><td>生长情况如何</td><td>检查结果</td></tr>
<tr><td></td><td colspan="2"></td><td></td><td></td></tr>
<tr><td></td><td colspan="2"></td><td></td><td></td></tr>
<tr><td></td><td colspan="2"></td><td></td><td></td></tr>
<tr><td></td><td colspan="2"></td><td></td><td></td></tr>
<tr><td></td><td colspan="2"></td><td></td><td></td></tr>
<tr><td></td><td colspan="2"></td><td></td><td></td></tr>
<tr><td></td><td colspan="2"></td><td></td><td></td></tr>
<tr><td></td><td colspan="2"></td><td></td><td></td></tr>
<tr><td></td><td colspan="2"></td><td></td><td></td></tr>
<tr><td></td><td colspan="2"></td><td></td><td></td></tr>
<tr><td></td><td colspan="2"></td><td></td><td></td></tr>
<tr><td></td><td colspan="2"></td><td></td><td></td></tr>
<tr><td></td><td colspan="2"></td><td></td><td></td></tr>
<tr><td></td><td colspan="2"></td><td></td><td></td></tr>
</table>

检查人:　　　　　　　　记录人:　　　　　　　　审核人:

C.3.3.3

护栏维修养护检查记录表

施工单位：　　　　　　　　　　　　　　检查日期：　年　月　日

<table>
<tr><td>单位工程
【编码】</td><td></td><td>分部工程
【编码】</td><td></td><td>单元工程
【编码】</td><td></td></tr>
<tr><td>施工位置</td><td></td><td>施工日期</td><td>年　月　日
至　年　月　日</td><td>工程量</td><td></td></tr>
<tr><td>质量标准</td><td colspan="5">无损毁塌落、破损、断裂，金属栏防锈漆无剥落、龟裂；出现后应及时修复或重新刷漆</td></tr>
<tr><td rowspan="16">检
查
情
况</td><td>桩号或位置</td><td colspan="2">护栏有无损毁塌落、破损、断裂，防锈漆剥落、龟裂等现象</td><td>出现后是否及时修复或重新刷漆</td><td>检查结果</td></tr>
<tr><td></td><td colspan="2"></td><td></td><td></td></tr>
<tr><td></td><td colspan="2"></td><td></td><td></td></tr>
<tr><td></td><td colspan="2"></td><td></td><td></td></tr>
<tr><td></td><td colspan="2"></td><td></td><td></td></tr>
<tr><td></td><td colspan="2"></td><td></td><td></td></tr>
<tr><td></td><td colspan="2"></td><td></td><td></td></tr>
<tr><td></td><td colspan="2"></td><td></td><td></td></tr>
<tr><td></td><td colspan="2"></td><td></td><td></td></tr>
<tr><td></td><td colspan="2"></td><td></td><td></td></tr>
<tr><td></td><td colspan="2"></td><td></td><td></td></tr>
<tr><td></td><td colspan="2"></td><td></td><td></td></tr>
<tr><td></td><td colspan="2"></td><td></td><td></td></tr>
<tr><td></td><td colspan="2"></td><td></td><td></td></tr>
<tr><td></td><td colspan="2"></td><td></td><td></td></tr>
<tr><td></td><td colspan="2"></td><td></td><td></td></tr>
</table>

检查人：　　　　　　　　记录人：　　　　　　　　审核人：

C.3.4.1

电力消耗检查记录表

施工单位：　　　　　　　　　　　　　检查日期：　　年　　月　　日

单位工程【编码】		分部工程【编码】		单元工程【编码】	
施工位置		施工日期	年　月　日 至　年　月　日	工程量	
质量标准					
检查情况					检查结果

检查人：　　　　　　　　记录人：　　　　　　　　审核人：

C.3.4.2

____油消耗检查记录表

施工单位：　　　　　　　　　　　　　检查日期：　　年　　月　　日

单位工程【编码】		分部工程【编码】		单元工程【编码】	
施工位置		施工日期	年　月　日 至　年　月　日	工程量	
质量标准					
检查情况					检查结果

检查人：　　　　　　　　记录人：　　　　　　　　审核人：

C.3.5

自动控制设施维修养护检查记录表

施工单位：　　　　　　　　　　　　检查日期：　　年　　月　　日

<table>
<tr><td>单位工程【编码】</td><td></td><td>分部工程【编码】</td><td colspan="2"></td><td>单元工程【编码】</td><td></td></tr>
<tr><td>施工位置</td><td></td><td>施工日期</td><td colspan="2">年　月　日
至　年　月　日</td><td>工程量</td><td></td></tr>
<tr><td>质量标准</td><td colspan="6">及时清扫控制设备(主要是可编程控制器及电器元件)上的灰尘，防止短路、放电等故障发生</td></tr>
<tr><td rowspan="16">检查情况</td><td>设施名称</td><td colspan="2">是否及时清扫控制设备上的灰尘</td><td colspan="2">有无短路、放电等故障发生</td><td>检查结果</td></tr>
<tr><td></td><td colspan="2"></td><td colspan="2"></td><td></td></tr>
<tr><td></td><td colspan="2"></td><td colspan="2"></td><td></td></tr>
<tr><td></td><td colspan="2"></td><td colspan="2"></td><td></td></tr>
<tr><td></td><td colspan="2"></td><td colspan="2"></td><td></td></tr>
<tr><td></td><td colspan="2"></td><td colspan="2"></td><td></td></tr>
<tr><td></td><td colspan="2"></td><td colspan="2"></td><td></td></tr>
<tr><td></td><td colspan="2"></td><td colspan="2"></td><td></td></tr>
<tr><td></td><td colspan="2"></td><td colspan="2"></td><td></td></tr>
<tr><td></td><td colspan="2"></td><td colspan="2"></td><td></td></tr>
<tr><td></td><td colspan="2"></td><td colspan="2"></td><td></td></tr>
<tr><td></td><td colspan="2"></td><td colspan="2"></td><td></td></tr>
<tr><td></td><td colspan="2"></td><td colspan="2"></td><td></td></tr>
<tr><td></td><td colspan="2"></td><td colspan="2"></td><td></td></tr>
<tr><td></td><td colspan="2"></td><td colspan="2"></td><td></td></tr>
<tr><td></td><td colspan="2"></td><td colspan="2"></td><td></td></tr>
</table>

检查人：　　　　　　　　记录人：　　　　　　　　审核人：

C.3.6

白蚁防治检查记录表

施工单位：　　　　　　　　　　　　　　检查日期：　　年　　月　　日

<table>
<tr><td>单位工程
【编码】</td><td colspan="2"></td><td>分部工程
【编码】</td><td></td><td>单元工程
【编码】</td><td></td></tr>
<tr><td>施工位置</td><td colspan="2"></td><td>施工日期</td><td>年　月　日
至　年　月　日</td><td>工程量</td><td></td></tr>
<tr><td>质量标准</td><td colspan="6">及时采取有效方法对白蚁进行防治，防止白蚁发生或蔓延；及时采用灌浆或开挖回填等方法对蚁穴进行处理</td></tr>
<tr><td rowspan="15">检
查
情
况</td><td>桩号或位置</td><td colspan="2">是否及时采取
有效方法防治白蚁</td><td colspan="2">是否及时对蚁穴进
行处理</td><td>检查结果</td></tr>
<tr><td></td><td colspan="2"></td><td colspan="2"></td><td></td></tr>
<tr><td></td><td colspan="2"></td><td colspan="2"></td><td></td></tr>
<tr><td></td><td colspan="2"></td><td colspan="2"></td><td></td></tr>
<tr><td></td><td colspan="2"></td><td colspan="2"></td><td></td></tr>
<tr><td></td><td colspan="2"></td><td colspan="2"></td><td></td></tr>
<tr><td></td><td colspan="2"></td><td colspan="2"></td><td></td></tr>
<tr><td></td><td colspan="2"></td><td colspan="2"></td><td></td></tr>
<tr><td></td><td colspan="2"></td><td colspan="2"></td><td></td></tr>
<tr><td></td><td colspan="2"></td><td colspan="2"></td><td></td></tr>
<tr><td></td><td colspan="2"></td><td colspan="2"></td><td></td></tr>
<tr><td></td><td colspan="2"></td><td colspan="2"></td><td></td></tr>
<tr><td></td><td colspan="2"></td><td colspan="2"></td><td></td></tr>
<tr><td></td><td colspan="2"></td><td colspan="2"></td><td></td></tr>
<tr><td></td><td colspan="2"></td><td colspan="2"></td><td></td></tr>
</table>

检查人：　　　　　　　　记录人：　　　　　　　　审核人：

附录 C.4　维修养护专项质量检查记录表

C.4

______维修养护专项质量检查记录表

施工单位：　　　　　　　　　　　　　　　　检查日期：　　年　　月　　日

<table>
<tr><td>单位工程
【编码】</td><td></td><td>分部工程
【编码】</td><td></td><td>单元工程
【编码】</td><td></td></tr>
<tr><td>施工位置</td><td></td><td>施工日期</td><td>年　月　日
至　年　月　日</td><td>工程量</td><td></td></tr>
</table>

检查、检测项目	质量标准	班组自检记录	质检员复检记录
检验部门	班组长	质检员	技术负责人
检验意见	签名： 年　月　日	签名： 年　月　日	签名： 年　月　日

注：检查、检测项目为质量评定表中检查、检测项目。

附录D　工程项目划分与工程质量评定表

D.1

河南黄河水利工程维修养护项目划分表

单位工程 (项目名称及编码)	分部工程 (项目名称及编码)	单元工程 项目编码	单元工程 项目名称	工作量
		第一单元		
	第一分部	⋮		
		第 N 单元		
		第一单元		
	⋮	⋮		
		第 N 单元		
		第一单元		
	第 N 分部	⋮		
		第 N 单元		

D.2

单位工程质量评定表

<table>
<tr><td>单位工程名称</td><td></td><td rowspan="2">开竣工日期</td><td colspan="3">自　　年　月　日
至　　年　月　日</td></tr>
<tr><td>施工单位</td><td></td></tr>
<tr><td rowspan="2">序号</td><td rowspan="2">分部工程名称</td><td colspan="2">质量等级</td><td rowspan="2">单元工程数量</td><td rowspan="2">备注</td></tr>
<tr><td>合格</td><td>不合格</td></tr>
<tr><td>1</td><td></td><td></td><td></td><td></td><td></td></tr>
<tr><td>2</td><td></td><td></td><td></td><td></td><td></td></tr>
<tr><td>3</td><td></td><td></td><td></td><td></td><td></td></tr>
<tr><td>4</td><td></td><td></td><td></td><td></td><td></td></tr>
<tr><td>5</td><td></td><td></td><td></td><td></td><td></td></tr>
<tr><td>6</td><td></td><td></td><td></td><td></td><td></td></tr>
<tr><td>7</td><td></td><td></td><td></td><td></td><td></td></tr>
<tr><td>8</td><td></td><td></td><td></td><td></td><td></td></tr>
<tr><td>9</td><td></td><td></td><td></td><td></td><td></td></tr>
<tr><td>10</td><td></td><td></td><td></td><td></td><td></td></tr>
<tr><td colspan="6">单位工程共有　　个分部，其中合格　　个，合格率　%</td></tr>
<tr><td colspan="3">施工单位意见</td><td colspan="3">监理意见</td></tr>
<tr><td colspan="3">自评意见：
单位工程质量等级：
质检部门负责人：
年　月　日
负责人：(盖公章)
年　月　日</td><td colspan="3">复核意见：
单位工程质量等级：
监理工程师：
年　月　日
总监理工程师：(盖公章)
年　月　日</td></tr>
<tr><td colspan="6">质量监督站意见：
年　月　日</td></tr>
</table>

D.3

分部工程施工质量评定表

<table>
<tr><td>单位工程名称</td><td colspan="2"></td><td>施工单位</td><td colspan="2"></td></tr>
<tr><td>分部工程名称</td><td colspan="2"></td><td>施工日期</td><td colspan="2">自　年　月　日至　年　月　日</td></tr>
<tr><td>分部工程量</td><td colspan="2">见单元质量评定表</td><td>评定日期</td><td colspan="2">年　　月　　日</td></tr>
<tr><td>项次</td><td>单元工程名称</td><td>单元工程个数</td><td>合格个数</td><td>不合格个数</td><td>备注</td></tr>
<tr><td>1</td><td></td><td></td><td></td><td></td><td></td></tr>
<tr><td>2</td><td></td><td></td><td></td><td></td><td></td></tr>
<tr><td>3</td><td></td><td></td><td></td><td></td><td></td></tr>
<tr><td>4</td><td></td><td></td><td></td><td></td><td></td></tr>
<tr><td>5</td><td></td><td></td><td></td><td></td><td></td></tr>
<tr><td>6</td><td></td><td></td><td></td><td></td><td></td></tr>
<tr><td>7</td><td></td><td></td><td></td><td></td><td></td></tr>
<tr><td>8</td><td></td><td></td><td></td><td></td><td></td></tr>
<tr><td>9</td><td></td><td></td><td></td><td></td><td></td></tr>
<tr><td>10</td><td></td><td></td><td></td><td></td><td></td></tr>
<tr><td>11</td><td></td><td></td><td></td><td></td><td></td></tr>
<tr><td>12</td><td></td><td></td><td></td><td></td><td></td></tr>
<tr><td>13</td><td></td><td></td><td></td><td></td><td></td></tr>
<tr><td>14</td><td></td><td></td><td></td><td></td><td></td></tr>
<tr><td>15</td><td></td><td></td><td></td><td></td><td></td></tr>
<tr><td colspan="2">合计</td><td></td><td></td><td></td><td></td></tr>
<tr><td colspan="3">施工单位自评意见</td><td colspan="3">监理单位复核意见</td></tr>
<tr><td colspan="3">自评意见：

分部工程质量等级：

质检部门负责人：
年　　月　　日

负责人：　　　(盖公章)

年　　月　　日</td><td colspan="3">复核意见：

分部工程质量等级：

监理工程师：
年　　月　　日

总监：　　　(盖公章)

年　　月　　日</td></tr>
<tr><td colspan="2">质量监督机构核定</td><td colspan="4"></td></tr>
</table>

注：分部工程质量在施工单位质检部门自评的基础上，由监理单位复核其质量等级，报质量监督机构核备。

D.4.1.1

堤顶维修养护单元工程质量评定表

合同名称：　　　　　　　　　　　　合同编号：

<table>
<tr><td>单位工程名称
【编码】</td><td></td><td>项目</td><td>工程量</td></tr>
<tr><td rowspan="3">分部工程名称
【编码】</td><td rowspan="3">堤防维修养护</td><td>堤顶养护土方</td><td></td></tr>
<tr><td>堤顶养护土方(撒米石子)</td><td></td></tr>
<tr><td>边埂整修</td><td></td></tr>
<tr><td rowspan="2">单元工程名称
【编码】</td><td rowspan="2">堤顶维修养护</td><td>堤顶洒水</td><td></td></tr>
<tr><td>堤顶(未硬化路面)刮平</td><td></td></tr>
<tr><td rowspan="2">检查日期</td><td rowspan="2">年　月　日</td><td>堤顶(泥结碎石)刮平</td><td></td></tr>
<tr><td>堤顶(硬化路面)养护</td><td></td></tr>
<tr><td rowspan="2">评定日期</td><td rowspan="2">年　月　日</td><td>堤顶行道林养护、补植</td><td></td></tr>
<tr><td>堤顶排水沟翻修</td><td></td></tr>
</table>

<table>
<tr><td></td><td>项次</td><td>项目名称</td><td>质量标准</td><td>检查、
检验结果</td><td>评定</td></tr>
<tr><td rowspan="3">检查项目</td><td>1</td><td>堤顶
养护土方</td><td>盖顶为黏土覆盖，土质合格;补土平垫夯实；堤顶平整，堤肩线平顺规整，饱满平坦，无明显坑洼现象</td><td></td><td></td></tr>
<tr><td>2</td><td>边埂整修</td><td>1．有边埂堤肩：表面平整，边线顺直，无杂草
2．无边埂堤肩：无明显坑洼，平顺规整，植草防护</td><td></td><td></td></tr>
<tr><td>3</td><td>堤顶洒水</td><td>喷洒均匀，无积水</td><td></td><td></td></tr>
</table>

续表

<table>
<tr><td rowspan="6">检查项目</td><td>项次</td><td>项目名称</td><td>质量标准</td><td>检查、检验结果</td><td>评定</td></tr>
<tr><td>4</td><td>堤顶(未硬化路面)刮平</td><td>保持花鼓顶达到饱满平整，无车槽及明显凸凹、起伏；降雨期间及雨后无积水；平均每 5.0 m 长堤段纵向高差不应大于 0.1 m，横向坡度宜保持在 2%～3%</td><td></td><td></td></tr>
<tr><td>5</td><td>堤顶(泥结碎石路面)刮平</td><td>米石子质地坚硬，铺撒均匀；堤线顺直弧圆，堤顶路面饱满平坦,无明显坑洼、积水现象</td><td></td><td></td></tr>
<tr><td>6</td><td>堤顶(硬化路面)养护</td><td>保持路面无损坏、裂缝、翻浆、脱皮、泛油、龟裂现象；路面损坏后应及时按照有关技术指标进行修补</td><td></td><td></td></tr>
<tr><td>7</td><td>堤顶行道林养护</td><td>行道林按时挖坑施肥浇水；按时修剪除虫，保持林木整齐美观无枯枝、病虫害；保持林木涂白均匀并满足高度要求，整齐美观；保持林木无杂草。林木补植品种优良，成活率达 98%以上</td><td></td><td></td></tr>
<tr><td>8</td><td>堤顶排水沟翻修</td><td>排水沟内部清理干净，无杂物，防止雨水冲蚀工程；基础处理须回填夯实，原材料符合质量标准，洒水保养；按照原有结构尺寸修复</td><td></td><td></td></tr>
<tr><td colspan="3">施工单位自评意见</td><td>自评质量等级</td><td>监理机构复核意见</td><td>核定质量等级</td></tr>
<tr><td colspan="3"></td><td></td><td></td><td></td></tr>
<tr><td>施工单位名称</td><td colspan="2"></td><td rowspan="2">监理机构名称</td><td colspan="2" rowspan="3"></td></tr>
<tr><td>初检负责人</td><td>复检负责人</td><td>终检负责人</td></tr>
<tr><td></td><td></td><td></td><td>核定人</td></tr>
</table>

注：1．检查日期为终检日期，由施工单位负责填写。2．评定日期由项目法人(监理单位)负责填写。

D.4.1.2

堤坡维修养护单元工程质量评定表

合同名称：　　　　　　　　　　　　　　　合同编号：

单位工程名称【编码】		项目	工程量
分部工程名称【编码】		堤坡养护土方	
单元工程名称【编码】		堤坡排水沟翻修	
检查日期	年 月 日	上堤路口养护土方	
评定日期	年 月 日	草皮养护/补植	

	项次	项目名称	质量标准	检查、检验结果	评定
检查项目	1	堤坡养护土方	堤坡应保持竣工验收时的坡度，坡面平顺,土质合格、无虚土、无残缺、水沟浪窝、陡坎、洞穴、陷坑、杂草杂物，无违章垦植及取土现象，堤脚线明确		
	2	堤坡排水沟翻修	排水沟内部清理干净,无杂物,防止雨水冲蚀工程;基础处理须回填夯实,原材料符合质量标准,洒水保养;按照原有结构尺寸修复		
	3	上堤路口养护土方	路面平整、夯实、刮平坑凹、无残缺、无冲沟裂缝、陷坑、无蚕食堤身现象		
	4	草皮养护及补植	1．草皮养护：草皮整洁美观，覆盖率达 95%以上，打草高度不大于 10 cm,无高秆杂草 2．草皮补植：应选用适宜品种，补植株距不大于 25 cm/株，定期洒水确保成活率达到98%以上		

施工单位自评意见	自评质量等级	监理机构复核意见	核定质量等级

施工单位名称			监理机构名称	
初检负责人	复检负责人	终检负责人		
			核定人	

注：1．检查日期为终检日期，由施工单位负责填写。2．评定日期由项目法人(监理单位)负责填写。

D.4.1.3

附属设施维修养护单元工程质量评定表

合同名称：　　　　　　　　　　　　　　　　　　　合同编号：

<table>
<tr><td colspan="3">单位工程名称
【编码】</td><td></td><td>分部工程名称
【编码】</td><td></td></tr>
<tr><td colspan="3">单元工程名称
【编码】</td><td></td><td>项目</td><td>工程量</td></tr>
<tr><td colspan="3">检查日期</td><td>年　月　日</td><td>标志牌(碑)维护</td><td></td></tr>
<tr><td colspan="3">评定日期</td><td>年　月　日</td><td>护堤地边埂整修</td><td></td></tr>
<tr><td rowspan="3">检查项目</td><td>项次</td><td>项目名称</td><td>质量标准</td><td>检查、检验结果</td><td>评定</td></tr>
<tr><td>1</td><td>标志牌(碑)维护</td><td>确保标志牌(碑)埋设坚固，布局合理，尺度规范，文字、图标清晰，醒目美观；及时维修更新，无涂层脱落、无损坏和丢失</td><td></td><td></td></tr>
<tr><td>2</td><td>护堤地边埂整修</td><td>地面平整，边界明确，界沟、界埂规整平顺，无杂物</td><td></td><td></td></tr>
<tr><td colspan="3">施工单位自评意见</td><td>自评质量等级</td><td>监理机构复核意见</td><td>核定质量等级</td></tr>
<tr><td colspan="3"></td><td></td><td></td><td></td></tr>
<tr><td colspan="2">施工单位名称</td><td colspan="2"></td><td rowspan="2">监理机构名称</td><td rowspan="2"></td></tr>
<tr><td colspan="2">初检负责人</td><td>复检负责人</td><td>终检负责人</td></tr>
<tr><td colspan="2"></td><td></td><td></td><td>核定人</td><td></td></tr>
</table>

注：1. 检查日期为终检日期，由施工单位负责填写。2. 评定日期由项目法人(监理单位)负责填写。

D.4.1.4

防浪林养护单元工程质量评定表

合同名称：　　　　　　　　　　　　　　　合同编号：

<table>
<tr><td colspan="2">单位工程名称
【编码】</td><td colspan="2"></td><td>单元工程名称
【编码】</td><td></td></tr>
<tr><td colspan="2">分部工程名称
【编码】</td><td colspan="2"></td><td>单元工程量</td><td></td></tr>
<tr><td colspan="2">检查日期</td><td colspan="2">年　月　日</td><td>评定日期</td><td>年　月　日</td></tr>
<tr><td rowspan="6">检查项目</td><td>项次</td><td>项目名称</td><td>质量标准</td><td>检查、检验结果</td><td>评定</td></tr>
<tr><td>1</td><td>防浪林补植</td><td>补植合理，株行距适宜，整齐美观，无高杆杂草</td><td></td><td></td></tr>
<tr><td>2</td><td>防浪林浇水</td><td>浇水及时</td><td></td><td></td></tr>
<tr><td>3</td><td>防浪林成活率</td><td>无砍伐和人畜破坏，成活率达到95%以上</td><td></td><td></td></tr>
<tr><td>4</td><td>防浪林除草</td><td>无杂草</td><td></td><td></td></tr>
<tr><td>5</td><td>防浪林治虫</td><td>喷药及时，无病虫害</td><td></td><td></td></tr>
<tr><td colspan="3">施工单位自评意见</td><td>自评质量等级</td><td>监理机构复核意见</td><td>核定质量等级</td></tr>
<tr><td colspan="3"></td><td></td><td></td><td></td></tr>
<tr><td>施工单位名称</td><td colspan="2"></td><td rowspan="2">监理机构名称</td><td colspan="2" rowspan="2"></td></tr>
<tr><td>初检负责人</td><td>复检负责人</td><td>终检负责人</td></tr>
<tr><td></td><td></td><td></td><td>核定人</td><td colspan="2"></td></tr>
</table>

注：1. 检查日期为终检日期，由施工单位负责填写。2. 评定日期由项目法人(监理单位)负责填写。

D.4.1.5

护堤林带养护单元工程质量评定表

合同名称：　　　　　　　　　　　　　　　　　合同编号：

<table>
<tr><td colspan="2">单位工程名称
【编码】</td><td colspan="2"></td><td colspan="2">单元工程名称
【编码】</td><td></td></tr>
<tr><td colspan="2">分部工程名称
【编码】</td><td colspan="2"></td><td colspan="2">单元工程量</td><td></td></tr>
<tr><td colspan="2">检查日期</td><td colspan="2">年　月　日</td><td colspan="2">评定日期</td><td>年　月　日</td></tr>
<tr><td rowspan="6">检查项目</td><td>项次</td><td>项目名称</td><td>质量标准</td><td colspan="2">检查、检验结果</td><td>评定</td></tr>
<tr><td>1</td><td>护堤林带补植</td><td>补植合理，株行距适宜，整齐美观，无高杆杂草</td><td colspan="2"></td><td></td></tr>
<tr><td>2</td><td>护堤林带浇水</td><td>浇水及时</td><td colspan="2"></td><td></td></tr>
<tr><td>3</td><td>护堤林带成活率</td><td>无砍伐和人畜破坏，成活率达到95%以上</td><td colspan="2"></td><td></td></tr>
<tr><td>4</td><td>护堤林带施肥</td><td>适时施肥</td><td colspan="2"></td><td></td></tr>
<tr><td>5</td><td>护堤林带治虫</td><td>喷药及时，无病虫害</td><td colspan="2"></td><td></td></tr>
<tr><td colspan="3">施工单位自评意见</td><td>自评质量等级</td><td colspan="2">监理机构复核意见</td><td>核定质量等级</td></tr>
<tr><td colspan="3"></td><td></td><td colspan="2"></td><td></td></tr>
<tr><td colspan="2">施工单位名称</td><td colspan="2"></td><td colspan="2" rowspan="2">监理机构名称</td><td rowspan="2"></td></tr>
<tr><td colspan="2">初检负责人</td><td>复检负责人</td><td>终检负责人</td></tr>
<tr><td colspan="2"></td><td></td><td></td><td colspan="2">核定人</td><td></td></tr>
</table>

注：1. 检查日期为终检日期，由施工单位负责填写。2. 评定日期由项目法人(监理单位)负责填写。

D.4.1.6

淤区维修养护单元工程质量评定表

合同名称： 合同编号：

<table>
<tr><td colspan="2">单位工程名称【编码】</td><td colspan="2"></td><td>项目</td><td>工程量</td></tr>
<tr><td colspan="2">分部工程名称【编码】</td><td colspan="2"></td><td>淤区养护土方</td><td></td></tr>
<tr><td colspan="2">单元工程名称【编码】</td><td colspan="2"></td><td>淤区护堤林带养护</td><td></td></tr>
<tr><td colspan="2">检查日期</td><td colspan="2">年 月 日</td><td>淤区边埂整修</td><td></td></tr>
<tr><td colspan="2">评定日期</td><td colspan="2">年 月 日</td><td>淤区排水沟翻修</td><td></td></tr>
<tr><td rowspan="5">检查项目</td><td>项次</td><td>项目名称</td><td>质量标准</td><td>检查、检验结果</td><td>评定</td></tr>
<tr><td>1</td><td>淤区养护土方</td><td>按标准开挖回填,分层夯实;顶平、坡面平顺，无残缺</td><td></td><td></td></tr>
<tr><td>2</td><td>淤区护堤林带养护</td><td>整齐美观，浇水、喷药、施肥及时,无病虫害,无高杆杂草,无砍伐和人畜破坏；保持现有树株不缺损。补植株行距适宜，成活率达到95%以上</td><td></td><td></td></tr>
<tr><td>3</td><td>淤区围格堤整修</td><td>边埂拍实，顶面踩上无陷坑；保持顺直，顶平坡顺；埂面干净，无杂草杂物</td><td></td><td></td></tr>
<tr><td>4</td><td>淤区排水沟翻修</td><td>排水沟内部清理干净,无杂物,防止雨水冲蚀工程;基础处理须回填夯实,原材料符合质量标准,洒水保养;按照原有结构尺寸修复</td><td></td><td></td></tr>
<tr><td colspan="3">施工单位自评意见</td><td>自评质量等级</td><td>监理机构复核意见</td><td>核定质量等级</td></tr>
<tr><td colspan="3"></td><td></td><td></td><td></td></tr>
<tr><td colspan="2">施工单位名称</td><td colspan="2"></td><td rowspan="2">监理机构名称</td><td rowspan="2"></td></tr>
<tr><td colspan="2">初检负责人</td><td>复检负责人</td><td>终检负责人</td></tr>
<tr><td colspan="2"></td><td></td><td></td><td>核定人</td><td></td></tr>
</table>

注：1. 检查日期为终检日期，由施工单位负责填写。2. 评定日期由项目法人(监理单位)负责填写。

D.4.1.7

前(后)戗维修养护单元工程质量评定表

合同名称：　　　　　　　　　　　　　　　　合同编号：

<table>
<tr><td colspan="3">单位工程名称
【编码】</td><td colspan="2"></td><td colspan="2">项目</td><td>工程量</td></tr>
<tr><td colspan="3">分部工程名称
【编码】</td><td colspan="2"></td><td colspan="2">前(后)戗养护土方</td><td></td></tr>
<tr><td colspan="3">单元工程名称
【编码】</td><td colspan="2"></td><td colspan="2">前(后)戗护堤林带养护</td><td></td></tr>
<tr><td colspan="3">检查日期</td><td colspan="2">年　月　日</td><td colspan="2">前(后)戗边埂整修</td><td></td></tr>
<tr><td colspan="3">评定日期</td><td colspan="2">年　月　日</td><td colspan="2">前(后)戗排水沟翻修</td><td></td></tr>
<tr><td rowspan="5">检查项目</td><td>项次</td><td>项目名称</td><td colspan="2">质量标准</td><td colspan="2">检查、检验结果</td><td>评定</td></tr>
<tr><td>1</td><td>前(后)戗养护土方</td><td colspan="2">按标准开挖回填，分层夯实；顶平、坡面平顺，无残缺</td><td colspan="2"></td><td></td></tr>
<tr><td>2</td><td>前(后)戗护堤林带养护</td><td colspan="2">整齐美观，浇水、喷药、施肥及时，无病虫害，无高杆杂草，无砍伐和人畜破坏；保持现有树株不缺损。补植株行距适宜，成活率达到95%以上</td><td colspan="2"></td><td></td></tr>
<tr><td>3</td><td>前(后)戗边埂整修</td><td colspan="2">边埂拍实，顶面踩上无陷坑；保持顺直，顶平坡顺；埂面干净，无杂草杂物</td><td colspan="2"></td><td></td></tr>
<tr><td>4</td><td>前(后)戗排水沟翻修</td><td colspan="2">排水沟内部清理干净，无杂物，防止雨水冲蚀工程；基础处理须回填夯实，原材料符合质量标准，洒水保养；按照原有结构尺寸修复</td><td colspan="2"></td><td></td></tr>
<tr><td colspan="3">施工单位自评意见</td><td colspan="2">自评质量等级</td><td colspan="2">监理机构复核意见</td><td>核定质量等级</td></tr>
<tr><td colspan="3"></td><td colspan="2"></td><td colspan="2"></td><td></td></tr>
<tr><td colspan="3">施工单位名称</td><td colspan="2"></td><td rowspan="2">监理机构名称</td><td colspan="2" rowspan="2"></td></tr>
<tr><td colspan="3">初检负责人</td><td>复检负责人</td><td>终检负责人</td></tr>
<tr><td colspan="3"></td><td></td><td></td><td>核定人</td><td colspan="2"></td></tr>
</table>

注：1．检查日期为终检日期，由施工单位负责填写。2．评定日期由项目法人(监理单位)负责填写。

D.4.1.8

土牛维修养护单元工程质量评定表

合同名称：　　　　　　　　　　　　合同编号：

<table>
<tr><td colspan="3">单位工程名称
【编码】</td><td colspan="2"></td><td colspan="2">单元工程名称
【编码】</td><td colspan="2"></td></tr>
<tr><td colspan="3">分部工程名称
【编码】</td><td colspan="2"></td><td colspan="2">单元工程量</td><td colspan="2"></td></tr>
<tr><td colspan="3">检查日期</td><td colspan="2">年　月　日</td><td colspan="2">评定日期</td><td colspan="2">年　月　日</td></tr>
<tr><td rowspan="2">检查项目</td><td>项次</td><td>项目名称</td><td colspan="2">质量标准</td><td colspan="2">检查、检验结果</td><td colspan="2">评定</td></tr>
<tr><td>1</td><td>土牛维修养护</td><td colspan="2">顶平坡顺，边角整齐，规整划一，面净无杂草杂物</td><td colspan="2"></td><td colspan="2"></td></tr>
<tr><td colspan="3">施工单位自评意见</td><td colspan="2">自评质量等级</td><td colspan="2">监理机构复核意见</td><td colspan="2">核定质量等级</td></tr>
<tr><td colspan="3"></td><td colspan="2"></td><td colspan="2"></td><td colspan="2"></td></tr>
<tr><td colspan="3">施工单位名称</td><td colspan="2"></td><td colspan="2" rowspan="2">监理机构名称</td><td colspan="2" rowspan="2"></td></tr>
<tr><td colspan="3">初检负责人</td><td>复检负责人</td><td>终检负责人</td></tr>
<tr><td colspan="3"></td><td></td><td></td><td colspan="2">核定人</td><td colspan="2"></td></tr>
</table>

注：1. 检查日期为终检日期，由施工单位负责填写。2. 评定日期由项目法人(监理单位)负责填写。

D.4.1.9

备防石整修单元工程质量评定表

合同名称：　　　　　　　　　　　　合同编号：

<table>
<tr><td colspan="3">单位工程名称
【编码】</td><td colspan="2"></td><td colspan="2">单元工程名称
【编码】</td><td colspan="2"></td></tr>
<tr><td colspan="3">分部工程名称
【编码】</td><td colspan="2"></td><td colspan="2">单元工程量</td><td colspan="2"></td></tr>
<tr><td colspan="3">检查日期</td><td colspan="2">年　月　日</td><td colspan="2">评定日期</td><td colspan="2">年　月　日</td></tr>
<tr><td rowspan="4">检查项目</td><td>项次</td><td colspan="2">项目名称</td><td colspan="3">质量标准</td><td>检查、检验结果</td><td>评定</td></tr>
<tr><td>1</td><td colspan="2">备防石摆放</td><td colspan="3">摆放整齐,便于管理与抢险车辆通行</td><td></td><td></td></tr>
<tr><td>2</td><td colspan="2">方量、标志</td><td colspan="3">坝、垛号、方量等标注清晰</td><td></td><td></td></tr>
<tr><td>3</td><td colspan="2">备防石整修</td><td colspan="3">无坍垛、无杂草杂物</td><td></td><td></td></tr>
<tr><td colspan="4">施工单位自评意见</td><td colspan="2">自评质量等级</td><td colspan="2">监理机构复核意见</td><td>核定质量等级</td></tr>
<tr><td colspan="4"></td><td colspan="2"></td><td colspan="2"></td><td></td></tr>
<tr><td colspan="2">施工单位名称</td><td colspan="4"></td><td rowspan="2">监理机构名称</td><td colspan="2" rowspan="2"></td></tr>
<tr><td colspan="2">初检负责人</td><td colspan="2">复检负责人</td><td colspan="2">终检负责人</td></tr>
<tr><td colspan="2"></td><td colspan="2"></td><td colspan="2"></td><td>核定人</td><td colspan="2"></td></tr>
</table>

注：1．检查日期为终检日期，由施工单位负责填写。2．评定日期由项目法人(监理单位)负责填写。

D.4.1.10

管理房维修单元工程质量评定表

合同名称：　　　　　　　　　　　　　　　　合同编号：

<table>
<tr><td colspan="2">单位工程名称
【编码】</td><td colspan="2"></td><td>单元工程名称
【编码】</td><td></td></tr>
<tr><td colspan="2">分部工程名称
【编码】</td><td colspan="2"></td><td>单元工程量</td><td></td></tr>
<tr><td colspan="2">检查日期</td><td colspan="2">年　月　日</td><td>评定日期</td><td>年　月　日</td></tr>
<tr><td rowspan="4">检查项目</td><td>项次</td><td>项目名称</td><td>质量标准</td><td>检查、检验结果</td><td>评定</td></tr>
<tr><td>1</td><td>管理房门窗</td><td>门窗齐全，无损坏</td><td></td><td></td></tr>
<tr><td>2</td><td>管理房墙体</td><td>墙体无裂缝，墙皮无脱落</td><td></td><td></td></tr>
<tr><td>3</td><td>坚固性及房顶</td><td>坚固完整，房顶不漏水</td><td></td><td></td></tr>
<tr><td colspan="3">施工单位自评意见</td><td>自评质量等级</td><td>监理机构复核意见</td><td>核定质量等级</td></tr>
<tr><td colspan="3"></td><td></td><td></td><td></td></tr>
<tr><td colspan="2">施工单位名称</td><td colspan="2"></td><td rowspan="2">监理机构名称</td><td rowspan="2"></td></tr>
<tr><td colspan="2">初检负责人</td><td>复检负责人</td><td>终检负责人</td></tr>
<tr><td colspan="2"></td><td></td><td></td><td>核定人</td><td></td></tr>
</table>

注：1．检查日期为终检日期，由施工单位负责填写。2．评定日期由项目法人(监理单位)负责填写。

D.4.1.11

害堤动物防治单元工程质量评定表

合同名称：　　　　　　　　　　　　　　　　合同编号：

<table>
<tr><td colspan="3">单位工程名称
【编码】</td><td colspan="2"></td><td>单元工程名称
【编码】</td><td colspan="2"></td></tr>
<tr><td colspan="3">分部工程名称
【编码】</td><td colspan="2"></td><td>单元工程量</td><td colspan="2"></td></tr>
<tr><td colspan="3">检查日期</td><td colspan="2">年　月　日</td><td>评定日期</td><td colspan="2">年　月　日</td></tr>
<tr><td rowspan="3">检查项目</td><td>项次</td><td>项目名称</td><td colspan="2">质量标准</td><td colspan="2">检查、检验结果</td><td>评定</td></tr>
<tr><td>1</td><td>害堤动物防治</td><td colspan="2">清除害堤动物,确保无动物洞穴</td><td colspan="2"></td><td></td></tr>
<tr><td>2</td><td>害堤动物洞穴处理</td><td colspan="2">洞穴处理应先开挖回填夯实,然后向内灌浆填充</td><td colspan="2"></td><td></td></tr>
<tr><td colspan="3">施工单位自评意见</td><td colspan="2">自评质量等级</td><td colspan="2">监理机构复核意见</td><td>核定质量等级</td></tr>
<tr><td colspan="3"></td><td colspan="2"></td><td colspan="2"></td><td></td></tr>
<tr><td colspan="2">施工单位名称</td><td colspan="3"></td><td rowspan="2" colspan="2">监理机构名称</td><td rowspan="2"></td></tr>
<tr><td colspan="2">初检负责人</td><td colspan="2">复检负责人</td><td>终检负责人</td></tr>
<tr><td colspan="2"></td><td colspan="2"></td><td></td><td colspan="2">核定人</td><td></td></tr>
</table>

注：1．检查日期为终检日期，由施工单位负责填写。2．评定日期由项目法人(监理单位)负责填写。

D.4.2.1

坝顶维修养护单元工程质量评定表

合同名称： 合同编号：

<table>
<tr><td>单位工程名称
【编码】</td><td></td><td>项目</td><td>工程量</td></tr>
<tr><td>分部工程名称
【编码】</td><td></td><td>坝顶养护土方</td><td></td></tr>
<tr><td rowspan="2">单元工程名称
【编码】</td><td rowspan="2"></td><td>坝顶沿子石翻修</td><td></td></tr>
<tr><td>坝顶洒水</td><td></td></tr>
<tr><td rowspan="2">检查日期</td><td rowspan="2">年 月 日</td><td>坝顶刮平</td><td></td></tr>
<tr><td>坝顶边埂整修</td><td></td></tr>
<tr><td rowspan="2">评定日期</td><td rowspan="2">年 月 日</td><td>备防石整修</td><td></td></tr>
<tr><td>坝顶行道林养护</td><td></td></tr>
</table>

<table>
<tr><td rowspan="8">检
查
项
目</td><td>项次</td><td>项目名称</td><td>质量标准</td><td>检查、
检验结果</td><td>评定</td></tr>
<tr><td>1</td><td>坝顶
养护
土方</td><td>宽度、高程符合竣工验收或设计标准；顶面平整，无凸凹、裂缝、陷坑、浪窝、无乱石、杂物及高杆杂草等；土方回填时须先开膛清除虚土，平整分层夯实，土质合格</td><td></td><td></td></tr>
<tr><td>2</td><td>坝顶沿子
石翻修</td><td>沿子石规整、无缺损、无沟缝脱落;眉子土(边埂)平整,无缺损</td><td></td><td></td></tr>
<tr><td>3</td><td>坝顶洒水</td><td>喷洒均匀,无积水</td><td></td><td></td></tr>
<tr><td>4</td><td>坝顶刮平</td><td>刮平坑凹、夯实、坝顶饱满平整、无冲沟裂缝，坝宽、高程主要技术指标符合原设计要求，洒水养护及时</td><td></td><td></td></tr>
<tr><td>5</td><td>坝顶边埂
整修</td><td>顶面平整顺直；沟、埂整齐；内外缘高差符合设计要求</td><td></td><td></td></tr>
<tr><td>6</td><td>备防石
整修</td><td>备防石位置合理、摆放整齐，便于管理与抢险交通；无坍垛、无杂草杂物，坝号、垛号、方量标注清晰</td><td></td><td></td></tr>
<tr><td>7</td><td>坝顶
行道林
养护</td><td>行道林按时挖坑施肥浇水;按时修剪除虫、保持林木整齐美观无枯枝、病虫害；保持林木涂白均匀并满足高度要求，整齐美观；保持林木无杂草。林木补植品种优良，成活率达98%以上</td><td></td><td></td></tr>
</table>

<table>
<tr><td>施工单位自评意见</td><td colspan="2">自评质量等级</td><td>监理机构复核意见</td><td>核定质量等级</td></tr>
<tr><td></td><td colspan="2"></td><td></td><td></td></tr>
<tr><td>施工单位名称</td><td colspan="2"></td><td rowspan="2">监理机构名称</td><td rowspan="2"></td></tr>
<tr><td>初检负责人</td><td>复检负责人</td><td>终检负责人</td></tr>
<tr><td></td><td></td><td></td><td>核定人</td><td></td></tr>
</table>

注：1．检查日期为终检日期，由施工单位负责填写。2．评定日期由项目法人(监理单位)负责填写。

D.4.2.2

坝坡维修养护单元工程质量评定表

合同名称：

合同编号：

单位工程名称【编码】		项目	工程量
分部工程名称【编码】		坝坡养护土方	
单元工程名称【编码】		坝坡养护石方	
检查日期	年　月　日	排水沟翻修	
评定日期		草皮养护/补植	

检查项目	项次	项目名称	质量标准	检查、检验结果	评定
检查项目	1	坝坡养护土方	坡面平顺,草皮覆盖完好,无高杆杂草、水沟浪窝、裂缝、洞穴、陷坑；土方回填时应先开膛清除虚土，平整分层夯实，土质合格		
	2	坝坡养护石方	1．散抛块石护坡：坡面平顺，无浮石，无游石，无缺石，无明显外凸里凹现象，保持坡面清洁 2．干砌石护坡：坡面平顺、砌块完好、砌缝紧密，无松动、塌陷、架空、灰缝无脱落，坡面清洁 3．浆砌石护坡：坡面平顺、清洁，灰缝无脱落，无松动、变形		
	3	排水沟翻修	日常维护排水沟内部完好,畅通无损坏,无空洞暗沟,沟身无蛰陷、断裂，接头无漏水、阻塞，出口无冲坑悬空，沟内无杂物、淤泥。排水沟翻修：基础处理须回填夯实,原材料符合质量标准,洒水保养;按照原有结构尺寸修复		
	4	草皮养护及补植	1．草皮养护：草皮整洁美观，覆盖率达 95%以上，打草高度不大于 10 cm,无高杆杂草 2．草皮补植：应选用适宜品种，补植株距不大于 25 cm/株，定期洒水确保成活率达到 98%以上		

施工单位自评意见	自评质量等级		监理机构复核意见	核定质量等级
施工单位名称			监理机构名称	
初检负责人	复检负责人	终检负责人		
			核定人	

注：1．检查日期为终检日期，由施工单位负责填写。2．评定日期由项目法人(监理单位)负责填写。

D.4.2.3

根石维修养护单元工程质量评定表

合同名称：　　　　　　　　　　　　　　　　　　　　　合同编号：

<table>
<tr><td colspan="2">单位工程名称
【编码】</td><td colspan="3"></td><td>项目</td><td>工程量</td></tr>
<tr><td colspan="2" rowspan="2">分部工程名称
【编码】</td><td colspan="3" rowspan="2"></td><td>根石(散抛石)加固</td><td></td></tr>
<tr><td>根石(铅丝笼)加固</td><td></td></tr>
<tr><td colspan="2">单元工程名称
【编码】</td><td colspan="3"></td><td>根石平整</td><td></td></tr>
<tr><td colspan="2">检查日期</td><td colspan="2">年　月　日</td><td>评定日期</td><td colspan="2">年　月　日</td></tr>
<tr><td rowspan="4">检查项目</td><td>项次</td><td>项目名称</td><td colspan="2">质量标准</td><td>检查、检验结果</td><td>评定</td></tr>
<tr><td rowspan="2">1</td><td>根石(散抛石)加固</td><td colspan="2">质地坚硬,单块石重不小于30 kg,根石坡度恢复至设计值1∶1.5</td><td></td><td></td></tr>
<tr><td>根石(铅丝笼)加固</td><td colspan="2">铅丝笼饱满,块石符合质量标准</td><td></td><td></td></tr>
<tr><td>2</td><td>根石平整</td><td colspan="2">根石平整,坡顺、口直高度一致、无缺损</td><td></td><td></td></tr>
<tr><td colspan="3">施工单位自评意见</td><td>自评质量等级</td><td colspan="2">监理机构复核意见</td><td>核定质量等级</td></tr>
<tr><td colspan="3"></td><td></td><td colspan="2"></td><td></td></tr>
<tr><td colspan="2">施工单位名称</td><td colspan="2"></td><td rowspan="2">监理机构名称</td><td colspan="2" rowspan="2"></td></tr>
<tr><td colspan="2">初检负责人</td><td>复检负责人</td><td>终检负责人</td></tr>
<tr><td colspan="2"></td><td></td><td></td><td>核定人</td><td colspan="2"></td></tr>
</table>

注：1. 检查日期为终检日期，由施工单位负责填写。2. 评定日期由项目法人(监理单位)负责填写。

D.4.2.4

附属设施维修养护单元工程质量评定表

合同名称：　　　　　　　　　　　　　　　　　　合同编号：

<table>
<tr><td colspan="3">单位工程名称
【编码】</td><td colspan="3"></td></tr>
<tr><td colspan="3">分部工程名称
【编码】</td><td></td><td>项目</td><td>工程量</td></tr>
<tr><td colspan="3">单元工程名称
【编码】</td><td></td><td>管理房维修养护</td><td></td></tr>
<tr><td colspan="3">检查日期</td><td>年　月　日</td><td>标志牌(碑)维护</td><td></td></tr>
<tr><td colspan="3">评定日期</td><td>年　月　日</td><td>护坝地边埂整修</td><td></td></tr>
<tr><td rowspan="4">检查项目</td><td>项次</td><td>项目名称</td><td>质量标准</td><td>检查、检验结果</td><td>评定</td></tr>
<tr><td>1</td><td>管理房维修养护</td><td>坚固完整、门窗齐全，无损坏；墙体无裂缝，墙皮无脱落，房顶不漏水</td><td></td><td></td></tr>
<tr><td>2</td><td>标志牌(碑)维护</td><td>确保标志牌(碑)埋设坚固，布局合理，尺度规范，文字、图标清晰，醒目美观；及时维修更新，无涂层脱落、无损坏和丢失</td><td></td><td></td></tr>
<tr><td>3</td><td>护坝地边埂整修</td><td>边埂规整平顺；顶面踩上无陷坑；边界明确界沟界埂无违章取土现象；无杂草杂物</td><td></td><td></td></tr>
<tr><td colspan="3">施工单位自评意见</td><td>自评质量等级</td><td>监理机构复核意见</td><td>核定质量等级</td></tr>
<tr><td colspan="3"></td><td></td><td></td><td></td></tr>
<tr><td colspan="2">施工单位名称</td><td colspan="2"></td><td rowspan="2">监理机构名称</td><td rowspan="2"></td></tr>
<tr><td colspan="2">初检负责人</td><td>复检负责人</td><td>终检负责人</td></tr>
<tr><td colspan="2"></td><td></td><td></td><td>核定人</td><td></td></tr>
</table>

注：1. 检查日期为终检日期，由施工单位负责填写。2. 评定日期由项目法人(监理单位)负责填写。

D.4.2.5

上坝路单元工程质量评定表

合同名称：　　　　　　　　　　　　　　　　合同编号：

<table>
<tr><td colspan="3">单位工程名称
【编码】</td><td></td><td>单元工程名称
【编码】</td><td></td></tr>
<tr><td colspan="3">分部工程名称
【编码】</td><td></td><td>单元工程量</td><td></td></tr>
<tr><td colspan="3">检查日期</td><td>年　月　日</td><td>评定日期</td><td>年　月　日</td></tr>
<tr><td rowspan="4">检查项目</td><td>项次</td><td>项目名称</td><td>质量标准</td><td>检查、检验结果</td><td>评定</td></tr>
<tr><td>1</td><td>上坝路外观</td><td>上坝路完整、平顺、无沟坎、洼陷；柏油上坝路无积水、无杂物、路面整洁，路面无损坏、啃 边等现象</td><td></td><td></td></tr>
<tr><td>2</td><td>上坝路翻修</td><td>所用材料合格、基础分层夯实、面层铺筑合格</td><td></td><td></td></tr>
<tr><td>3</td><td>上坝路与坝身结合</td><td>无蚕食坝身现象</td><td></td><td></td></tr>
<tr><td colspan="3">施工单位自评意见</td><td>自评质量等级</td><td>监理机构复核意见</td><td>核定质量等级</td></tr>
<tr><td colspan="3"></td><td></td><td></td><td></td></tr>
<tr><td colspan="2">施工单位名称</td><td colspan="2"></td><td rowspan="2">监理机构名称</td><td rowspan="2"></td></tr>
<tr><td colspan="2">初检负责人</td><td>复检负责人</td><td>终检负责人</td></tr>
<tr><td colspan="2"></td><td></td><td></td><td>核定人</td><td></td></tr>
</table>

注：1．检查日期为终检日期，由施工单位负责填写。2．评定日期由项目法人(监理单位)负责填写。

D.4.2.6

护坝林单元工程质量评定表

合同名称： 合同编号：

<table>
<tr><td colspan="3">单位工程名称
【编码】</td><td></td><td colspan="2">单元工程名称
【编码】</td><td></td></tr>
<tr><td colspan="3">分部工程名称
【编码】</td><td></td><td colspan="2">单元工程量</td><td></td></tr>
<tr><td colspan="3">检查日期</td><td>年 月 日</td><td colspan="2">评定日期</td><td>年 月 日</td></tr>
<tr><td rowspan="6">检查项目</td><td>项次</td><td>项目名称</td><td>质量标准</td><td colspan="2">检查、检验结果</td><td>评定</td></tr>
<tr><td>1</td><td>防浪林补植</td><td>补植合理，株行距适宜，整齐美观，无高秆杂草</td><td colspan="2"></td><td></td></tr>
<tr><td>2</td><td>防浪林浇水</td><td>浇水及时</td><td colspan="2"></td><td></td></tr>
<tr><td>3</td><td>防浪林成活率</td><td>无砍伐和人畜破坏，成活率达到95%以上</td><td colspan="2"></td><td></td></tr>
<tr><td>4</td><td>防浪林施肥</td><td>适时施肥</td><td colspan="2"></td><td></td></tr>
<tr><td>5</td><td>防浪林治虫</td><td>喷药及时，无病虫害</td><td colspan="2"></td><td></td></tr>
<tr><td colspan="3">施工单位自评意见</td><td>自评质量等级</td><td colspan="2">监理机构复核意见</td><td>核定质量等级</td></tr>
<tr><td colspan="3"></td><td></td><td colspan="2"></td><td></td></tr>
<tr><td colspan="2">施工单位名称</td><td colspan="2"></td><td colspan="2" rowspan="2">监理机构名称</td><td rowspan="2"></td></tr>
<tr><td colspan="2">初检负责人</td><td>复检负责人</td><td>终检负责人</td></tr>
<tr><td colspan="2"></td><td></td><td></td><td colspan="2">核定人</td><td></td></tr>
</table>

注：1. 检查日期为终检日期，由施工单位负责填写。2. 评定日期由项目法人(监理单位)负责填写。

D.4.3.1

水工建筑物维修养护单元工程质量评定表

合同名称：　　　　　　　　　　　　　　　　　　　　合同编号：

<table>
<tr><td rowspan="2">单位工程名称
【编码】</td><td rowspan="2"></td><td>项目</td><td>工程量</td></tr>
<tr><td>养护土方</td><td></td></tr>
<tr><td rowspan="2">分部工程名称
【编码】</td><td rowspan="2"></td><td>砌石护坡勾缝修补</td><td></td></tr>
<tr><td>砌石护坡翻修石方</td><td></td></tr>
<tr><td rowspan="2">单元工程名称
【编码】</td><td rowspan="2"></td><td>防冲设施破坏抛石处理</td><td></td></tr>
<tr><td>反滤排水设施维修养护</td><td></td></tr>
<tr><td rowspan="2">检查日期</td><td rowspan="2">年　月　日</td><td>出水底部构件养护</td><td></td></tr>
<tr><td>混凝土破损修补</td><td></td></tr>
<tr><td rowspan="2">评定日期</td><td rowspan="2">年　月　日</td><td>裂缝处理</td><td></td></tr>
<tr><td>伸缩缝填料填充</td><td></td></tr>
</table>

<table>
<tr><td rowspan="4">检
查
项
目</td><td>项次</td><td>项目名称</td><td>质量标准</td><td>检查、
检验结果</td><td>评定</td></tr>
<tr><td>1</td><td>养护土方</td><td>无水沟浪窝、塌陷、裂缝、渗漏、滑坡和洞穴；发生干缩裂缝、冰冻裂缝应及时处理</td><td></td><td></td></tr>
<tr><td>2</td><td>砌石护坡勾缝修补</td><td>水工建筑物(主要指护坡、护底和挡土墙)浆砌石勾缝局部无脱落；坡面平顺、清洁，无松动、塌陷及不均匀沉陷等现象</td><td></td><td></td></tr>
<tr><td>3</td><td>砌石护坡翻修石方</td><td>干砌石护坡无松动、塌陷、不均匀沉陷、隆起、底部淘空、垫层散失等现象，如果发生应当及时按原状修复</td><td></td><td></td></tr>
</table>

续表

	项次	项目名称	质量标准	检查、检验结果	评定
检查项目	4	防冲设施破坏抛石处理	水闸的防冲设施(防冲槽、海漫等)无冲刷破坏；消力池、门槽内无砂石杂物；抛入块石符合质量标准		
	5	反滤排水设施维修养护	水闸的反滤设施、减压井、导流沟、排水设施等须保持畅通，如有堵塞、损坏，应及时疏通、修复		
	6	出水底部构件养护	上游铺盖等底部钢筋混凝土构件经常露出水面或干湿交替处无腐蚀和受冻;损坏部位及时修补;永久缝充填物无老化脱落,及时充填封堵		
	7	混凝土破损修补	混凝土结构或构件无局部破损(包括磨损、剥落空蚀、脱壳、冻融损坏、机械损坏和钢筋损坏)，如若发生应及时按照有关技术标准进行修补		
	8	裂缝处理	混凝土建筑物无裂缝，如若发生应及时按照有关技术标准和施工方法进行修补		
	9	伸缩缝填料填充	伸缩缝填料填充无流失、老化脱落现象发生；如若发生应及时进行填充封堵		

<table>
<tr><td colspan="3">施工单位自评意见</td><td>自评质量等级</td><td colspan="2">监理机构复核意见</td><td>核定质量等级</td></tr>
<tr><td colspan="3"></td><td></td><td colspan="2"></td><td></td></tr>
<tr><td>施工单位名称</td><td colspan="2"></td><td rowspan="2" colspan="2">监理机构名称</td><td rowspan="2" colspan="2"></td></tr>
<tr><td>初检负责人</td><td>复检负责人</td><td>终检负责人</td></tr>
<tr><td></td><td></td><td></td><td colspan="2">核定人</td><td colspan="2"></td></tr>
</table>

注：1. 检查日期为终检日期，由施工单位负责填写。2. 评定日期由项目法人(监理单位)负责填写。

D.4.3.2

闸门维修养护单元工程质量评定表

合同名称：　　　　　　　　　　　　　　　　合同编号：

<table>
<tr><td>单位工程名称
【编码】</td><td></td><td colspan="2">分部工程名称
【编码】</td><td></td></tr>
<tr><td>单元工程名称
【编码】</td><td></td><td colspan="2">项目</td><td>工程量</td></tr>
<tr><td>检查日期</td><td>年　月　日</td><td colspan="2">止水更换</td><td></td></tr>
<tr><td>评定日期</td><td>年　月　日</td><td colspan="2">闸门防腐处理</td><td></td></tr>
</table>

<table>
<tr><td rowspan="3">检查项目</td><td>项次</td><td>项目名称</td><td>质量标准</td><td>检查、检验结果</td><td>评定</td></tr>
<tr><td>1</td><td>止水更换</td><td>闸门橡皮止水装置应密封可靠，闭门状态时无翻滚、冒流现象；当后门无水时，应无明显的散射现象。如若止水橡皮出现磨损、变形、断裂或止水橡皮自然老化、失去弹性且漏水量超过规定时应及时按照原设计止水要求予以更换</td><td></td><td></td></tr>
<tr><td>2</td><td>闸门
防腐处理</td><td>对表面涂膜(包括金属涂层表面封闭涂层)应进行定期检查，闸门局部或构件无锈蚀、裂纹等现象，如若发生锈斑、针状锈迹或严重锈蚀时应及时补涂涂料或更换构件</td><td></td><td></td></tr>
</table>

<table>
<tr><td>施工单位自评意见</td><td>自评质量等级</td><td>监理机构复核意见</td><td>核定质量等级</td></tr>
<tr><td></td><td></td><td></td><td></td></tr>
</table>

<table>
<tr><td>施工单位名称</td><td colspan="2"></td><td rowspan="2">监理机构名称</td><td rowspan="2"></td></tr>
<tr><td>初检负责人</td><td>复检负责人</td><td>终检负责人</td></tr>
<tr><td></td><td></td><td></td><td>核定人</td><td></td></tr>
</table>

注：1. 检查日期为终检日期，由施工单位负责填写。2. 评定日期由项目法人(监理单位)负责填写。

D.4.3.3

启闭机维修养护单元工程质量评定表

合同名称：　　　　　　　　　　　　　　　　合同编号：

<table>
<tr><td colspan="3">单位工程名称【编码】</td><td colspan="2"></td><td>项目</td><td colspan="2">工程量</td></tr>
<tr><td colspan="3">分部工程名称【编码】</td><td colspan="2"></td><td>机体表面防腐处理</td><td colspan="2"></td></tr>
<tr><td colspan="3">单元工程名称【编码】</td><td colspan="2"></td><td>钢丝绳维修养护</td><td colspan="2"></td></tr>
<tr><td colspan="3">检查日期</td><td colspan="2">年　月　日</td><td>传(制)动系统维修养护</td><td colspan="2"></td></tr>
<tr><td colspan="3">评定日期</td><td colspan="2">年　月　日</td><td>配件更换</td><td colspan="2"></td></tr>
<tr><td rowspan="5">检查项目</td><td>项次</td><td>项目名称</td><td colspan="3">质量标准</td><td>检查、检验结果</td><td>评定</td></tr>
<tr><td>1</td><td>机体表面防腐处理</td><td colspan="3">闸门启闭机防护罩、机体表面保持清洁，除转动部位的工作表面外，均应定期采用涂料保护</td><td></td><td></td></tr>
<tr><td>2</td><td>钢丝绳维修养护</td><td colspan="3">启闭机钢丝绳应经常涂抹防水油脂，定期清洗保养，除锈上油；发现有断丝超标且不超过预绕圈长度的 1/2 时，予以调头使用；绳套内浇注锌块发生粉化、松动时要立即重浇，防止发生脱套调门事故</td><td></td><td></td></tr>
<tr><td>3</td><td>传(制)动系统维修养护</td><td colspan="3">启闭机的联结机构应保持紧固，不得有松动现象；传动部位应加强润滑，滑动轴承应及时修刮平滑</td><td></td><td></td></tr>
<tr><td>4</td><td>配件更换</td><td colspan="3"></td><td></td><td></td></tr>
<tr><td colspan="3">施工单位自评意见</td><td colspan="2">自评质量等级</td><td colspan="2">监理机构复核意见</td><td>核定质量等级</td></tr>
<tr><td colspan="3"></td><td colspan="2"></td><td colspan="2"></td><td></td></tr>
<tr><td colspan="3">施工单位名称</td><td colspan="2"></td><td rowspan="2" colspan="2">监理机构名称</td><td rowspan="2"></td></tr>
<tr><td colspan="3">初检负责人</td><td>复检负责人</td><td>终检负责人</td></tr>
<tr><td colspan="3"></td><td></td><td></td><td colspan="2">核定人</td><td></td></tr>
</table>

注：1．检查日期为终检日期，由施工单位负责填写。2．评定日期由项目法人(监理单位)负责填写。

D.4.3.4

机电设备维修养护单元工程质量评定表

合同名称：　　　　　　　　　　　　　　　　合同编号：

<table>
<tr><td>单位工程名称【编码】</td><td colspan="3"></td></tr>
<tr><td>分部工程名称【编码】</td><td></td><td>项目</td><td>工程量</td></tr>
<tr><td rowspan="2">单元工程名称【编码】</td><td rowspan="2"></td><td>电动机维修养护</td><td></td></tr>
<tr><td>操作设备维修养护</td><td></td></tr>
<tr><td rowspan="2">检查日期</td><td rowspan="2">年　月　日</td><td>配电设备维修养护</td><td></td></tr>
<tr><td>输变电系统维修养护</td><td></td></tr>
<tr><td rowspan="2">评定日期</td><td rowspan="2">年　月　日</td><td>避雷设施维修养护</td><td></td></tr>
<tr><td>配件更换</td><td></td></tr>
</table>

<table>
<tr><td rowspan="7">检查项目</td><td>项次</td><td>项目名称</td><td>质量标准</td><td>检查、检验结果</td><td>评定</td></tr>
<tr><td>1</td><td>电动机维修养护</td><td>电动机应外壳无尘、无污、无锈；轴承、压线螺旋定期清洗换油，松动、磨损应及时更换</td><td></td><td></td></tr>
<tr><td>2</td><td>操作设备维修养护</td><td>操作系统应保持干净整洁，损坏应更换新配件，定期检查各项技术指标及配件，出现故障要及时调试准确或更换配件</td><td></td><td></td></tr>
<tr><td>3</td><td>配电设备维修养护</td><td></td><td></td><td></td></tr>
<tr><td>4</td><td>输变电系统维修养护</td><td>线头连接良好，接头无锈蚀，定期检验紧固；经常清除架空线路上的树障和其他杂物</td><td></td><td></td></tr>
<tr><td>5</td><td>避雷设施维修养护</td><td>避雷设施应定期校验；防腐涂层有破损应及时修补</td><td></td><td></td></tr>
<tr><td>6</td><td>配件更换</td><td></td><td></td><td></td></tr>
</table>

<table>
<tr><td colspan="2">施工单位自评意见</td><td>自评质量等级</td><td>监理机构复核意见</td><td>核定质量等级</td></tr>
<tr><td colspan="2"></td><td></td><td></td><td></td></tr>
<tr><td>施工单位名称</td><td colspan="2"></td><td rowspan="2">监理机构名称</td><td rowspan="2"></td></tr>
<tr><td>初检负责人</td><td>复检负责人</td><td>终检负责人</td></tr>
<tr><td rowspan="2"></td><td rowspan="2"></td><td rowspan="2"></td><td>核定人</td><td></td></tr>
</table>

注：1. 检查日期为终检日期，由施工单位负责填写。2. 评定日期由项目法人(监理单位)负责填写。

D.4.3.5

附属设施维修养护单元工程质量评定表

合同名称：　　　　　　　　　　　　　　　　　合同编号：

<table>
<tr><td>单位工程名称
【编码】</td><td colspan="7"></td></tr>
<tr><td>分部工程名称
【编码】</td><td colspan="3"></td><td colspan="3">项目</td><td>工程量</td></tr>
<tr><td>单元工程名称
【编码】</td><td colspan="3"></td><td colspan="3">机房及管理房维修养护</td><td></td></tr>
<tr><td>检查日期</td><td colspan="3">年　月　日</td><td colspan="3">闸区绿化</td><td></td></tr>
<tr><td>评定日期</td><td colspan="3">年　月　日</td><td colspan="3">护栏维修养护</td><td></td></tr>
<tr><td rowspan="4">检查项目</td><td>项次</td><td>项目名称</td><td colspan="3">质量标准</td><td>检查、检验结果</td><td>评定</td></tr>
<tr><td>1</td><td>机房及管理房维修养护</td><td colspan="3">保持内外墙、屋面、门窗等完好，防止预制构件连接件腐蚀，及时做好钢结构构件脱漆部分的修补</td><td></td><td></td></tr>
<tr><td>2</td><td>闸区绿化</td><td colspan="3">根据当地气候、土壤和地形条件，种植花草树木以保持水土、净化环境，创造舒适、安静、卫生和雅致的生活工作环境</td><td></td><td></td></tr>
<tr><td>3</td><td>护栏维修养护</td><td colspan="3">无损毁塌落、破损、断裂，金属栏防锈漆无剥落、龟裂；出现后应及时修复或重新刷漆</td><td></td><td></td></tr>
<tr><td colspan="3">施工单位自评意见</td><td>自评质量等级</td><td colspan="3">监理机构复核意见</td><td>核定质量等级</td></tr>
<tr><td colspan="3"></td><td></td><td colspan="3"></td><td></td></tr>
<tr><td>施工单位名称</td><td colspan="3"></td><td rowspan="2" colspan="2">监理机构名称</td><td rowspan="2" colspan="2"></td></tr>
<tr><td>初检负责人</td><td colspan="2">复检负责人</td><td>终检负责人</td></tr>
<tr><td></td><td colspan="2"></td><td></td><td colspan="2">核定人</td><td colspan="2"></td></tr>
</table>

注：1. 检查日期为终检日期，由施工单位负责填写。2. 评定日期由项目法人(监理单位)负责填写。

D.4.3.6

物料动力消耗单元工程质量评定表

合同名称：　　　　　　　　　　　　　合同编号：

单位工程名称【编码】		项目	工程量
分部工程名称【编码】		电力消耗	
单元工程名称【编码】		柴油消耗	
检查日期	年　月　日	机油消耗	
评定日期	年　月　日	黄油消耗	

检查项目	项次	项目名称	质量标准	检查、检验结果	评定
	1	电力消耗	符合柴油质量标准		
	2	柴油消耗	符合柴油质量标准		
	3	机油消耗	符合机油质量标准		
	4	黄油消耗	符合黄油质量标准		

施工单位自评意见	自评质量等级		监理机构复核意见	核定质量等级
施工单位名称			监理机构名称	
初检负责人	复检负责人	终检负责人		
			核定人	

注：1. 检查日期为终检日期，由施工单位负责填写。2. 评定日期由项目法人(监理单位)负责填写。

D.4.3.7

闸室清淤单元工程质量评定表

合同名称：　　　　　　　　　　　　合同编号：

<table>
<tr><td colspan="3">单位工程名称
【编码】</td><td colspan="2"></td><td>单元工程名称
【编码】</td><td></td></tr>
<tr><td colspan="3">分部工程名称
【编码】</td><td colspan="2"></td><td>项目</td><td>工程量</td></tr>
<tr><td colspan="3">检查日期</td><td colspan="2">年　月　日</td><td rowspan="2">闸室清淤</td><td rowspan="2"></td></tr>
<tr><td colspan="3">评定日期</td><td colspan="2">年　月　日</td></tr>
<tr><td rowspan="2">检查项目</td><td>项次</td><td colspan="2">项目名称</td><td>质量标准</td><td>检查、检验结果</td><td>评定</td></tr>
<tr><td>1</td><td colspan="2">闸室清淤</td><td>闸室无泥砂淤积，闸门运行正常</td><td></td><td></td></tr>
<tr><td colspan="4">施工单位自评意见</td><td>自评质量等级</td><td>监理机构复核意见</td><td>核定质量等级</td></tr>
<tr><td colspan="4"></td><td></td><td></td><td></td></tr>
<tr><td colspan="2">施工单位名称</td><td colspan="3"></td><td rowspan="2">监理机构名称</td><td rowspan="2"></td></tr>
<tr><td colspan="2">初检负责人</td><td colspan="2">复检负责人</td><td>终检负责人</td></tr>
<tr><td colspan="2"></td><td colspan="2"></td><td></td><td>核定人</td><td></td></tr>
</table>

注：1．检查日期为终检日期，由施工单位负责填写。2．评定日期由项目法人(监理单位)负责填写。

D.4.3.8

白蚁防治单元工程质量评定表

合同名称：　　　　　　　　　　　　　　　　合同编号：

<table>
<tr><td colspan="3">单位工程名称【编码】</td><td colspan="2"></td><td>单元工程名称【编码】</td><td colspan="2"></td></tr>
<tr><td colspan="3">分部工程名称【编码】</td><td colspan="2"></td><td colspan="2">项目</td><td>工程量</td></tr>
<tr><td colspan="3">检查日期</td><td colspan="2">年　月　日</td><td colspan="2" rowspan="2">白蚁防治</td><td rowspan="2"></td></tr>
<tr><td colspan="3">评定日期</td><td colspan="2">年　月　日</td></tr>
<tr><td rowspan="2">检查项目</td><td>项次</td><td>项目名称</td><td colspan="3">质量标准</td><td>检查、检验结果</td><td>评定</td></tr>
<tr><td>1</td><td>白蚁防治</td><td colspan="3">及时采取有效方法对白蚁进行防治，防止白蚁发生或蔓延；及时采用灌浆或开挖回填等方法对蚁穴进行处理</td><td></td><td></td></tr>
<tr><td colspan="3">施工单位自评意见</td><td colspan="2">自评质量等级</td><td colspan="2">监理机构复核意见</td><td>核定质量等级</td></tr>
<tr><td colspan="3"></td><td colspan="2"></td><td colspan="2"></td><td></td></tr>
<tr><td colspan="3">施工单位名称</td><td colspan="2"></td><td>监理机构名称</td><td colspan="2"></td></tr>
<tr><td colspan="3">初检负责人</td><td>复检负责人</td><td>终检负责人</td><td></td><td colspan="2"></td></tr>
<tr><td colspan="3"></td><td></td><td></td><td>核定人</td><td colspan="2"></td></tr>
</table>

注：1．检查日期为终检日期，由施工单位负责填写。2．评定日期由项目法人(监理单位)负责填写。

D.4.3.9

自动控制设施维修养护单元工程质量评定表

合同名称：　　　　　　　　　　　　　　　　　　合同编号：

<table>
<tr><td>单位工程名称
【编码】</td><td colspan="3"></td><td colspan="2">单元工程名称
【编码】</td><td colspan="2"></td></tr>
<tr><td>分部工程名称
【编码】</td><td colspan="3"></td><td colspan="3">项目</td><td>工程量</td></tr>
<tr><td>检查日期</td><td colspan="3">年　月　日</td><td colspan="3" rowspan="2">自动控制
设施维修养护</td><td rowspan="2"></td></tr>
<tr><td>评定日期</td><td colspan="3">年　月　日</td></tr>
<tr><td rowspan="2">检查项目</td><td>项次</td><td>项目名称</td><td>质量标准</td><td colspan="3">检查、检验结果</td><td>评定</td></tr>
<tr><td>1</td><td>自动控制设施维修养护</td><td>及时清扫控制设备(主要是可编程控制器及电器元件)上的灰尘，防止短路、放电等故障发生</td><td colspan="3"></td><td></td></tr>
<tr><td colspan="3">施工单位自评意见</td><td colspan="2">自评质量等级</td><td colspan="2">监理机构复核意见</td><td>核定质量等级</td></tr>
<tr><td colspan="3"></td><td colspan="2"></td><td colspan="2"></td><td></td></tr>
<tr><td>施工单位名称</td><td colspan="3"></td><td colspan="2" rowspan="2">监理机构名称</td><td colspan="2" rowspan="2"></td></tr>
<tr><td>初检负责人</td><td>复检负责人</td><td colspan="2">终检负责人</td></tr>
<tr><td></td><td></td><td colspan="2"></td><td colspan="2">核定人</td><td colspan="2"></td></tr>
</table>

注：1. 检查日期为终检日期，由施工单位负责填写。2. 评定日期由项目法人(监理单位)负责填写。

D.4.3.10

自备发电机组维修养护单元工程质量评定表

合同名称： 合同编号：

<table>
<tr><td colspan="3">单位工程名称
【编码】</td><td></td><td colspan="2">单元工程名称
【编码】</td><td colspan="2"></td></tr>
<tr><td colspan="3">分部工程名称
【编码】</td><td></td><td colspan="2">项目</td><td colspan="2">工程量</td></tr>
<tr><td colspan="3">检查日期</td><td>年 月 日</td><td colspan="2" rowspan="2">自备发电机组
维修养护</td><td colspan="2" rowspan="2"></td></tr>
<tr><td colspan="3">评定日期</td><td>年 月 日</td></tr>
<tr><td rowspan="2">检查项目</td><td>项次</td><td>项目名称</td><td colspan="3">质量标准</td><td>检查、
检验结果</td><td>评定</td></tr>
<tr><td>1</td><td>自备发电机组维修养护</td><td colspan="3">柴油机清洁，转动部位保持润滑；柴油机各部位油位正常、油质合格、及时补油换油；集电环换向器擦拭干净；电刷压力，手动发电机转子、风扇与机罩有卡阻及时调整；机旁控制屏元件和仪表安装紧固，熔断器、开关损坏及时更换</td><td></td><td></td></tr>
<tr><td colspan="3">施工单位自评意见</td><td>自评质量等级</td><td colspan="3">监理机构复核意见</td><td>核定质量等级</td></tr>
<tr><td colspan="3"></td><td></td><td colspan="3"></td><td></td></tr>
<tr><td colspan="2">施工单位名称</td><td colspan="2"></td><td colspan="2" rowspan="2">监理机构名称</td><td colspan="2" rowspan="2"></td></tr>
<tr><td colspan="2">初检负责人</td><td>复检负责人</td><td>终检负责人</td></tr>
<tr><td colspan="2"></td><td></td><td></td><td colspan="2">核定人</td><td colspan="2"></td></tr>
</table>

注：1. 检查日期为终检日期，由施工单位负责填写。2. 评定日期由项目法人(监理单位)负责填写。

D.5.1

清基单元工程质量评定表

<table>
<tr><td colspan="3">单位工程名称【编码】</td><td></td><td colspan="3">单位工程量</td><td>年　月　日</td></tr>
<tr><td colspan="3">分部工程名称【编码】</td><td></td><td colspan="3">检测日期</td><td>年　月　日</td></tr>
<tr><td colspan="3">单位工程名称、部位【编码】</td><td></td><td colspan="3">评定日期</td><td>年　月　日</td></tr>
<tr><td colspan="2">项次</td><td>项目名称</td><td>质量标注</td><td colspan="3">检验结果</td><td>评定</td></tr>
<tr><td rowspan="3">检查项目</td><td>1</td><td>基面清理</td><td>堤基表层没有不合格土，杂物全部清除</td><td colspan="3"></td><td></td></tr>
<tr><td>2</td><td>一般堤基处理</td><td>堤基上的坑塘洞穴已按要求处理</td><td colspan="3"></td><td></td></tr>
<tr><td>3</td><td>堤基平整压实</td><td>表面无显著凹凸，无松土，无弹簧土</td><td colspan="3"></td><td></td></tr>
<tr><td rowspan="4">检测项目</td><td rowspan="2">1</td><td rowspan="2">堤基清理范围</td><td rowspan="2">堤基清理边界超过设计基面边线0.3 m</td><td>总测点数</td><td>合格点数</td><td>合格率</td><td rowspan="2"></td></tr>
<tr><td></td><td></td><td></td></tr>
<tr><td rowspan="2">2</td><td rowspan="2">堤基表面压实</td><td rowspan="2">设计干密度不小于 t/m^3</td><td>总测点数</td><td>合格点数</td><td>合格率</td><td rowspan="2"></td></tr>
<tr><td></td><td></td><td></td></tr>
<tr><td colspan="3">施工单位自评意见</td><td>质量等级</td><td colspan="3">监理单位复核意见</td><td>核定质量等级</td></tr>
<tr><td colspan="3"></td><td></td><td colspan="3"></td><td></td></tr>
<tr><td colspan="3">施工单位名称</td><td></td><td rowspan="2">监理单位名称</td><td colspan="3" rowspan="2"></td></tr>
<tr><td colspan="2">测量员</td><td>初验负责人</td><td>终验负责人</td></tr>
<tr><td colspan="2"></td><td></td><td></td><td>核定人</td><td colspan="3"></td></tr>
</table>

注：1. 检查日期为终检日期，由施工单位负责填写。2. 评定日期由项目法人(监理单位)负责填写。

D.5.2

土料填筑压实单元工程质量评定表

<table>
<tr><td colspan="3">单位工程名称
【编码】</td><td></td><td colspan="2">单位工程量</td><td colspan="2">年 月 日</td></tr>
<tr><td colspan="3">分部工程名称
【编码】</td><td></td><td colspan="2">检测日期</td><td colspan="2">年 月 日</td></tr>
<tr><td colspan="3">单位工程名称、部位
【编码】</td><td></td><td colspan="2">评定日期</td><td colspan="2">年 月 日</td></tr>
<tr><td colspan="2">项次</td><td>项目名称</td><td>质量标注</td><td colspan="3">检验结果</td><td>评定</td></tr>
<tr><td rowspan="4">检查项目</td><td>1</td><td>土料土质、含水率</td><td>无不合格土，含水率适中</td><td colspan="3"></td><td></td></tr>
<tr><td>2</td><td>土块粒径</td><td>根据压实机具，土块限制在______cm以内</td><td colspan="3"></td><td></td></tr>
<tr><td>3</td><td>作业段划分、搭接</td><td>机械作业不小于____ m，人工作业不小于____m，搭接无界沟</td><td colspan="3"></td><td></td></tr>
<tr><td>4</td><td>碾压作业程序</td><td>碾压及搭接碾压符合要求</td><td colspan="3"></td><td></td></tr>
<tr><td rowspan="6">检测项目</td><td rowspan="2">1</td><td rowspan="2">铺料厚度</td><td rowspan="2">允许偏差0—-5 cm(设计铺土厚度_____cm)</td><td>总测点数</td><td>合格点数</td><td>合格率</td><td rowspan="2"></td></tr>
<tr><td></td><td></td><td></td></tr>
<tr><td rowspan="2">2</td><td rowspan="2">铺料边线</td><td rowspan="2">允许偏差：人工+10 ~ +20 cm 机械+10 ~ +30 cm</td><td>总测点数</td><td>合格点数</td><td>合格率</td><td rowspan="2"></td></tr>
<tr><td></td><td></td><td></td></tr>
<tr><td rowspan="2">3</td><td rowspan="2">压实指标</td><td rowspan="2">设计干密度不小于_____t/m³</td><td>总测点数</td><td>合格点数</td><td>合格率</td><td rowspan="2"></td></tr>
<tr><td></td><td></td><td></td></tr>
<tr><td colspan="3">施工单位自评意见</td><td>质量等级</td><td colspan="3">监理单位复核意见</td><td>核定质量等级</td></tr>
<tr><td colspan="3"></td><td></td><td colspan="3"></td><td></td></tr>
<tr><td colspan="3">施工单位名称</td><td></td><td rowspan="2">监理单位名称</td><td colspan="3" rowspan="2"></td></tr>
<tr><td colspan="2">测量员</td><td>初验负责人</td><td>终验负责人</td></tr>
<tr><td colspan="2"></td><td></td><td></td><td>核定人</td><td colspan="3"></td></tr>
</table>

注： 1. 检查日期为终检日期，由施工单位负责填写。2. 评定日期由项目法人(监理单位)负责填写。

D.5.3

护坡垫层单元工程质量评定表

<table>
<tr><td colspan="3">单位工程名称
【编码】</td><td colspan="2"></td><td colspan="3">单位工程量</td><td colspan="2">年　月　日</td></tr>
<tr><td colspan="3">分部工程名称
【编码】</td><td colspan="2"></td><td colspan="3">检测日期</td><td colspan="2">年　月　日</td></tr>
<tr><td colspan="3">单位工程名称、部位【编码】</td><td colspan="2"></td><td colspan="3">评定日期</td><td colspan="2">年　月　日</td></tr>
<tr><td colspan="2">项次</td><td>项目名称</td><td colspan="2">质量标注</td><td colspan="4">检验结果</td><td>评定</td></tr>
<tr><td rowspan="3">检查项目</td><td>1</td><td>基面</td><td colspan="2">按规范验收合格</td><td colspan="4"></td><td></td></tr>
<tr><td>2</td><td>垫层材料</td><td colspan="2">符合设计要求</td><td colspan="4"></td><td></td></tr>
<tr><td>3</td><td>垫层施工方法和程序</td><td colspan="2">符合施工规范要求</td><td colspan="4"></td><td></td></tr>
<tr><td rowspan="2">检测项目</td><td rowspan="2">1</td><td rowspan="2">垫层厚度</td><td colspan="2" rowspan="2">偏小值不大于设计厚度的 15%(设计垫层厚度____cm)</td><td>总测点数</td><td>合格点数</td><td colspan="2">合格率</td><td rowspan="2"></td></tr>
<tr><td></td><td></td><td colspan="2"></td></tr>
<tr><td colspan="3">施工单位自评意见</td><td colspan="2">质量等级</td><td colspan="4">监理单位复核意见</td><td>核定质量等级</td></tr>
<tr><td colspan="3"></td><td colspan="2"></td><td colspan="4"></td><td></td></tr>
<tr><td colspan="3">施工单位名称</td><td></td><td rowspan="2">监理单位名称</td><td colspan="5" rowspan="2"></td></tr>
<tr><td colspan="2">测量员</td><td>初验负责人</td><td>终验负责人</td></tr>
<tr><td colspan="2"></td><td></td><td></td><td>核定人</td><td colspan="5"></td></tr>
</table>

注：1．检查日期为终检日期，由施工单位负责填写。2．评定日期由项目法人(监理单位)负责填写。

D.5.4

毛石粗排单元工程质量评定表

<table>
<tr><td colspan="3">单位工程名称
【编码】</td><td></td><td colspan="2">单位工程量</td><td colspan="2">年　月　日</td></tr>
<tr><td colspan="3">分部工程名称
【编码】</td><td></td><td colspan="2">检测日期</td><td colspan="2">年　月　日</td></tr>
<tr><td colspan="3">单位工程名称、部位【编码】</td><td></td><td colspan="2">评定日期</td><td colspan="2">年　月　日</td></tr>
<tr><td colspan="2">项次</td><td>项目名称</td><td>质量标注</td><td colspan="3">检验结果</td><td>评定</td></tr>
<tr><td rowspan="3">检查项目</td><td>1</td><td>石料</td><td>质地坚硬无风化，单块重≥25 kg，最小边长≥15 cm</td><td colspan="3"></td><td></td></tr>
<tr><td>2</td><td>石料排砌</td><td>禁用小石、片石，不得有通缝</td><td colspan="3"></td><td></td></tr>
<tr><td>3</td><td>缝宽</td><td>无宽度在 3 cm 以上、长度在 0.5 m 以上的连续缝</td><td colspan="3"></td><td></td></tr>
<tr><td rowspan="4">检测项目</td><td rowspan="2">1</td><td rowspan="2">砌体厚度</td><td rowspan="2">允许偏差为设计厚度的 ± 10%</td><td>总测点数</td><td>合格点数</td><td>合格率</td><td rowspan="2"></td></tr>
<tr><td></td><td></td><td></td></tr>
<tr><td rowspan="2">2</td><td rowspan="2">坡面平整度</td><td rowspan="2">2 m 靠尺检测凸凹不超过 10 cm</td><td>总测点数</td><td>合格点数</td><td>合格率</td><td rowspan="2"></td></tr>
<tr><td></td><td></td><td></td></tr>
<tr><td colspan="3">施工单位自评意见</td><td>质量等级</td><td colspan="3">监理单位复核意见</td><td>核定质量等级</td></tr>
<tr><td colspan="3"></td><td></td><td colspan="3"></td><td></td></tr>
</table>

<table>
<tr><td colspan="2">施工单位名称</td><td></td><td rowspan="2">监理单位名称</td><td rowspan="2"></td></tr>
<tr><td>测量员</td><td>初验负责人</td><td>终验负责人</td></tr>
<tr><td></td><td></td><td></td><td>核定人</td><td></td></tr>
</table>

注：1. 检查日期为终检日期，由施工单位负责填写。2. 评定日期由项目法人(监理单位)负责填写。

D.5.5

干砌石护坡单元工程质量评定表

<table>
<tr><td colspan="3">单位工程名称
【编码】</td><td></td><td colspan="2">单位工程量</td><td colspan="2">年 月 日</td></tr>
<tr><td colspan="3">分部工程名称
【编码】</td><td></td><td colspan="2">检测日期</td><td colspan="2">年 月 日</td></tr>
<tr><td colspan="3">单位工程名称、部位
【编码】</td><td></td><td colspan="2">评定日期</td><td colspan="2">年 月 日</td></tr>
<tr><td colspan="2">项次</td><td>项目名称</td><td>质量标注</td><td colspan="3">检验结果</td><td>评定</td></tr>
<tr><td rowspan="4">检查项目</td><td>1</td><td>面石用料</td><td>质地坚硬无风化，单块重≥25 kg，最小边长≥20 cm</td><td colspan="3"></td><td></td></tr>
<tr><td>2</td><td>腹石砌筑</td><td>排紧填严，无淤泥杂质</td><td colspan="3"></td><td></td></tr>
<tr><td>3</td><td>面石砌筑</td><td>禁止使用小块石，不得有通缝、对缝、浮石、空洞</td><td colspan="3"></td><td></td></tr>
<tr><td>4</td><td>缝宽</td><td>无宽度在 1.5 cm 以上、长度在 0.5 m 以上的连续缝</td><td colspan="3"></td><td></td></tr>
<tr><td rowspan="4">检测项目</td><td rowspan="2">1</td><td rowspan="2">砌体厚度</td><td rowspan="2">允许偏差为设计厚度的 ± 10%</td><td>总测点数</td><td>合格点数</td><td>合格率</td><td rowspan="2"></td></tr>
<tr><td></td><td></td><td></td></tr>
<tr><td rowspan="2">2</td><td rowspan="2">坡面平整度</td><td rowspan="2">2 m 靠尺检测凹凸不超过 10 cm</td><td>总测点数</td><td>合格点数</td><td>合格率</td><td rowspan="2"></td></tr>
<tr><td></td><td></td><td></td></tr>
<tr><td colspan="3">施工单位自评意见</td><td>质量等级</td><td colspan="3">监理单位复核意见</td><td>核定质量等级</td></tr>
<tr><td colspan="3"></td><td></td><td colspan="3"></td><td></td></tr>
<tr><td colspan="3">施工单位名称</td><td></td><td rowspan="2">监理单位名称</td><td colspan="3" rowspan="2"></td></tr>
<tr><td colspan="2">测量员</td><td>初验负责人</td><td>终验负责人</td></tr>
<tr><td colspan="2"></td><td></td><td></td><td>核定人</td><td colspan="3"></td></tr>
</table>

注：1. 检查日期为终检日期，由施工单位负责填写。2. 评定日期由项目法人(监理单位)负责填写。

D.5.6

浆砌石护坡单元工程质量评定表

<table>
<tr><td colspan="4">单位工程名称
【编码】</td><td colspan="2"></td><td colspan="2">单位工程量</td><td colspan="2">年 月 日</td></tr>
<tr><td colspan="4">分部工程名称
【编码】</td><td colspan="2"></td><td colspan="2">检测日期</td><td colspan="2">年 月 日</td></tr>
<tr><td colspan="4">单位工程名称、部位
【编码】</td><td colspan="2"></td><td colspan="2">评定日期</td><td colspan="2">年 月 日</td></tr>
<tr><td colspan="2">项次</td><td colspan="2">项目名称</td><td colspan="2">质量标注</td><td colspan="3">检验结果</td><td>评定</td></tr>
<tr><td rowspan="4">检查项目</td><td>1</td><td colspan="2">石料、水泥、砂</td><td colspan="2">符合规范要求</td><td colspan="3"></td><td></td></tr>
<tr><td>2</td><td colspan="2">砂浆配合比</td><td colspan="2">符合设计要求</td><td colspan="3"></td><td></td></tr>
<tr><td>3</td><td colspan="2">浆砌</td><td colspan="2">空隙用小石填满，不得用砂浆充填，坐浆饱满，无空隙</td><td colspan="3"></td><td></td></tr>
<tr><td>4</td><td colspan="2">勾缝</td><td colspan="2">无裂缝、脱皮现象</td><td colspan="3"></td><td></td></tr>
<tr><td rowspan="4">检测项目</td><td rowspan="2">1</td><td colspan="2" rowspan="2">砌体厚度</td><td colspan="2" rowspan="2">允许偏差为设计厚度的±10%</td><td>总测点数</td><td>合格点数</td><td>合格率</td><td rowspan="2"></td></tr>
<tr><td></td><td></td><td></td></tr>
<tr><td rowspan="2">2</td><td colspan="2" rowspan="2">坡面平整度</td><td colspan="2" rowspan="2">2 m靠尺检测凹凸不超过5 cm</td><td>总测点数</td><td>合格点数</td><td>合格率</td><td rowspan="2"></td></tr>
<tr><td></td><td></td><td></td></tr>
<tr><td colspan="4">施工单位自评意见</td><td colspan="2">质量等级</td><td colspan="3">监理单位复核意见</td><td>核定质量等级</td></tr>
<tr><td colspan="4"></td><td colspan="2"></td><td colspan="3"></td><td></td></tr>
<tr><td colspan="4">施工单位名称</td><td></td><td rowspan="2">监理单位名称</td><td colspan="4" rowspan="2"></td></tr>
<tr><td colspan="3">测量员</td><td>初验负责人</td><td>终验负责人</td></tr>
<tr><td colspan="3"></td><td></td><td></td><td>核定人</td><td colspan="4"></td></tr>
</table>

注：1. 检查日期为终检日期，由施工单位负责填写。2. 评定日期由项目法人(监理单位)负责填写。

D.5.7

混凝土预制块护坡单元工程质量评定表

<table>
<tr><td colspan="3">单位工程名称
【编码】</td><td></td><td colspan="2">单位工程量</td><td colspan="2">年 月 日</td></tr>
<tr><td colspan="3">分部工程名称
【编码】</td><td></td><td colspan="2">检测日期</td><td colspan="2">年 月 日</td></tr>
<tr><td colspan="3">单位工程名称、部位
【编码】</td><td></td><td colspan="2">评定日期</td><td colspan="2">年 月 日</td></tr>
<tr><td colspan="2">项次</td><td>项目名称</td><td>质量标注</td><td colspan="3">检验结果</td><td>评定</td></tr>
<tr><td rowspan="2">检查项目</td><td>1</td><td>预制块外观</td><td>尺寸准确、整齐统一，表面清洁平整</td><td colspan="3"></td><td></td></tr>
<tr><td>2</td><td>预制块铺砌</td><td>平整、稳定、缝线规则</td><td colspan="3"></td><td></td></tr>
<tr><td rowspan="2">检测项目</td><td rowspan="2">1</td><td rowspan="2">坡面平整度</td><td rowspan="2">2 m 靠尺检测凹凸不超过 1 cm</td><td>总测点数</td><td>合格点数</td><td>合格率</td><td rowspan="2"></td></tr>
<tr><td></td><td></td><td></td></tr>
<tr><td colspan="3">施工单位自评意见</td><td>质量等级</td><td colspan="3">监理单位复核意见</td><td>核定质量等级</td></tr>
<tr><td colspan="3"></td><td></td><td colspan="3"></td><td></td></tr>
<tr><td colspan="3">施工单位名称</td><td></td><td rowspan="2">监理单位名称</td><td colspan="3" rowspan="2"></td></tr>
<tr><td colspan="2">测量员</td><td>初验负责人</td><td>终验负责人</td></tr>
<tr><td colspan="2"></td><td></td><td></td><td>核定人</td><td colspan="3"></td></tr>
</table>

注：1．检查日期为终检日期，由施工单位负责填写。2．评定日期由项目法人(监理单位)负责填写。

D.5.8

新备备防石单元工程质量评定表

<table>
<tr><td colspan="3">单位工程名称
【编码】</td><td colspan="1"></td><td colspan="2">单位工程量</td><td colspan="2">年 月 日</td></tr>
<tr><td colspan="3">分部工程名称
【编码】</td><td colspan="1"></td><td colspan="2">检测日期</td><td colspan="2">年 月 日</td></tr>
<tr><td colspan="3">单位工程名称、部位
【编码】</td><td colspan="1"></td><td colspan="2">评定日期</td><td colspan="2">年 月 日</td></tr>
<tr><td colspan="2">项次</td><td>项目名称</td><td>质量标注</td><td colspan="3">检验结果</td><td>评定</td></tr>
<tr><td rowspan="4">检查项目</td><td>1</td><td>边墙石用料</td><td>质地坚硬无风化，单块重≥25 kg，最小边长≥20 cm</td><td colspan="3"></td><td></td></tr>
<tr><td>2</td><td>腹石砌筑</td><td>排紧填严，无淤泥杂质</td><td colspan="3"></td><td></td></tr>
<tr><td>3</td><td>面石砌筑</td><td>禁止使用小块石，不得有通缝、对缝、浮石、空洞</td><td colspan="3"></td><td></td></tr>
<tr><td>4</td><td>缝宽</td><td>无宽度在 1.5 cm 以上、长度在 0.5 m 以上的连续缝</td><td colspan="3"></td><td></td></tr>
<tr><td rowspan="2">检测项目</td><td rowspan="2">1</td><td rowspan="2">备防石尺寸</td><td rowspan="2">允许偏差为设计厚度的 ± 10%</td><td>总测点数</td><td>合格点数</td><td>合格率</td><td rowspan="2"></td></tr>
<tr><td></td><td></td><td></td></tr>
<tr><td colspan="3">施工单位自评意见</td><td>质量等级</td><td colspan="3">监理单位复核意见</td><td>核定质量等级</td></tr>
<tr><td colspan="3"></td><td></td><td colspan="3"></td><td></td></tr>
<tr><td colspan="3">施工单位名称</td><td></td><td rowspan="2">监理单位名称</td><td colspan="3" rowspan="2"></td></tr>
<tr><td colspan="2">测量员</td><td>初验负责人</td><td>终验负责人</td></tr>
<tr><td colspan="2"></td><td></td><td></td><td>核定人</td><td colspan="3"></td></tr>
</table>

注：1. 检查日期为终检日期，由施工单位负责填写。2. 评定日期由项目法人(监理单位)负责填写。

D.5.9

预制路缘石、防冲沿单元工程质量评定表

<table>
<tr><td colspan="2">单位工程名称
【编码】</td><td colspan="2"></td><td colspan="2">单位工程量</td><td colspan="2">年 月 日</td></tr>
<tr><td colspan="2">分部工程名称
【编码】</td><td colspan="2"></td><td colspan="2">检测日期</td><td colspan="2">年 月 日</td></tr>
<tr><td colspan="2">单位工程名称、部位
【编码】</td><td colspan="2"></td><td colspan="2">评定日期</td><td colspan="2">年 月 日</td></tr>
<tr><td colspan="2">项次</td><td>项目名称</td><td>质量标注</td><td colspan="3">检验结果</td><td>评定</td></tr>
<tr><td rowspan="2">检查项目</td><td>1</td><td>预制块外观</td><td>尺寸准确、整齐统一，表面清洁平整</td><td colspan="3"></td><td></td></tr>
<tr><td>2</td><td>预制块砌筑</td><td>平整、稳定、缝线规则</td><td colspan="3"></td><td></td></tr>
<tr><td rowspan="2">检测项目</td><td rowspan="2">1</td><td rowspan="2">顶面平整度</td><td rowspan="2">2 m 靠尺检测凹凸不超过 1 cm</td><td>总测点数</td><td>合格点数</td><td>合格率</td><td rowspan="2"></td></tr>
<tr><td></td><td></td><td></td></tr>
<tr><td colspan="3">施工单位自评意见</td><td>质量等级</td><td colspan="3">监理单位复核意见</td><td>核定质量等级</td></tr>
<tr><td colspan="3"></td><td></td><td colspan="3"></td><td></td></tr>
<tr><td colspan="3">施工单位名称</td><td></td><td rowspan="2">监理单位名称</td><td colspan="3" rowspan="2"></td></tr>
<tr><td>测量员</td><td colspan="2">初验负责人</td><td>终验负责人</td></tr>
<tr><td></td><td colspan="2"></td><td></td><td>核定人</td><td colspan="3"></td></tr>
</table>

注：1．检查日期为终检日期，由施工单位负责填写。2．评定日期由项目法人(监理单位)负责填写。

D.5.10

削坡植草单元工程质量评定表

<table>
<tr><td colspan="3">单位工程名称
【编码】</td><td></td><td colspan="2">单位工程量</td><td colspan="2">年 月 日</td></tr>
<tr><td colspan="3">分部工程名称
【编码】</td><td></td><td colspan="2">检测日期</td><td colspan="2">年 月 日</td></tr>
<tr><td colspan="3">单位工程名称、部位
【编码】</td><td></td><td colspan="2">评定日期</td><td colspan="2">年 月 日</td></tr>
<tr><td colspan="2">项次</td><td>项目名称</td><td>质量标注</td><td colspan="3">检验结果</td><td>评定</td></tr>
<tr><td rowspan="2">检查项目</td><td>1</td><td>坡面</td><td>达到设计坡度，无残缺、水沟、洞穴、陷坑、杂物</td><td colspan="3"></td><td></td></tr>
<tr><td>2</td><td>草皮</td><td>采用葛笆草</td><td colspan="3"></td><td></td></tr>
<tr><td rowspan="4">检测项目</td><td rowspan="2">1</td><td rowspan="2">坡面平顺度</td><td rowspan="2">沿断面 10 m 范围，凹凸小于 5 cm</td><td>总测点数</td><td>合格点数</td><td>合格率</td><td rowspan="2"></td></tr>
<tr><td></td><td></td><td></td></tr>
<tr><td rowspan="2">2</td><td rowspan="2">草皮间距</td><td rowspan="2">草皮采用 15 cm × 15 cm 梅花形栽植</td><td>总测点数</td><td>合格点数</td><td>合格率</td><td rowspan="2"></td></tr>
<tr><td></td><td></td><td></td></tr>
<tr><td colspan="3">施工单位自评意见</td><td>质量等级</td><td colspan="3">监理单位复核意见</td><td>核定质量等级</td></tr>
<tr><td colspan="3"></td><td></td><td colspan="3"></td><td></td></tr>
<tr><td colspan="3">施工单位名称</td><td></td><td rowspan="2">监理单位名称</td><td colspan="3" rowspan="2"></td></tr>
<tr><td colspan="2">测量员</td><td>初验负责人</td><td>终验负责人</td></tr>
<tr><td colspan="2"></td><td></td><td></td><td>核定人</td><td colspan="3"></td></tr>
</table>

注： 1. 检查日期为终检日期，由施工单位负责填写。2. 评定日期由项目法人(监理单位)负责填写。

D.5.11

根石加固单元工程质量评定表

<table>
<tr><td colspan="3">单位工程名称
【编码】</td><td></td><td colspan="2">单位工程量</td><td colspan="2">年 月 日</td></tr>
<tr><td colspan="3">分部工程名称
【编码】</td><td></td><td colspan="2">检测日期</td><td colspan="2">年 月 日</td></tr>
<tr><td colspan="3">单位工程名称、部位
【编码】</td><td></td><td colspan="2">评定日期</td><td colspan="2">年 月 日</td></tr>
<tr><td colspan="2">项次</td><td>项目名称</td><td>质量标注</td><td colspan="3">检验结果</td><td>评定</td></tr>
<tr><td rowspan="3">检查项目</td><td>1</td><td>抗冲体结构、质量、强度</td><td>符合设计要求</td><td colspan="3"></td><td></td></tr>
<tr><td>2</td><td>抛投程序</td><td>符合设计要求</td><td colspan="3"></td><td></td></tr>
<tr><td>3</td><td>抛投位置和数量</td><td>符合设计要求</td><td colspan="3"></td><td></td></tr>
<tr><td rowspan="4">检测项目</td><td rowspan="2">1</td><td rowspan="2">抛投工程量</td><td rowspan="2">体积允许偏差+10%,但不能偏小</td><td>总测点数</td><td>合格点数</td><td>合格率</td><td rowspan="2"></td></tr>
<tr><td></td><td></td><td></td></tr>
<tr><td rowspan="2">2</td><td rowspan="2">抛投相应位置高度</td><td rowspan="2">允许偏差
± 0.3 m</td><td>总测点数</td><td>合格点数</td><td>合格率</td><td rowspan="2"></td></tr>
<tr><td></td><td></td><td></td></tr>
<tr><td colspan="3">施工单位自评意见</td><td>质量等级</td><td colspan="3">监理单位复核意见</td><td>核定质量等级</td></tr>
<tr><td colspan="3"></td><td></td><td colspan="3"></td><td></td></tr>
</table>

<table>
<tr><td colspan="2">施工单位名称</td><td></td><td rowspan="2">监理单位名称</td><td rowspan="2"></td></tr>
<tr><td>测量员</td><td>初验负责人</td><td>终验负责人</td></tr>
<tr><td></td><td></td><td></td><td>核定人</td><td></td></tr>
</table>

注：1. 检查日期为终检日期，由施工单位负责填写。2. 评定日期由项目法人(监理单位)负责填写。